— 똑똑한 하루 —

빅터 연산

Chunjae Makes Chunjae

기획총괄 박금옥
편집개발 지유경, 정소현, 조선영, 최윤석
디자인총괄 김희정
표지디자인 윤순미, 김주은
내지디자인 박희춘, 이혜미
제작 황성진, 조규영

발행일 2019년 10월 15일 초판 2023년 8월 15일 6쇄
발행인 (주)천재교육
주소 서울시 금천구 가산로9길 54
신고번호 제2001-000018호
고객센터 1577-0902
본문 사진 제공 셔터스톡

※ 이 책은 저작권법에 보호받는 저작물이므로 무단복제, 전송은 법으로 금지되어 있습니다.
※ 정답 분실 시에는 천재교육 교재 홈페이지에서 내려받으세요.
※ KC 마크는 이 제품이 공통안전기준에 적합하였음을 의미합니다.
※ 주의
책 모서리에 다칠 수 있으니 주의하시기 바랍니다.
부주의로 인한 사고의 경우 책임지지 않습니다.
8세 미만의 어린이는 부모님의 관리가 필요합니다.

똑똑한 하루

빅터 연산

지루하고 힘든 연산은 OUT!

쉽고 재미있는 빅터 연산으로 연산홀릭

빅터 연산 단계별 학습 내용

예비초

A권
1 5까지의 수
2 5까지의 수의 덧셈
3 5까지의 수의 뺄셈
4 10까지의 수
5 10까지의 수의 덧셈
6 10까지의 수의 뺄셈

B권
1 20까지의 수
2 20까지의 수의 덧셈
3 20까지의 수의 뺄셈
4 30까지의 수
5 30까지의 수의 덧셈
6 30까지의 수의 뺄셈

C권
1 40까지의 수
2 40까지의 수의 덧셈
3 40까지의 수의 뺄셈
4 50까지의 수
5 50까지의 수의 덧셈
6 50까지의 수의 뺄셈

D권
1 받아올림이 없는 두 자리 수의 덧셈
2 받아내림이 없는 두 자리 수의 뺄셈
3 10을 이용하는 덧셈
4 받아올림이 있는 덧셈
5 10을 이용하는 뺄셈
6 받아내림이 있는 뺄셈

1단계 | 초등1 수준

A권
1 9까지의 수
2 가르기, 모으기
3 9까지의 수의 덧셈
4 9까지의 수의 뺄셈
5 덧셈과 뺄셈의 관계
6 세 수의 덧셈, 뺄셈

B권
1 십 몇 알아보기
2 50까지의 수
3 받아올림이 없는 50까지의 수의 덧셈 (1)
4 받아올림이 없는 50까지의 수의 덧셈 (2)
5 받아내림이 없는 50까지의 수의 뺄셈
6 50까지의 수의 혼합 계산

C권
1 100까지의 수
2 받아올림이 없는 100까지의 수의 덧셈 (1)
3 받아올림이 없는 100까지의 수의 덧셈 (2)
4 받아내림이 없는 100까지의 수의 뺄셈 (1)
5 받아내림이 없는 100까지의 수의 뺄셈 (2)

D권
1 덧셈과 뺄셈의 관계
 – 두 자리 수의 덧셈과 뺄셈
2 두 자리 수의 혼합 계산
3 10이 되는 더하기와 빼기
4 받아올림이 있는 덧셈
5 받아내림이 있는 뺄셈
6 세 수의 덧셈과 뺄셈

2단계 | 초등2 수준

A권
1 세 자리 수 (1)
2 세 자리 수 (2)
3 받아올림이 한 번 있는 덧셈 (1)
4 받아올림이 한 번 있는 덧셈 (2)
5 받아올림이 두 번 있는 덧셈

B권
1 받아내림이 한 번 있는 뺄셈
2 받아내림이 두 번 있는 뺄셈
3 덧셈과 뺄셈의 관계
4 세 수의 계산
5 곱셈 – 묶어 세기, 몇 배

C권
1 네 자리 수
2 세 자리 수와 두 자리 수의 덧셈
3 세 자리 수와 두 자리 수의 뺄셈
4 시각과 시간
5 시간의 덧셈과 뺄셈
 – 분까지의 덧셈과 뺄셈
6 세 수의 계산
 – 세 자리 수와 두 자리 수의 계산

D권
1 곱셈구구 (1)
2 곱셈구구 (2)
3 곱셈 – 곱셈구구를 이용한 곱셈
4 길이의 합 – m와 cm의 단위의 합
5 길이의 차 – m와 cm의 단위의 차

3단계 | 초등3 수준

A권
1 덧셈 – (세 자리 수) + (세 자리 수)
2 뺄셈 – (세 자리 수) – (세 자리 수)
3 나눗셈 – 곱셈구구로 나눗셈의 몫 구하기
4 곱셈 – (두 자리 수) × (한 자리 수)
5 시간의 합과 차 – 초 단위까지
6 길이의 합과 차 – mm 단위까지
7 분수
8 소수

B권
1 (세 자리 수) × (한 자리 수) (1)
2 (세 자리 수) × (한 자리 수) (2)
3 (두 자리 수) × (두 자리 수)
4 나눗셈 (1) – (몇십) ÷ (몇), (몇백 몇십) ÷ (몇)
5 나눗셈 (2)
 – (몇십 몇) ÷ (몇), (세 자리 수) ÷ (한 자리 수)
6 분수의 합과 차
7 들이의 합과 차 – (L, mL)
8 무게의 합과 차 – (g, kg, t)

4단계 | 초등4 수준

A권
1 큰 수
2 큰 수의 계산
3 각도
4 곱셈 (1)
5 곱셈 (2)
6 나눗셈 (1)
7 나눗셈 (2)
8 규칙 찾기

B권
1 분수의 덧셈
2 분수의 뺄셈
3 소수
4 자릿수가 같은 소수의 덧셈
5 자릿수가 다른 소수의 덧셈
6 자릿수가 같은 소수의 뺄셈
7 자릿수가 다른 소수의 뺄셈
8 세 소수의 덧셈과 뺄셈

5단계 | 초등5 수준

A권
1 자연수의 혼합 계산
2 약수와 배수
3 약분과 통분
4 분수와 소수
5 분수의 덧셈
6 분수의 뺄셈
7 분수의 덧셈과 뺄셈
8 다각형의 둘레와 넓이

B권
1 수의 범위
2 올림, 버림, 반올림
3 분수의 곱셈
4 소수와 자연수의 곱셈
5 자연수와 소수의 곱셈
6 자릿수가 같은 소수의 곱셈
7 자릿수가 다른 소수의 곱셈
8 평균

6단계 | 초등6 수준

A권
1 분수의 나눗셈 (1)
2 분수의 나눗셈 (2)
3 분수의 곱셈과 나눗셈
4 소수의 나눗셈 (1)
5 소수의 나눗셈 (2)
6 소수의 나눗셈 (3)
7 비와 비율
8 직육면체의 부피와 겉넓이

B권
1 분수의 나눗셈 (1)
2 분수의 나눗셈 (2)
3 분수 나눗셈의 혼합 계산
4 소수의 나눗셈 (1)
5 소수의 나눗셈 (2)
6 소수의 나눗셈 (3)
7 비례식 (1)
8 비례식 (2)
9 원의 넓이

중등 수학

중1

A권
1 소인수분해
2 최대공약수와 최소공배수
3 정수와 유리수
4 정수와 유리수의 계산

B권
1 문자와 식
2 일차방정식
3 좌표평면과 그래프

중2

A권
1 유리수와 순환소수
2 식의 계산
3 부등식

B권
1 연립방정식
2 일차함수와 그래프
3 일차함수와 일차방정식

중3

A권
1 제곱근과 실수
2 제곱근을 포함한 식의 계산
3 다항식의 곱셈
4 다항식의 인수분해

B권
1 이차방정식
2 이차함수의 그래프 (1)
3 이차함수의 그래프 (2)

빅터 연산

구성과 특징 Structure

흥미

만화로 흥미 UP

학습할 내용을 만화로 먼저 보면 흥미와 관심을 높일 수 있습니다.

개념 & 원리

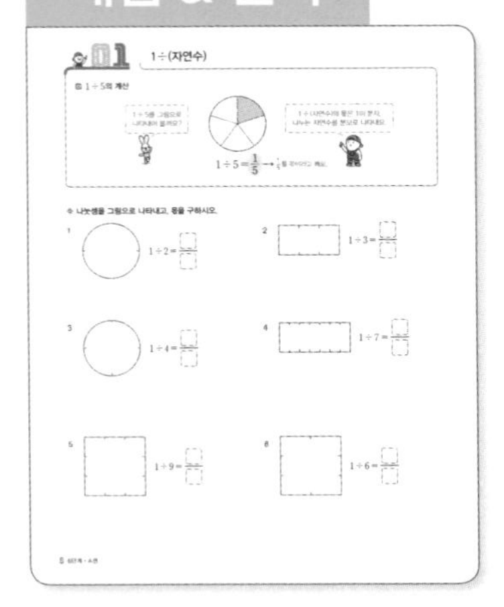

개념 & 원리 탄탄

연산의 원리를 쉽고 재미있게 확실히 이해하도록 하였습니다. 원리 이해를 돕는 문제로 연산의 기본을 다집니다.

정확성

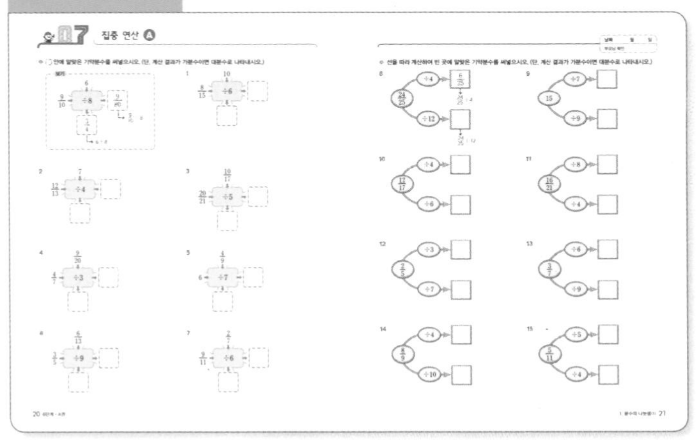

집중 연산

집중 연산을 통해 연산을 더 빠르고 더 정확하게 해결할 수 있게 됩니다.

다양한 유형

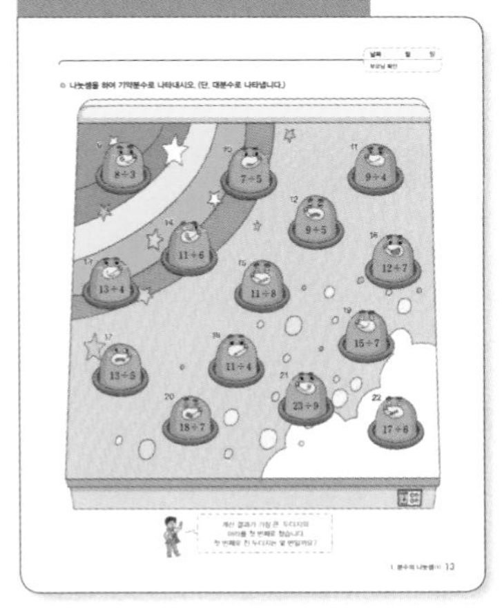

다양한 유형으로 흥미 UP

수수께끼, 연상퀴즈 등 다양한 형태의 문제로 게임보다 더 쉽고 재미있게 연산을 학습하면서 실력을 쌓을 수 있습니다.

Contents 차례

1 분수의 나눗셈(1)

이 수학 암호를 어떻게
풀더라…….

$\frac{6}{7} \div 3 = \square$

1 2 3

나누어지는 수의 분자가 나누는 수(자연수)의
배수일 때에는 분자를 자연수로 나눠요.

$$\frac{6}{7} \div 3 = \frac{6 \div 3}{7} = \frac{2}{7}$$

학습 내용

- 1÷(자연수)
- 몫이 1보다 작은 (자연수)÷(자연수)
- 몫이 1보다 큰 (자연수)÷(자연수)
- 분자가 자연수의 배수인 (진분수)÷(자연수)
- 분자가 자연수의 배수가 아닌 (진분수)÷(자연수)

1÷(자연수)

1÷5의 계산

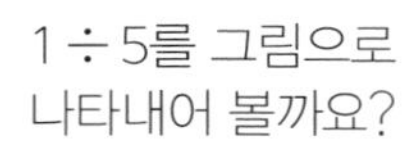

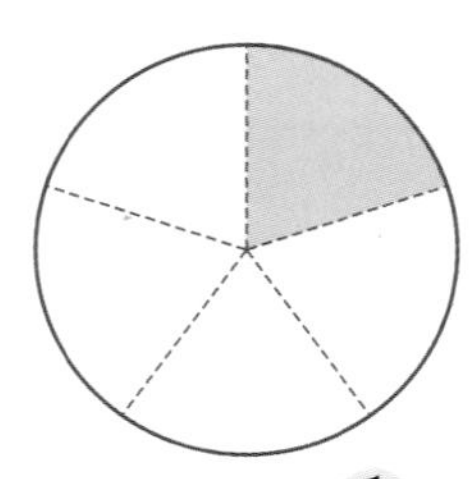

1÷(자연수)의 몫은 1이 분자,
나누는 자연수를 분모로 나타내요.

$1 \div 5 = \frac{1}{5}$ → $\frac{1}{5}$을 몫이라고 해요.

✲ 나눗셈을 그림으로 나타내고, 몫을 구하시오.

1

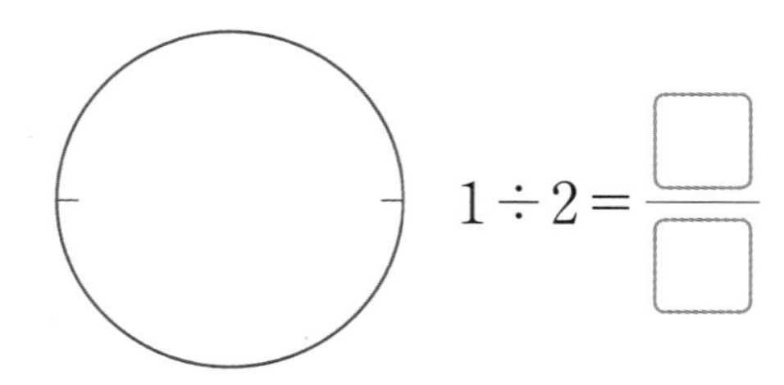

$1 \div 2 = \frac{\square}{\square}$

2

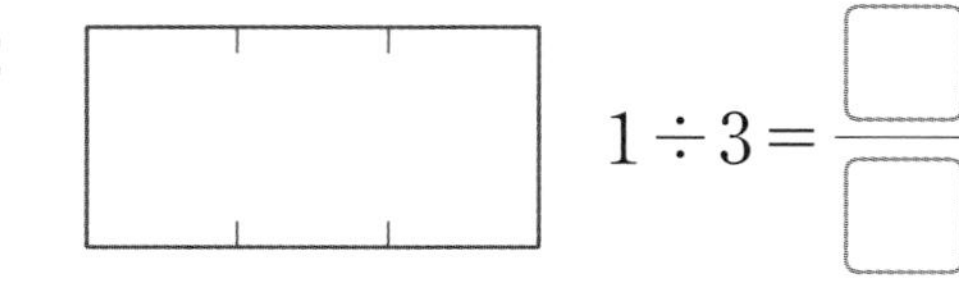

$1 \div 3 = \frac{\square}{\square}$

3

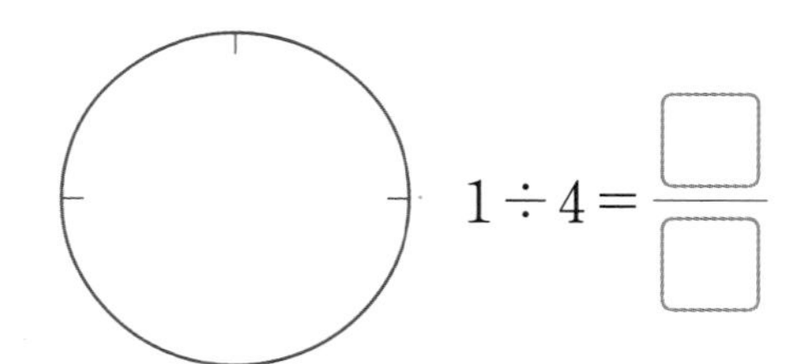

$1 \div 4 = \frac{\square}{\square}$

4

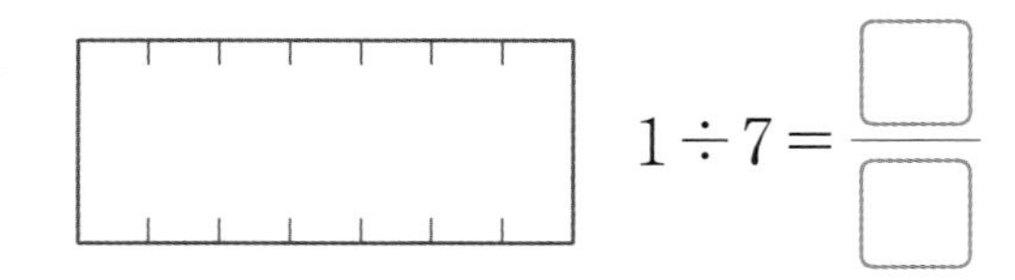

$1 \div 7 = \frac{\square}{\square}$

5

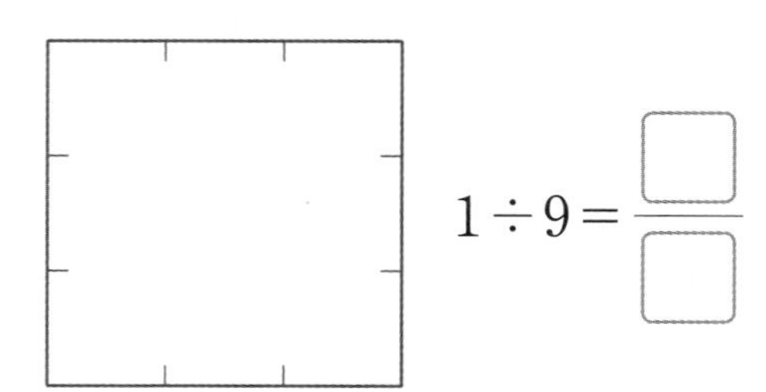

$1 \div 9 = \frac{\square}{\square}$

6

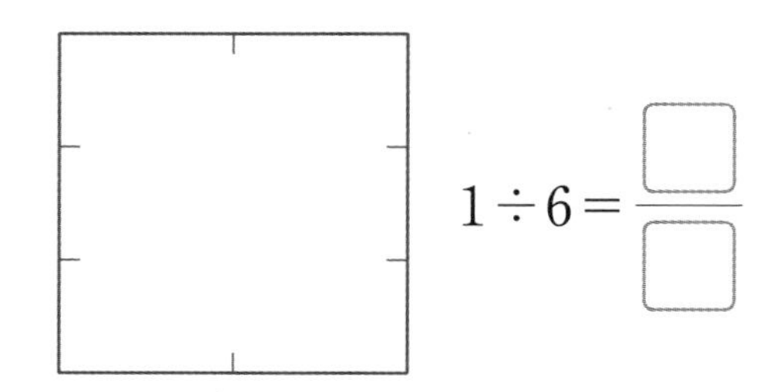

$1 \div 6 = \frac{\square}{\square}$

날짜 : 월 일
부모님 확인

✲ 나눗셈의 몫을 분수로 나타내시오.

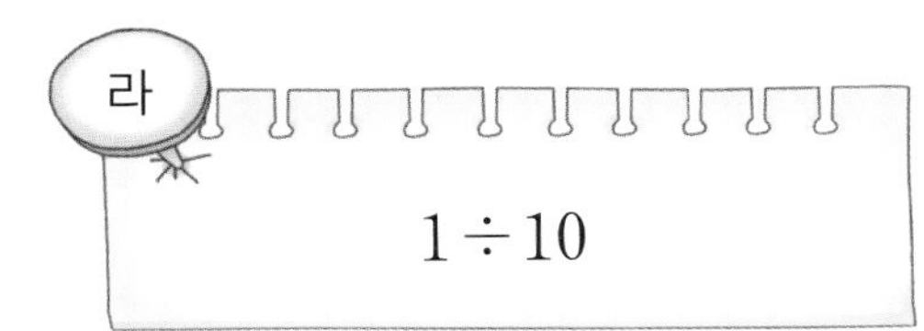

8
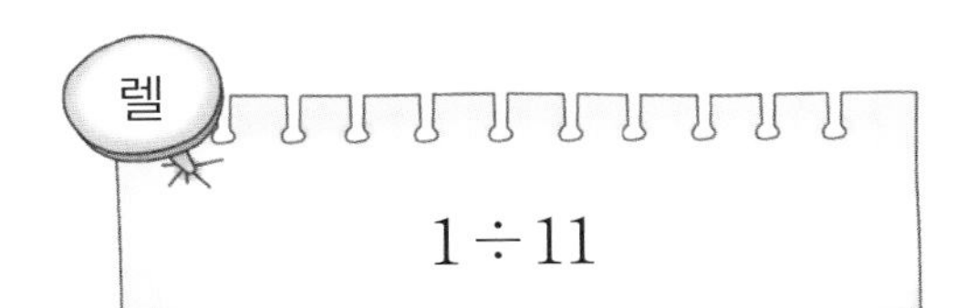

9
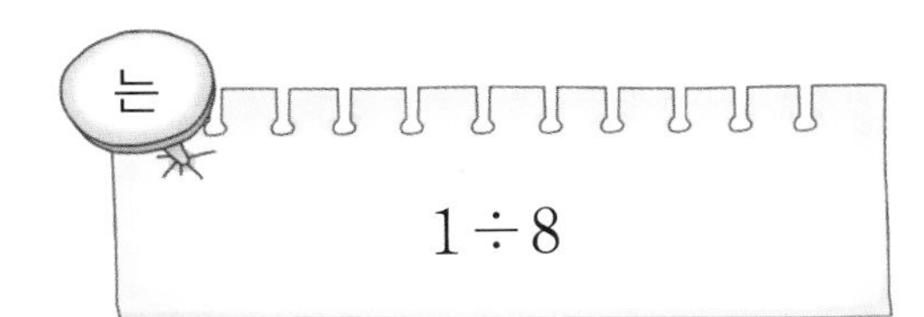

10
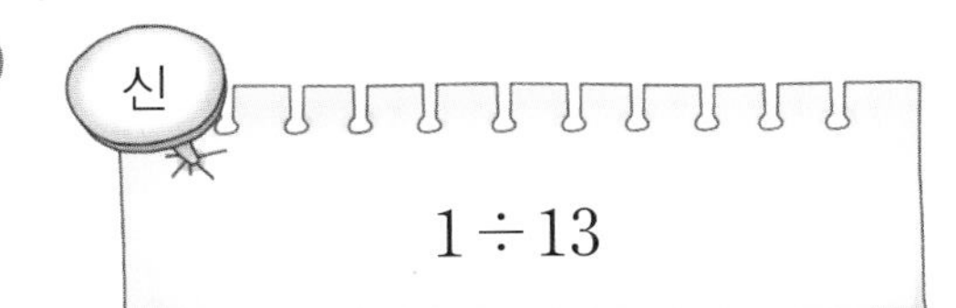

11
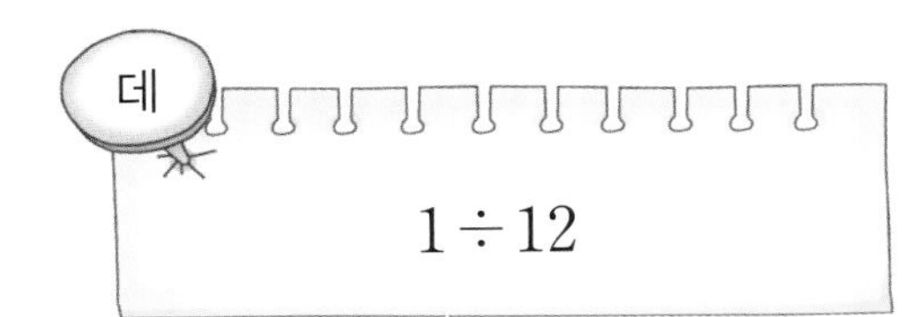

12
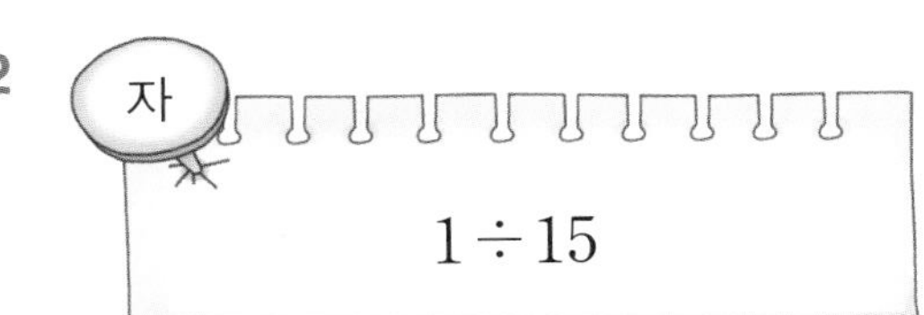

13
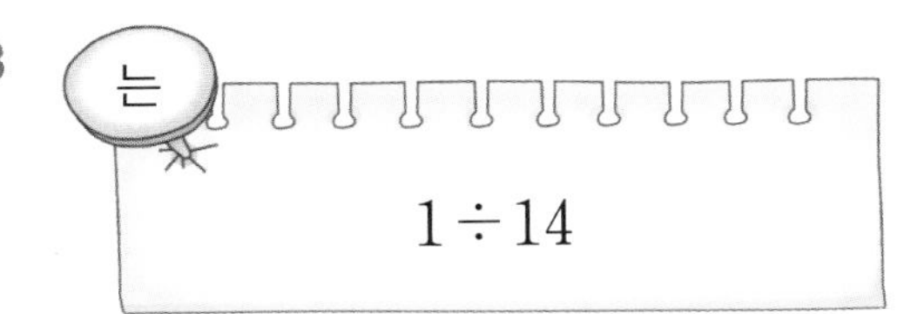

14
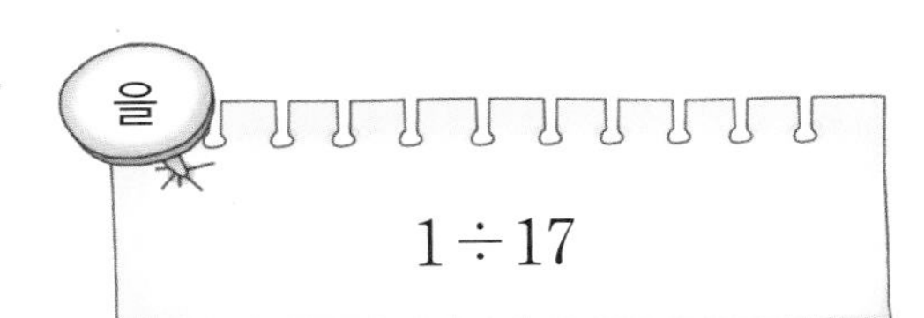

15
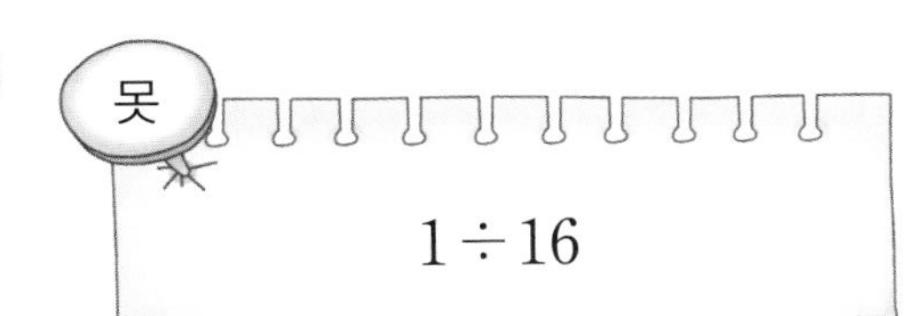

16
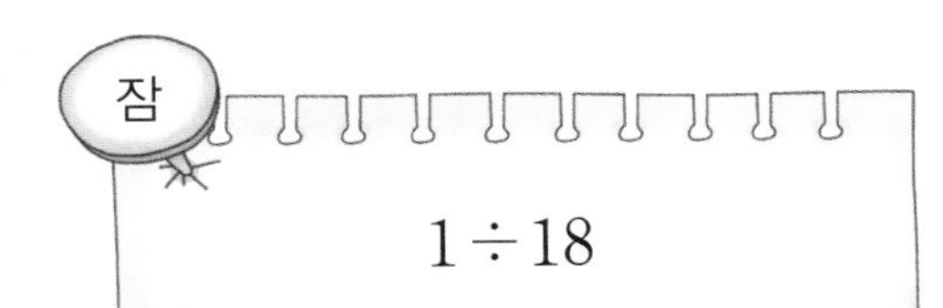

몫이 작은 것부터 순서대로 글자를 써서
만든 수수께끼의 답은 무엇일까요?

수수께끼

?

02 몫이 1보다 작은 (자연수)÷(자연수)

3÷4의 계산

$$3 \div 4 = \frac{3}{4}$$

■÷▲의 몫을 분수로 나타낼 때에는 $\frac{■}{▲}$의 형태로 나타내요.

나눗셈의 몫을 기약분수로 나타내시오.

1 $2 \div 5 = \frac{\square}{5}$

2 $4 \div 8 = \frac{\square}{8} = \frac{\square}{2}$ (약분해서 기약분수로 나타내요.)

3 $5 \div 8$

4 $9 \div 11$

5 $15 \div 19$

6 $8 \div 13$

7 $17 \div 21$

8 $6 \div 17$

9 $10 \div 22$

10 $23 \div 25$

✲ 나눗셈의 몫을 기약분수로 나타내시오.

11 기 $2 \div 9$

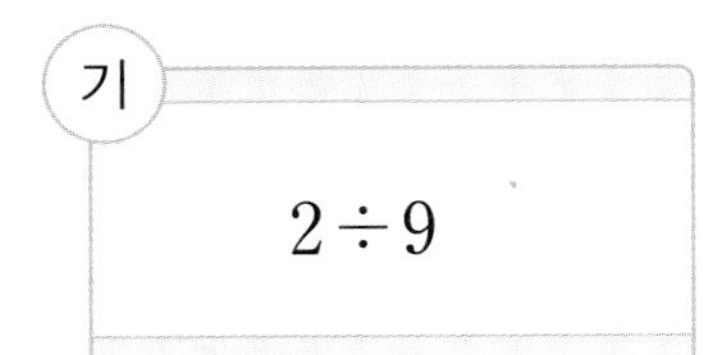

12 발 $3 \div 14$

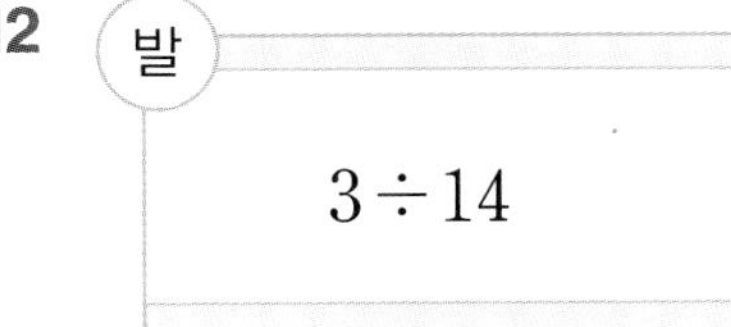

13 발 $4 \div 7$

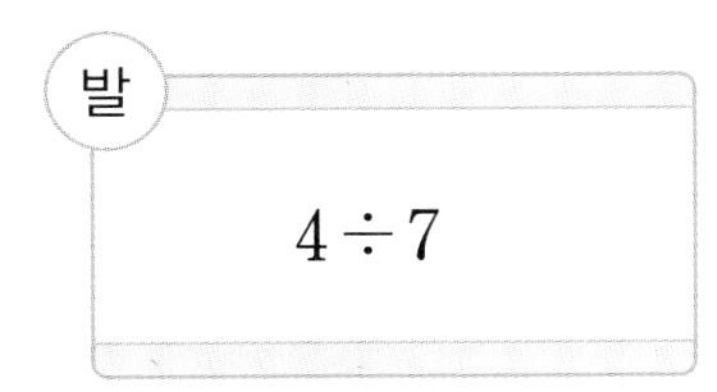

14 나 $5 \div 12$

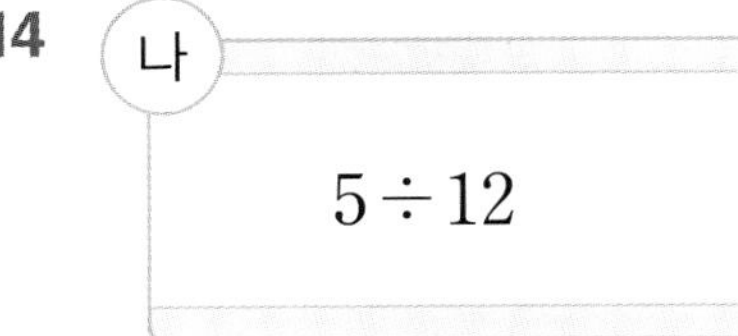

15 데 $6 \div 14$

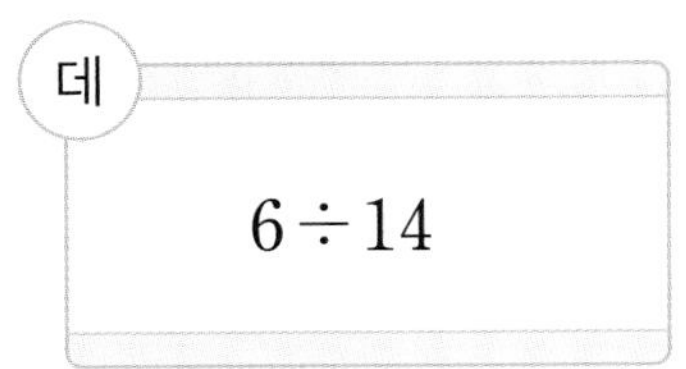

16 은 $7 \div 21$

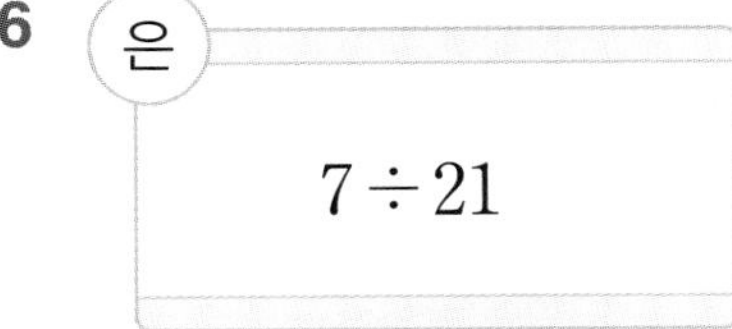

17 발 $8 \div 20$

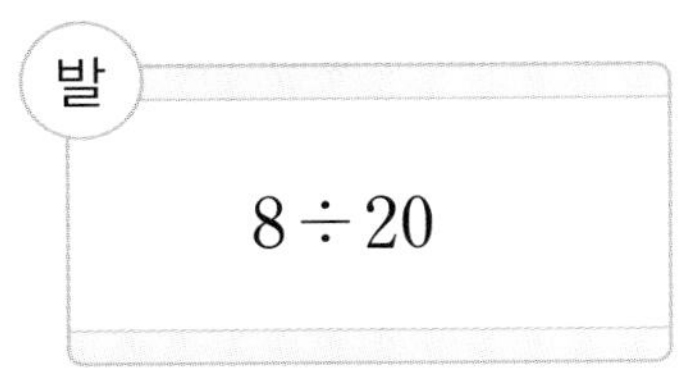

18 향 $9 \div 24$

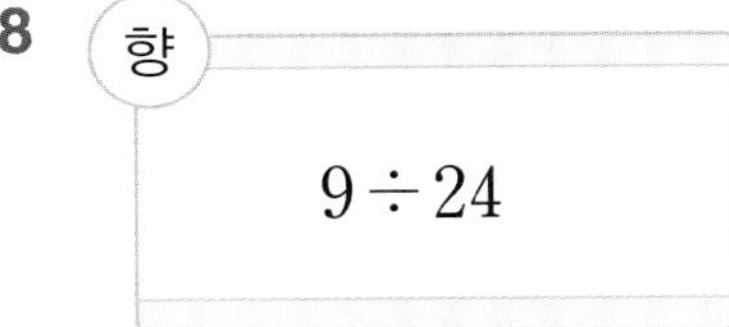

19 인 $10 \div 12$

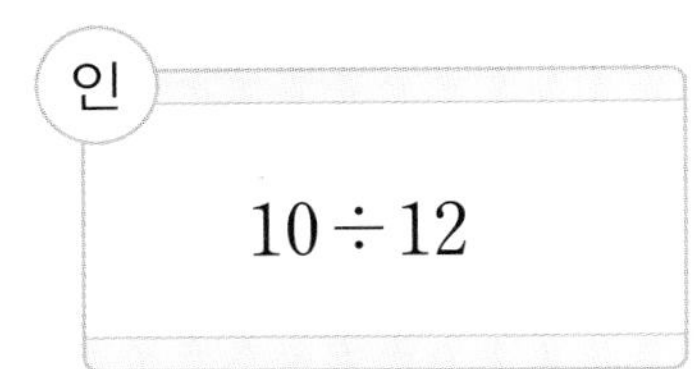

20 는 $11 \div 17$

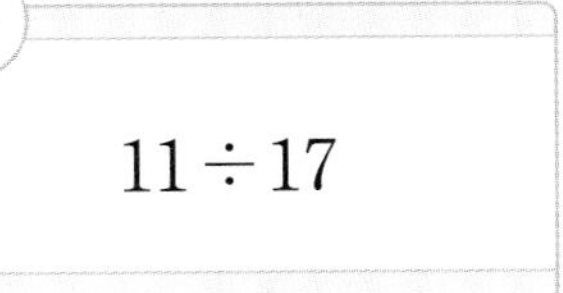

21 은 $12 \div 17$

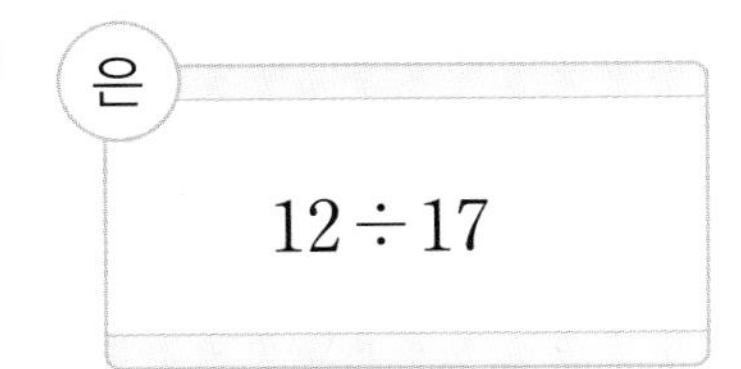

계산 결과에 해당하는 글자를 써넣어 만든 수수께끼의 답은 무엇일까요?

수수께끼

$\frac{4}{7}$	$\frac{1}{3}$

$\frac{2}{5}$	$\frac{5}{6}$	$\frac{3}{7}$

$\frac{3}{8}$	$\frac{2}{9}$	$\frac{5}{12}$	$\frac{11}{17}$

$\frac{3}{14}$	$\frac{12}{17}$

?

몫이 1보다 큰 (자연수)÷(자연수)(1)

$5 \div 4$의 몫을 분수로 나타내기

색종이 5장을 4명이 똑같이 나누어 가진다면 한 명이 가지는 색종이의 양을 알아봅시다.

$$5 \div 4 = 1 \cdots 1$$

⇩

$$5 \div 4 = 1\frac{1}{4}\left(=\frac{5}{4}\right)$$

5÷4의 몫은 $\frac{1}{4}$이 5개 이므로 $\frac{5}{4}$이고 이것을 대분수로 나타내면 $1\frac{1}{4}$이에요.

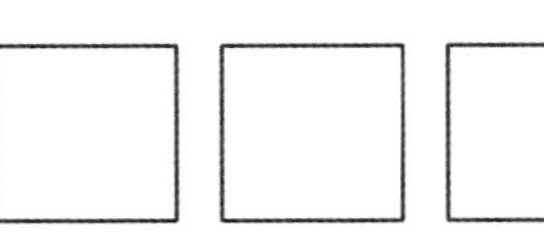

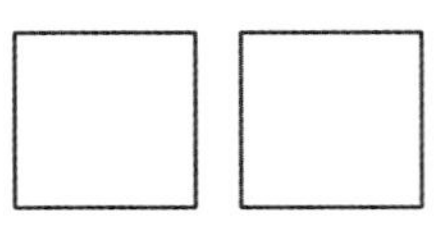

1장씩 가지고 나머지 한 장을 4로 똑같이 나누어 가집니다.

나눗셈의 몫을 분수로 나타내시오. (단, 대분수로 나타냅니다.)

1 $4 \div 3$

2 $5 \div 2$

3 $3 \div 2$

4 $6 \div 5$

5 $7 \div 3$

6 $12 \div 5$

7 $9 \div 7$

8 $11 \div 9$

✲ 나눗셈을 하여 기약분수로 나타내시오. (단, 대분수로 나타냅니다.)

계산 결과가 가장 큰 두더지의
머리를 첫 번째로 쳤습니다.
첫 번째로 친 두더지는 몇 번일까요?

04 몫이 1보다 큰 (자연수)÷(자연수)(2)

10÷4의 계산

가분수이면 대분수로 바꾸어요.

$$10 \div 4 = \frac{10}{4} = \frac{5}{2} = 2\frac{1}{2}$$

약분해요.

(자연수)÷(자연수)의 몫을 분수로 나타낼 때에 ■÷●=$\frac{■}{●}$의 형태로 쓴다는 것을 기억해요.

나눗셈을 하여 기약분수로 나타내시오. (단, 계산 결과가 가분수이면 대분수로 나타내시오.)

1 $5 \div 2 = \frac{\square}{2} = \square$

2 $7 \div 3 = \frac{\square}{3} = \square$

3 $13 \div 4$

4 $17 \div 6$

5 $15 \div 8$

6 $28 \div 6$

7 $31 \div 9$

8 $36 \div 11$

9 $40 \div 14$

10 $45 \div 16$

날짜 : 월 일
부모님 확인

✲ 나눗셈을 하여 기약분수로 나타내시오. (단, 계산 결과가 가분수이면 대분수로 나타내시오.)

11 

$24 \div 5$ [계]

12 $14 \div 6$ [조]

13 $25 \div 10$ [선]

14 $20 \div 7$ [시]

15 $31 \div 8$ [해]

16 $32 \div 9$ [학]

17 $29 \div 10$ [대]

18 $30 \div 7$ [시]

19 $26 \div 8$ [과]

20 $33 \div 9$ [자]

계산 결과에 해당하는 글자를 써넣어 보세요.
이 단어들로 연상되는 사람은 누구일까요?

연상퀴즈

$2\frac{1}{3}$	$2\frac{1}{2}$	$2\frac{6}{7}$	$2\frac{9}{10}$

,

$3\frac{1}{4}$	$3\frac{5}{9}$	$3\frac{2}{3}$

,

$3\frac{7}{8}$	$4\frac{2}{7}$	$4\frac{4}{5}$

분자가 자연수의 배수인 (진분수)÷(자연수)

$\frac{6}{7} \div 3$의 계산

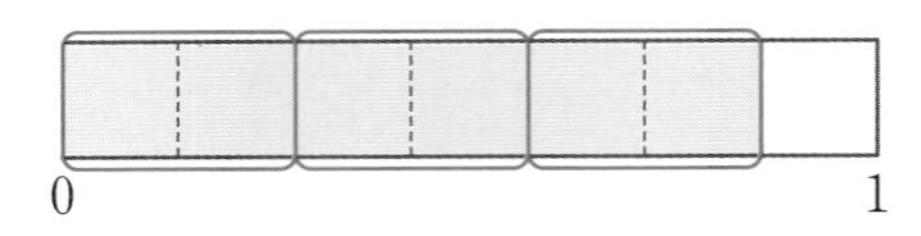

$$\frac{6}{7} \div 3 = \frac{6 \div 3}{7} = \frac{2}{7}$$

$\frac{6}{7}$을 3묶음으로 나눈 것 중의 하나는 $\frac{2}{7}$예요.

계산을 하시오.

1 $\frac{8}{9} \div 4 = \frac{\square \div \square}{9} = \frac{\square}{9}$

2 $\frac{6}{9} \div 3 = \frac{\square \div \square}{9} = \frac{\square}{9}$

3 $\frac{9}{10} \div 3 = \frac{\square \div \square}{10} = \frac{\square}{10}$

4 $\frac{6}{7} \div 2 = \frac{\square \div \square}{7} = \frac{\square}{7}$

5 $\frac{12}{13} \div 4 = \frac{\square \div \square}{13} = \frac{\square}{\square}$

6 $\frac{10}{11} \div 2 = \frac{\square \div \square}{11} = \frac{\square}{\square}$

7 $\frac{15}{16} \div 3 = \frac{\square \div \square}{16} = \frac{\square}{\square}$

8 $\frac{10}{13} \div 5 = \frac{\square \div \square}{13} = \frac{\square}{\square}$

날짜 :　　월　　일
부모님 확인

✲ 주어진 두 수를 이용하여 분수의 분자가 나누는 자연수의 배수가 되도록 만들어 계산하시오. (단, 계산 결과는 기약 분수로 나타냅니다.)

9

$\frac{\square}{9} \div \square = \square$

10

12　4

$\frac{\square}{13} \div \square = \square$

11

6　3

$\frac{\square}{7} \div \square = \square$

12

16　8

$\frac{\square}{25} \div \square = \square$

13

15　5

$\frac{\square}{19} \div \square = \square$

14

14　7

$\frac{\square}{15} \div \square = \square$

15

20　4

$\frac{\square}{21} \div \square = \square$

16

21　3

$\frac{\square}{23} \div \square = \square$

06 분자가 자연수의 배수가 아닌 (진분수)÷(자연수)

★ $\frac{3}{4}\div 2$의 계산

$$\frac{3}{4}\div 2=\frac{6}{8}\div 2=\frac{6\div 2}{8}=\frac{3}{8}$$

3이 2로 나누어떨어지지 않아요.

$\frac{3}{4}$과 크기가 같고 분자가 2로 나누어떨어지는 분수를 찾아봐요.

$\frac{3}{4}$과 크기가 같은 분수를 먼저 생각해봐요.

✲ 계산하여 기약분수로 나타내려고 합니다. ▢ 안에 알맞은 수를 써넣으시오.

1 $\frac{4}{6}\div 6=\frac{\square}{18}\div 6=\frac{\square\div 6}{18}=\frac{\square}{18}=\square$

2 $\frac{5}{8}\div 3=\frac{\square}{24}\div 3=\frac{\square\div 3}{24}=\frac{\square}{24}$

3 $\frac{6}{7}\div 5=\frac{\square}{35}\div 5=\frac{\square\div 5}{35}=\frac{\square}{35}$

4 $\frac{8}{9}\div 5=\frac{\square}{45}\div 5=\frac{\square\div 5}{45}=\frac{\square}{45}$

5 $\frac{5}{7}\div 4=\frac{\square}{28}\div 4=\frac{\square\div 4}{28}=\frac{\square}{28}$

날짜 : 월 일

부모님 확인

✲ 준서의 오답 노트입니다. 틀린 부분을 바르게 고쳐 다시 계산해 보시오.

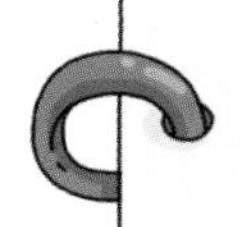

6 $\frac{5}{6}\div 3=\frac{5}{6\div 3}=\frac{5}{2}=2\frac{1}{2}$

$\frac{5}{6}\div 3=$

7 $\frac{7}{10}\div 4=\frac{7-4}{10-4}=\frac{3}{6}=\frac{1}{2}$

$\frac{7}{10}\div 4=$

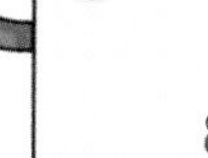

8 $\frac{7}{9}\div 2=\frac{7\times 2}{9\times 2}=\frac{14}{18}$

$\frac{7}{9}\div 2=$

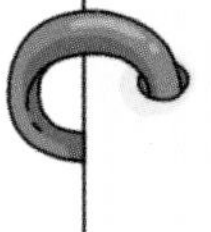

9 $\frac{9}{10}\div 4=\frac{9+4}{10+4}=\frac{13}{14}$

$\frac{9}{10}\div 4=$

10 $\frac{4}{9}\div 5=\frac{4\times 5}{9}=\frac{20}{9}=2\frac{2}{9}$

$\frac{4}{9}\div 5=$

11 $\frac{5}{\cancel{8}_{2}}\div \cancel{4}^{1}=\frac{5}{2}=2\frac{1}{2}$

$\frac{5}{8}\div 4=$

12 $\frac{7}{12}\div 4=\frac{7\times 4}{12}=\frac{28}{12}$

$\frac{7}{12}\div 4=$

13 $\frac{3}{13}\div 2=\frac{3\times 2}{13}=\frac{6}{13}$

$\frac{3}{13}\div 2=$

집중 연산 A

✲ ☐ 안에 알맞은 기약분수를 써넣으시오. (단, 계산 결과가 가분수이면 대분수로 나타내시오.)

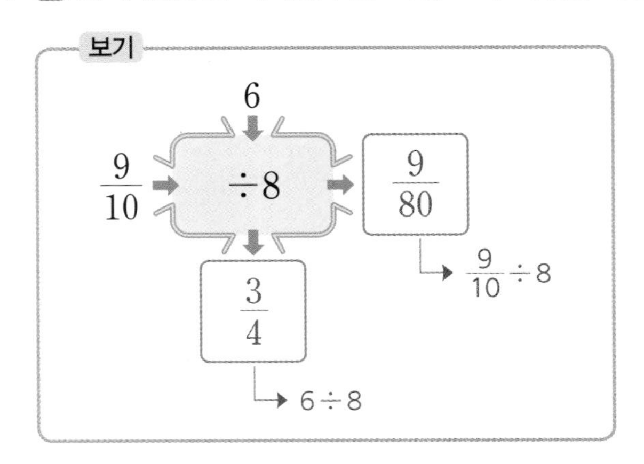

1

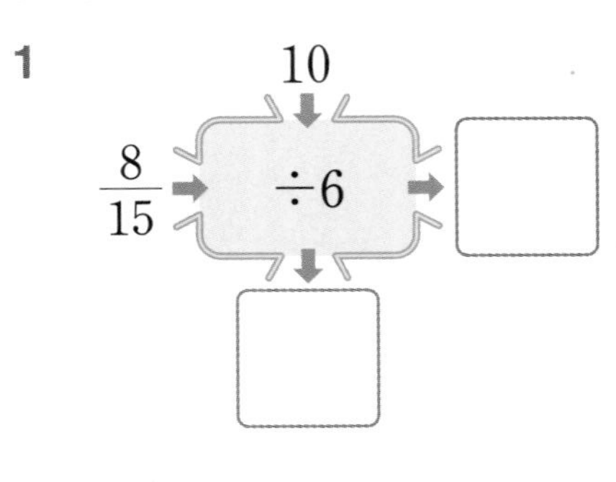

2

7

$\frac{12}{13}$ → $\div 4$ → ☐

↓

☐

3

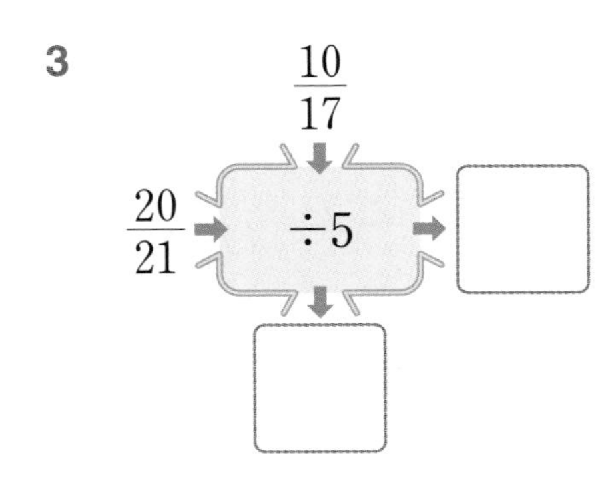

4

$\frac{9}{20}$

$\frac{4}{7}$ → $\div 3$ → ☐

↓

☐

5

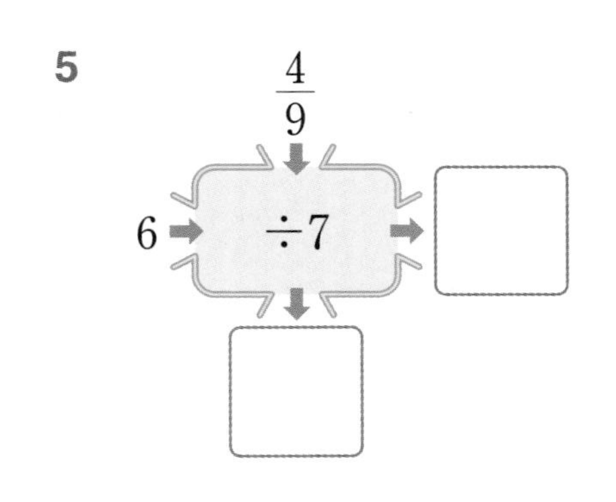

6

$\frac{6}{13}$

$\frac{3}{5}$ → $\div 9$ → ☐

↓

☐

7

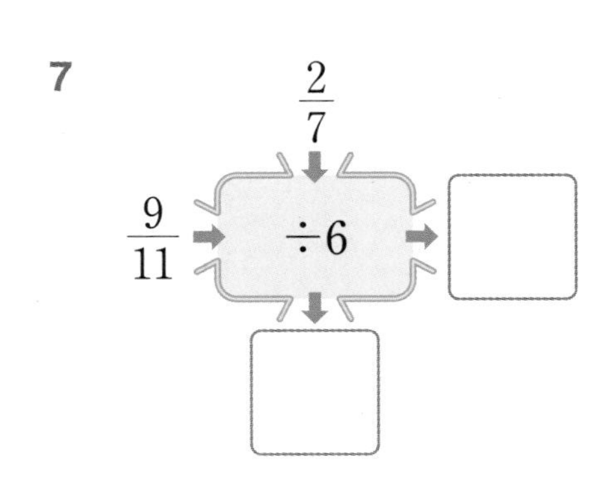

✲ 선을 따라 계산하여 빈 곳에 알맞은 기약분수를 써넣으시오. (단, 계산 결과가 가분수이면 대분수로 나타내시오.)

8

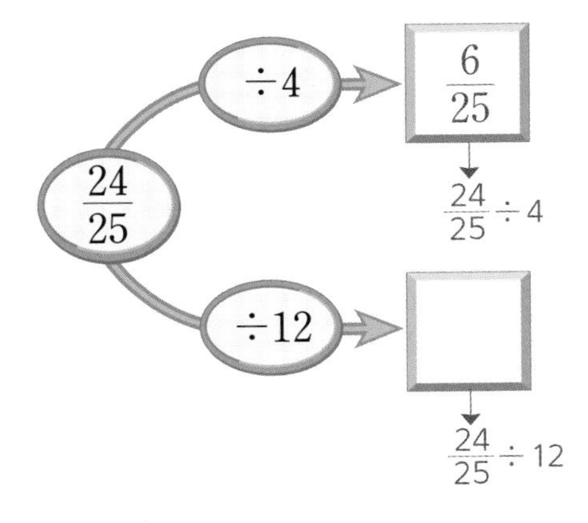

9

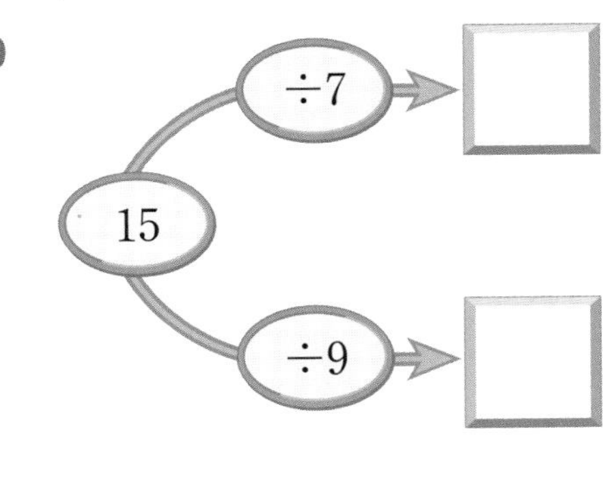

10

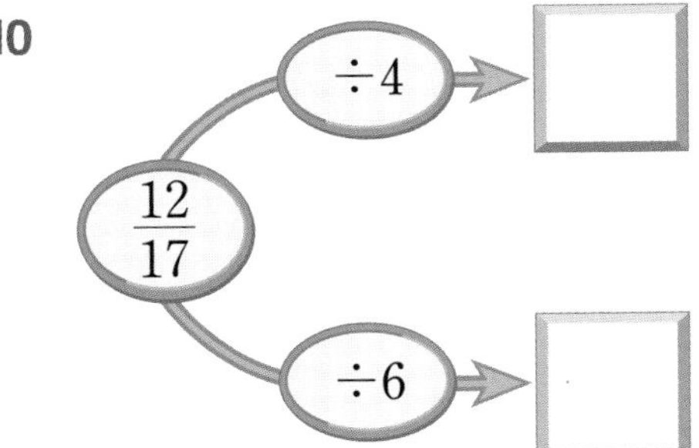

11

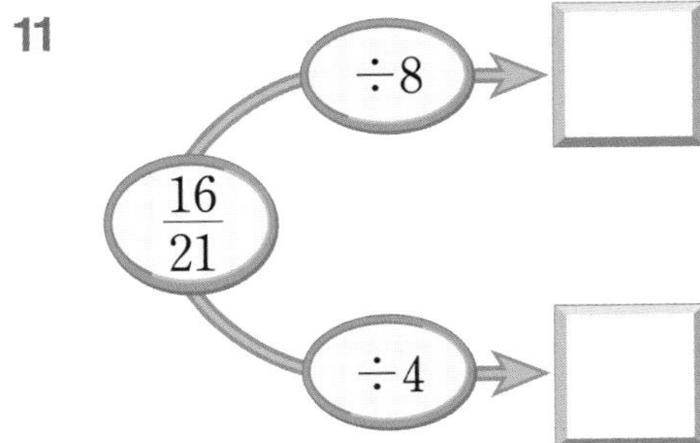

12

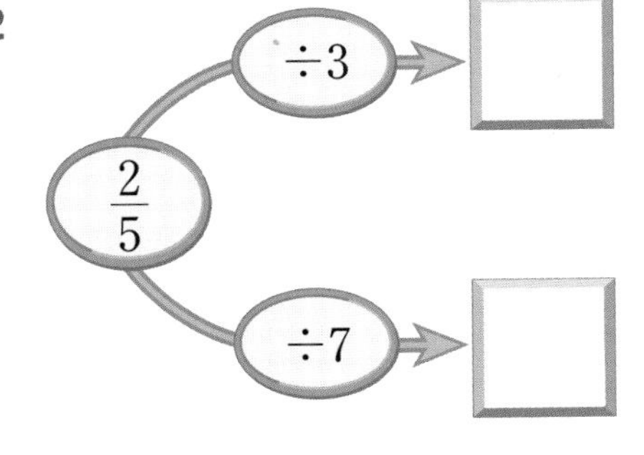

13

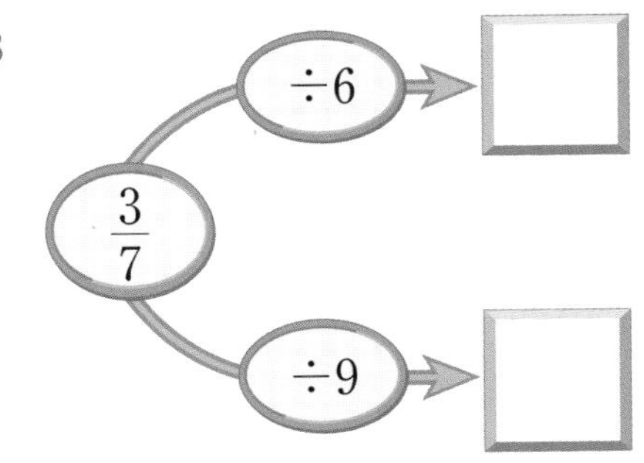

14

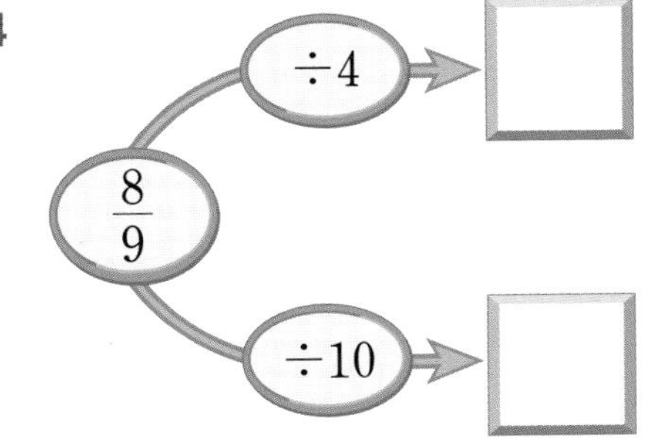

15

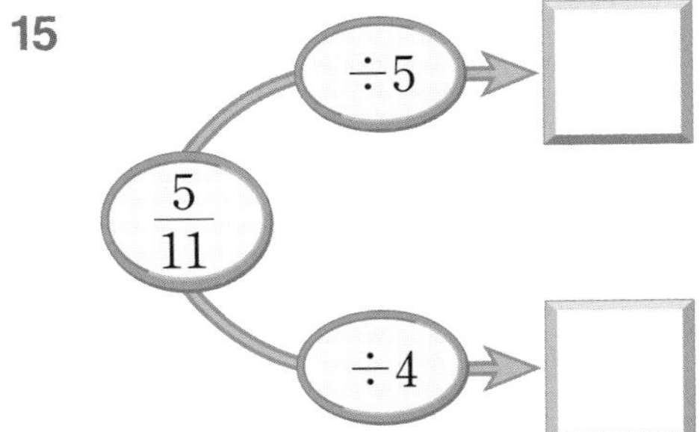

집중 연산 B

✲ 나눗셈을 하여 기약분수로 나타내시오. (단, 계산 결과가 가분수이면 대분수로 나타내시오.)

1 $1 \div 11$

2 $1 \div 16$

3 $15 \div 21$

4 $26 \div 10$

5 $27 \div 5$

6 $38 \div 12$

7 $\frac{7}{12} \div 4$

8 $\frac{10}{27} \div 4$

9 $\frac{15}{16} \div 3$

10 $\frac{4}{15} \div 4$

11 $\frac{15}{17} \div 5$

12 $\frac{16}{21} \div 12$

13 $\frac{21}{32} \div 14$

14 $\frac{25}{28} \div 10$

15 $\frac{10}{13} \div 5$

16 $\frac{24}{35} \div 8$

17 $\frac{3}{14} \div 4$

18 $\frac{10}{27} \div 6$

19 $\frac{4}{5} \div 3$

20 $\frac{2}{5} \div 9$

21 $\frac{18}{23} \div 9$

22 $\frac{5}{8} \div 3$

23 $\frac{8}{15} \div 4$

24 $\frac{14}{25} \div 7$

25 $\frac{7}{10} \div 3$

26 $\frac{12}{19} \div 3$

27 $\frac{4}{9} \div 2$

28 $\frac{2}{3} \div 8$

2 분수의 나눗셈 (2)

쉬
이
이
이

지
잉-

콜록
콜록

이런, 완전히 부서졌네.

아~, 이제 엄마한테 혼나는 일만 남았네.

아… 아니지… 이제 집에 어떻게 돌아가지?
크
헉

여기 근처야! 이 근처로 우주선이 떨어졌어!!

여기다!! 여기 우주선이 있어.

우아~ 진짜네! 정말 우주선이 있어.
대박!!

여기 누가 내린 흔적이 있어.

이 주변에 외계인이 숨어 있을 거야!

뭐? 외계인!!!!!

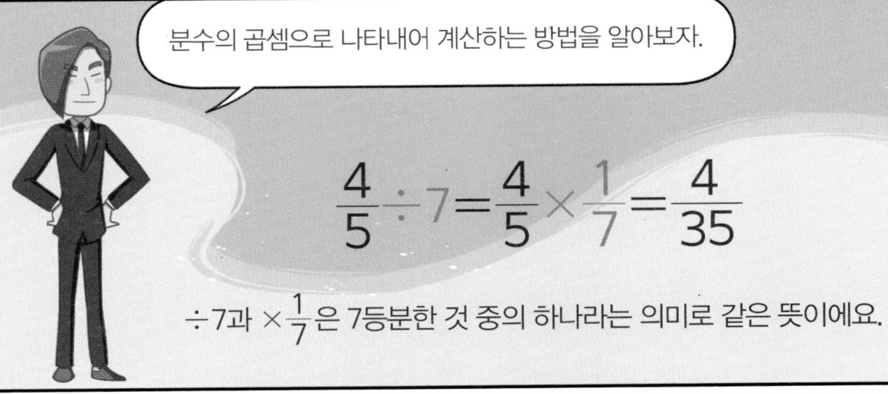

학습 내용

- (진분수)÷(자연수)를 분수의 곱셈으로 나타내기
- (가분수)÷(자연수)를 분수의 곱셈으로 나타내기
- (대분수)÷(자연수)

(진분수)÷(자연수)를 분수의 곱셈으로 나타내기

$\frac{3}{7} \div 6$의 계산

$$\frac{3}{7} \div 6 = \frac{\overset{1}{\cancel{3}}}{7} \times \frac{1}{\underset{2}{\cancel{6}}} = \frac{1}{14}$$

÷(자연수) ➡ × $\frac{1}{(자연수)}$

계산 과정에서 약분하면 편리해요.

✲ 나눗셈을 곱셈으로 나타내어 계산하고 기약분수로 나타내시오.

1 $\frac{1}{6} \div 4 = \frac{1}{6} \times \frac{1}{4} = \frac{\square}{\square}$

2 $\frac{3}{5} \div 7 = \frac{3}{5} \times \frac{1}{7} = \frac{\square}{\square}$

3 $\frac{6}{7} \div 5$

4 $\frac{8}{9} \div 10$

5 $\frac{3}{4} \div 7$

6 $\frac{9}{10} \div 6$

7 $\frac{7}{8} \div 28$

8 $\frac{12}{17} \div 8$

9 $\frac{8}{15} \div 12$

10 $\frac{10}{13} \div 15$

✲ 보기 와 같이 계산 결과가 맞으면 Yes에 ○표, 틀리면 No에 ○표 하시오. 또, 틀린 것은 바르게 계산한 값을 기약분수로 나타내시오.

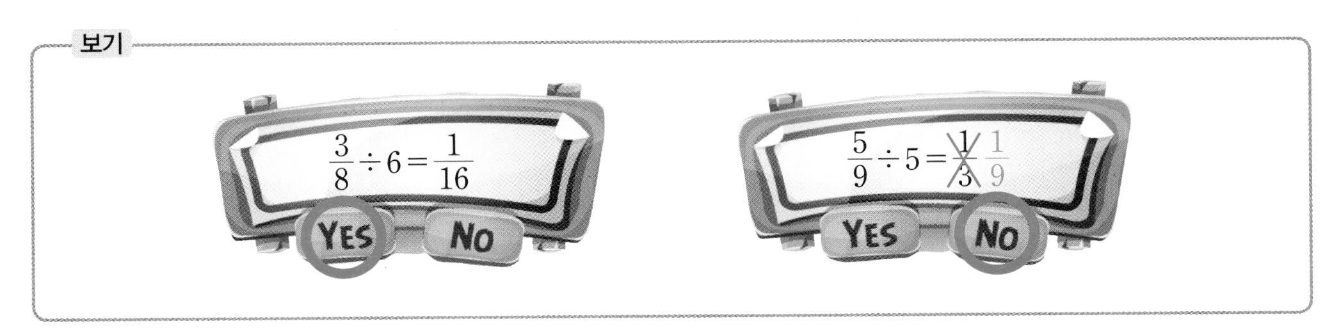

11

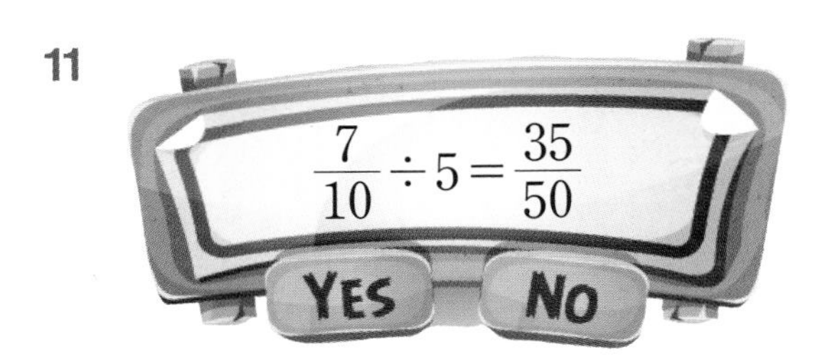

12

13

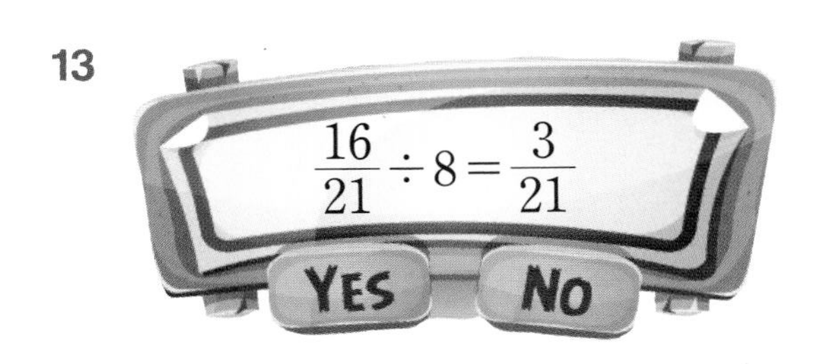

14

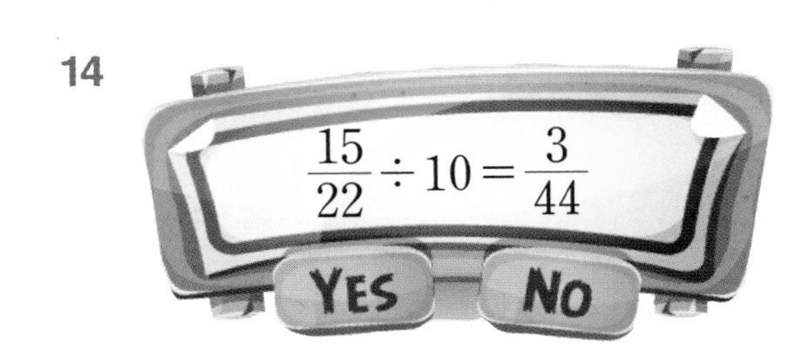

15

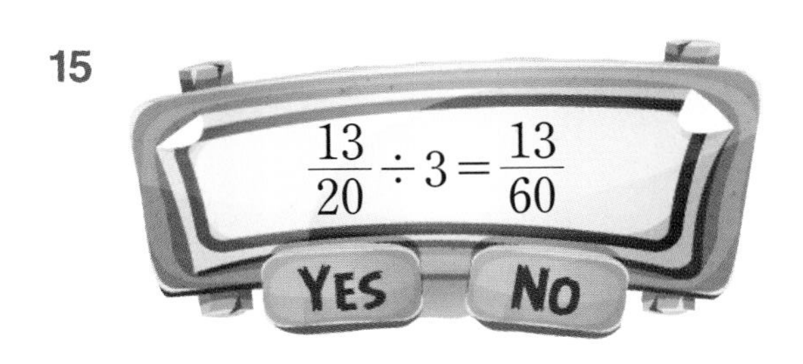

16

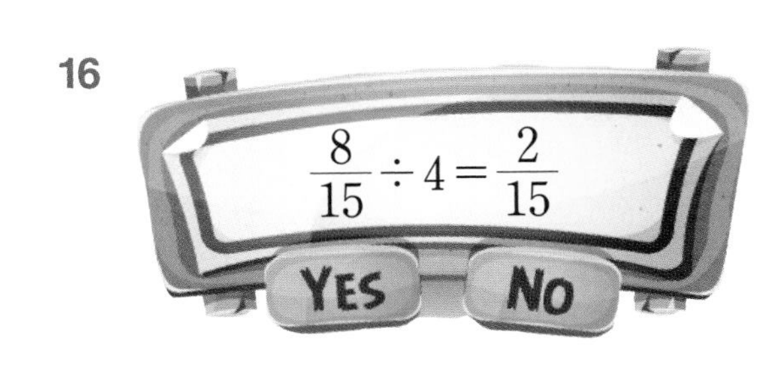

17

$\frac{14}{27} \div 4 = \frac{7}{54}$

YES NO

18

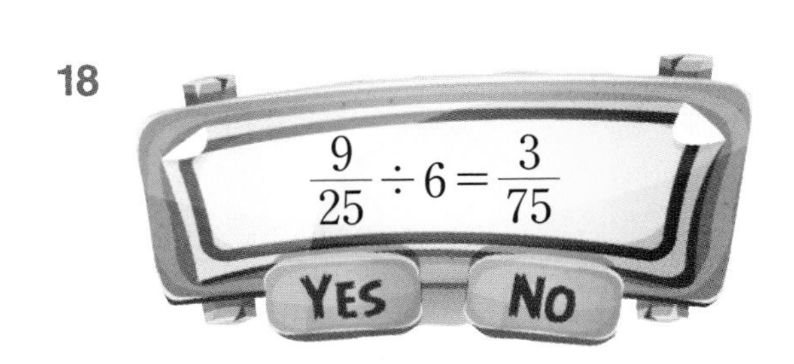

(가분수)÷(자연수)를 분수의 곱셈으로 나타내기

$\frac{7}{5}\div 4$의 계산

$$\frac{7}{5}\div 4=\frac{7}{5}\times\frac{1}{4}=\frac{7}{20}$$

÷(자연수) ➡ $\times\frac{1}{(\text{자연수})}$

$\frac{7}{5}\div 4=\frac{7}{5}\div\frac{20}{5}=7\div 20=\frac{7}{20}$

자연수를 분모가 같은 가분수로 바꾸어서 분수의 나눗셈으로 계산할 수 있어요.

나눗셈을 곱셈으로 나타내어 계산하고 기약분수로 나타내시오.

1 $\frac{7}{4}\div 5=\frac{7}{4}\times\frac{1}{5}=\frac{\square}{\square}$

2 $\frac{9}{5}\div 4=\frac{9}{5}\times\frac{1}{4}=\frac{\square}{20}$

3 $\frac{11}{6}\div 4$

4 $\frac{14}{9}\div 4$

5 $\frac{13}{4}\div 5$

6 $\frac{7}{3}\div 6$

7 $\frac{25}{8}\div 6$

8 $\frac{30}{17}\div 10$

9 $\frac{32}{15}\div 8$

10 $\frac{40}{21}\div 12$

날짜 : 월 일
부모님 확인

✲ 나눗셈을 하고 가장 인기 있는 게시물은 누구의 게시물인지 알아보시오.

김성우

이진영

박다희

11 $\frac{7}{4} \div 3 = \square$ M

12 $\frac{27}{10} \div 6 = \square$ R

13 $\frac{25}{9} \div 6 = \square$ A

14 $\frac{45}{11} \div 10 = \square$ C

15 $\frac{8}{5} \div 6 = \square$ E

16 $\frac{36}{7} \div 8 = \square$ I

17 $\frac{14}{9} \div 8 = \square$ C

18 $\frac{21}{4} \div 14 = \square$ E

계산 결과에 해당하는 알파벳을 써넣어 만든 힌트로 가장 인기 있는 게시물을 알 수 있어요. 누구의 것인지 알아 맞혀 보세요.

$\frac{9}{14}$	$\frac{7}{36}$	$\frac{3}{8}$

$\frac{9}{22}$	$\frac{9}{20}$	$\frac{4}{15}$	$\frac{25}{54}$	$\frac{7}{12}$

03 (대분수)÷(자연수)(1)

$1\frac{5}{7} \div 4$의 계산

먼저 대분수를 가분수로 바꾸어요.

$$1\frac{5}{7} \div 4 = \frac{12}{7} \div 4 = \frac{12 \div 4}{7} = \frac{3}{7}$$

가분수의 분자 12가 4의 배수이므로 분자를 자연수로 나누어요.

대분수를 가분수로 바꾸었을 때 분자가 자연수의 배수이면 분자를 자연수로 나눕니다.

✲ 나눗셈을 하여 기약분수로 나타내시오. (단, 계산 결과가 가분수이면 대분수로 나타내시오.)

1 $2\frac{1}{7} \div 3 = \frac{15}{7} \div 3 = \frac{15 \div 3}{7} = \frac{\square}{\square}$

2 $8\frac{1}{8} \div 5 = \frac{65}{8} \div 5 = \frac{65 \div 5}{8} = \square$

3 $1\frac{3}{5} \div 4$

4 $1\frac{5}{9} \div 7$

5 $3\frac{3}{4} \div 3$

6 $4\frac{1}{6} \div 5$

7 $4\frac{2}{5} \div 11$

8 $7\frac{1}{9} \div 4$

9 $8\frac{1}{10} \div 9$

10 $7\frac{3}{7} \div 4$

날짜 : 월 일
부모님 확인

✲ 자전거를 타고 주어진 길을 따라 구간별로 일정한 빠르기로 달렸습니다. 각 구간에서 1분 동안 달린 거리를 기약분수로 나타내시오.

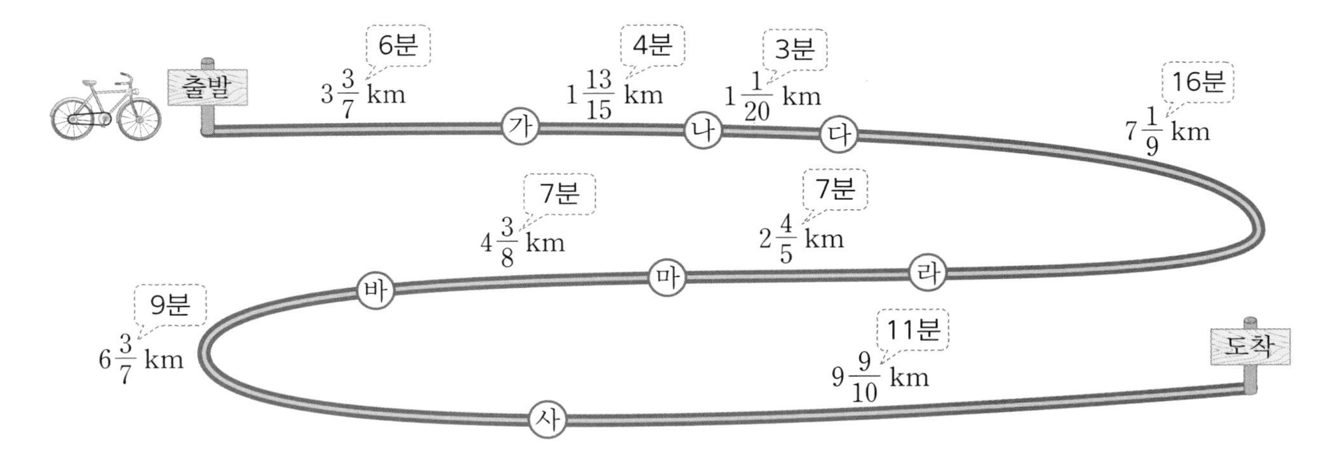

11 출발 ~ (가)

$$3\frac{3}{7} \div 6 = \square$$

식

답 km

12 

$$1\frac{13}{15} \div 4 = \square$$

식

답 km

13 (나) ~ (다)

식

답 km

14 (다) ~ (라)

식

답 km

15 (라) ~ (마)

식

답 km

16 (마) ~ (바)

식

답 km

17 (바) ~ (사)

식

답 km

18 (사) ~ 도착

식

답 km

(대분수)÷(자연수)(2)

$1\frac{2}{7} \div 5$의 계산

먼저 대분수를 가분수로 바꾸어요.

분자 9가 5의 배수가 아니면 $\div 5 \rightarrow \times \frac{1}{5}$로 바꾸어 계산해요.

$$1\frac{2}{7} \div 5 = \frac{9}{7} \div 5 = \frac{9}{7} \times \frac{1}{5} = \frac{9}{35}$$

대분수를 가분수로 바꾸지 않고 계산하면 틀려요.

$1\frac{2}{5} \div 4 = 1\frac{\overset{1}{\cancel{2}}}{5} \times \frac{1}{\underset{2}{\cancel{4}}} = 1\frac{1}{10}$ (×)

$1\frac{2}{5} \div 4 = \frac{7}{5} \times \frac{1}{4} = \frac{7}{20}$ (○)

✲ 나눗셈을 하여 기약분수로 나타내시오. (단, 계산 결과가 가분수이면 대분수로 나타내시오.)

1 $3\frac{4}{5} \div 2$

2 $1\frac{3}{4} \div 2$

3 $1\frac{9}{14} \div 6$

4 $5\frac{5}{8} \div 10$

5 $1\frac{10}{11} \div 15$

6 $1\frac{5}{8} \div 5$

7 $1\frac{2}{13} \div 20$

8 $5\frac{1}{11} \div 4$

9 $2\frac{13}{16} \div 12$

10 $3\frac{4}{15} \div 14$

날짜 : 월 일
부모님 확인

✲ 음료수를 주어진 친구들과 똑같이 나누어 먹으려고 합니다. 한 사람이 몇 L씩 마실 수 있는지 구하시오.

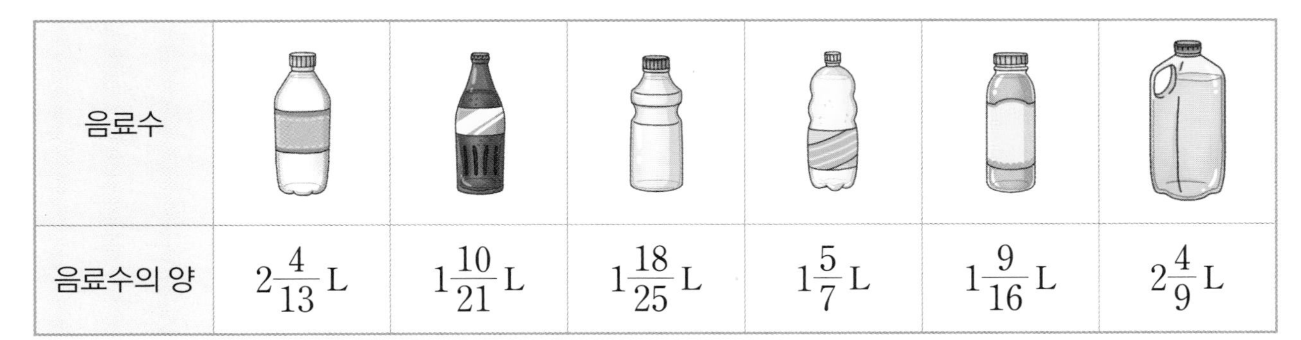

음료수						
음료수의 양	$2\frac{4}{13}$ L	$1\frac{10}{21}$ L	$1\frac{18}{25}$ L	$1\frac{5}{7}$ L	$1\frac{9}{16}$ L	$2\frac{4}{9}$ L

11 8명 ➡ ________ L

12 5명 ➡ ________ L

13 2명 ➡ ________ L

14 6명 ➡ ________ L

15 10명 ➡ ________ L

16 15명 ➡ ________ L

17 6명 ➡ ________ L

18 6명 ➡ ________ L

05 집중 연산 A

✲ ▢ 안에 알맞은 기약분수를 써넣으시오. (단, 계산 결과가 가분수이면 대분수로 나타내시오.)

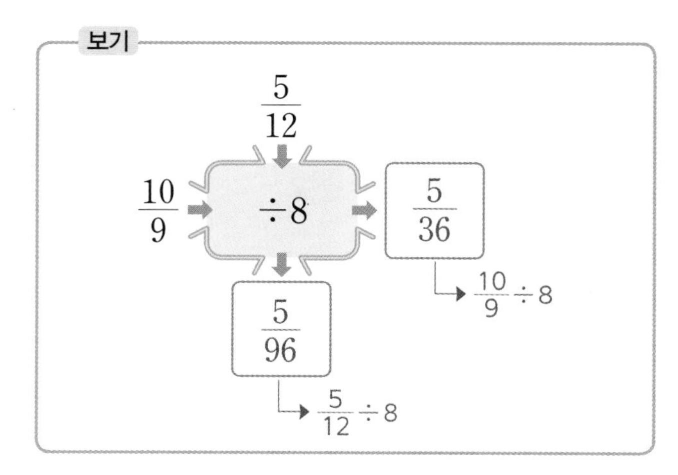

1

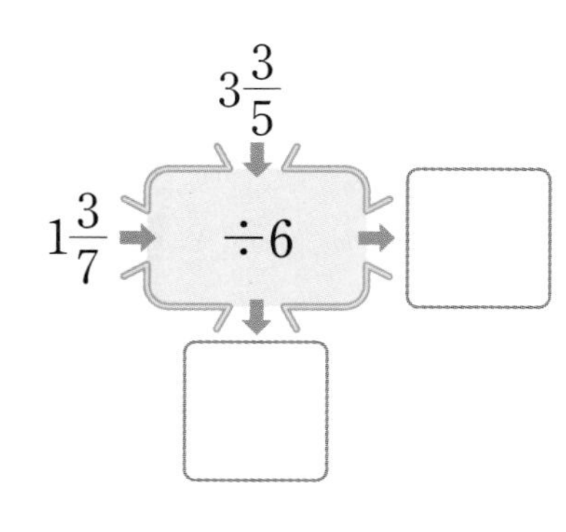

2

위: $2\frac{2}{7}$, 왼쪽: $1\frac{11}{13}$, $\div 4$

3

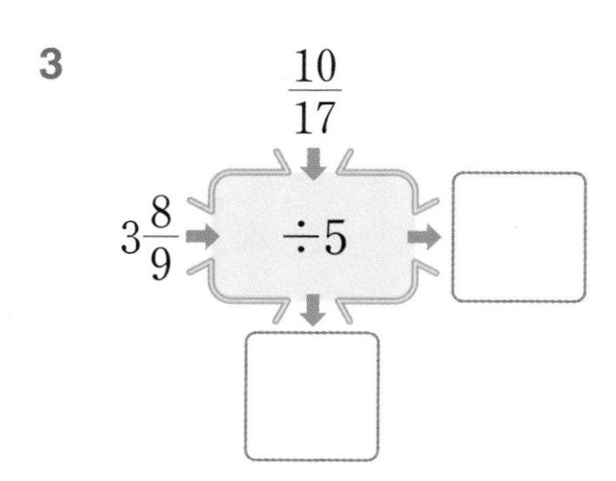

4

위: $1\frac{1}{20}$, 왼쪽: $5\frac{4}{7}$, $\div 3$

5

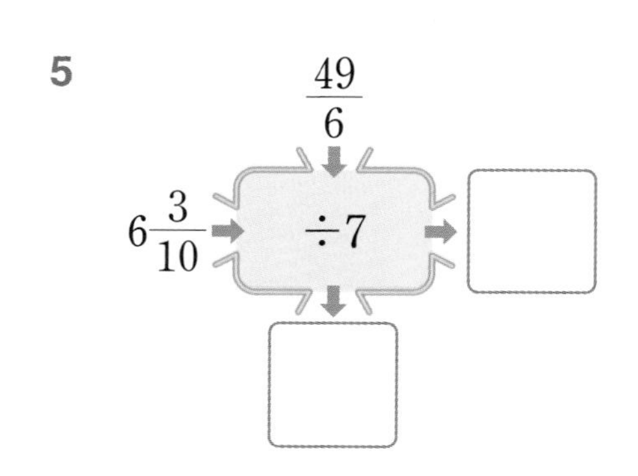

6

위: $3\frac{6}{13}$, 왼쪽: $12\frac{3}{5}$, $\div 9$

7

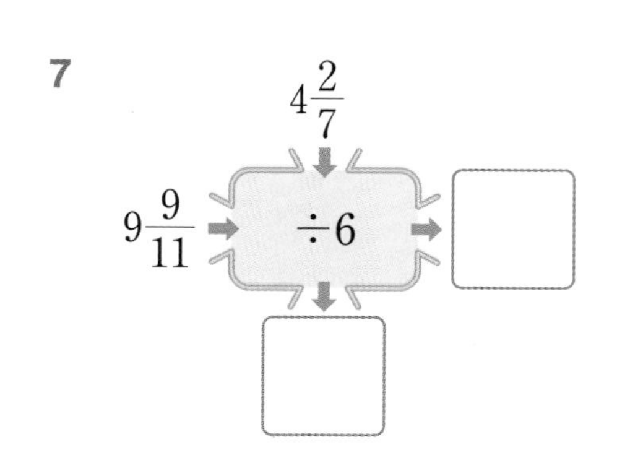

✲ 선을 따라 계산하여 빈 곳에 알맞은 기약분수를 써넣으시오. (단, 계산 결과가 가분수이면 대분수로 나타내시오.)

8

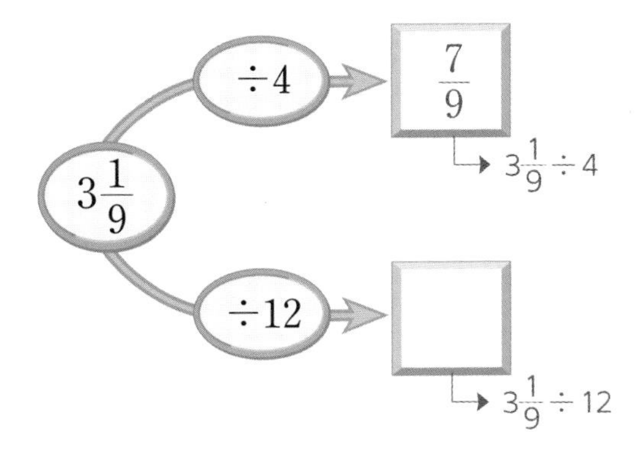

9

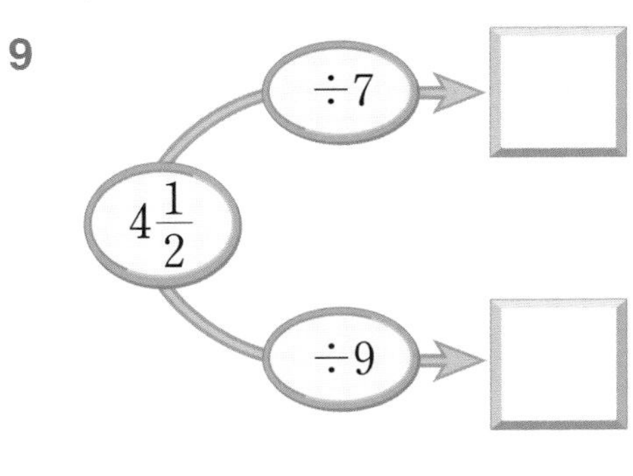

10

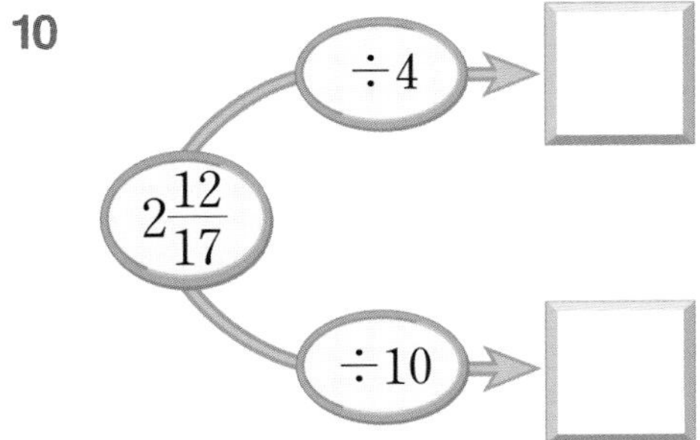

11

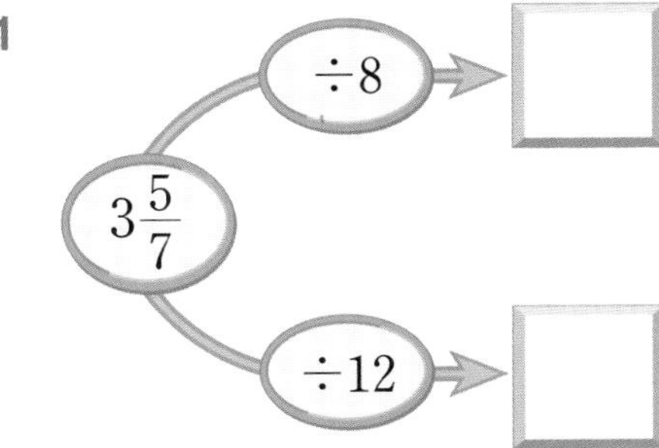

12

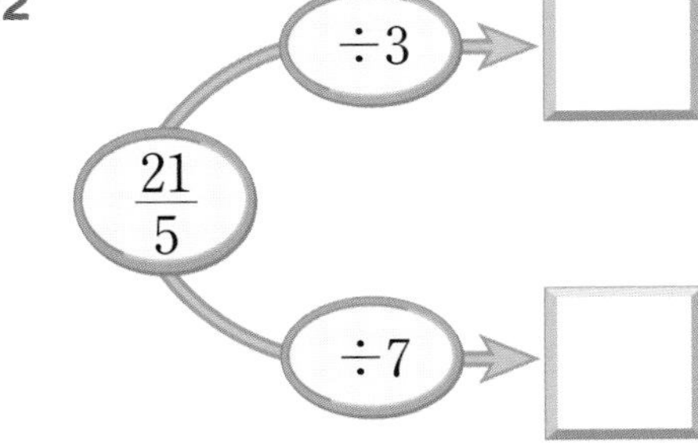

13

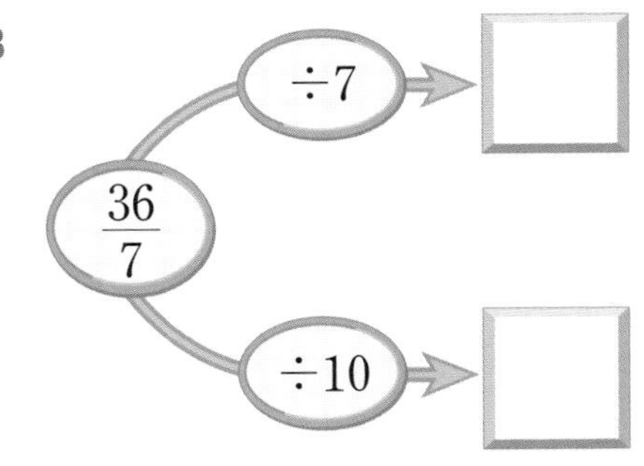

14

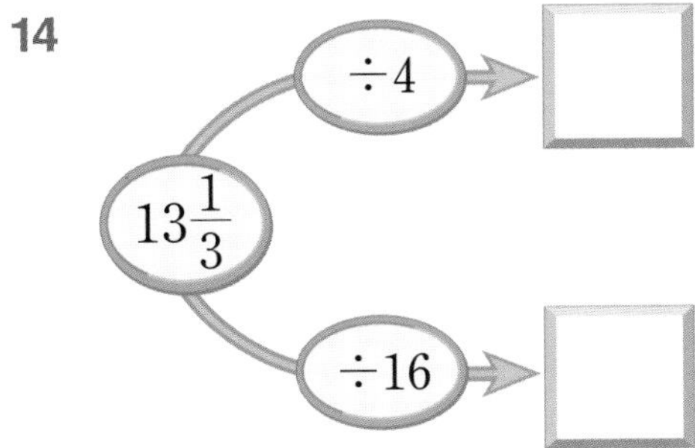

15

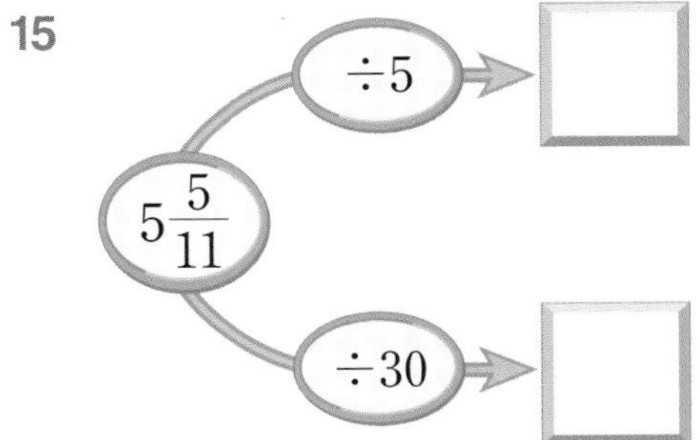

06 집중 연산 B

✲ 나눗셈을 하여 기약분수로 나타내시오. (단, 계산 결과가 가분수이면 대분수로 나타내시오.)

1 $2\frac{5}{6} \div 4$

2 $5\frac{1}{4} \div 7$

3 $8\frac{4}{9} \div 18$

4 $2\frac{3}{5} \div 4$

5 $5\frac{2}{5} \div 3$

6 $3\frac{1}{6} \div 5$

7 $\frac{12}{7} \div 10$

8 $\frac{27}{10} \div 12$

9 $\frac{15}{16} \div 20$

10 $2\frac{2}{3} \div 6$

11 $\frac{15}{17} \div 20$

12 $7\frac{4}{5} \div 13$

13 $\frac{21}{32} \div 28$

14 $\frac{25}{28} \div 15$

15 $5\frac{1}{3} \div 4$

16 $5\frac{5}{8} \div 9$

17 $6\frac{3}{5} \div 11$

18 $1\frac{7}{20} \div 3$

19 $\frac{55}{4} \div 10$

20 $\frac{33}{2} \div 9$

21 $1\frac{19}{21} \div 10$

22 $8\frac{5}{8} \div 3$

23 $3\frac{11}{15} \div 16$

24 $12\frac{1}{4} \div 7$

25 $5\frac{7}{10} \div 3$

26 $2\frac{2}{15} \div 12$

27 $9\frac{4}{9} \div 15$

28 $22\frac{2}{3} \div 8$

3 분수의 곱셈과 나눗셈

내 이름은 츄츄!
뚜리코마 별에서
온 외계인이다.

하하하,
역시 내 추리가
맞았어!!
지금 그 반응은
아니지.

잘생긴 외계인이다.
그 반응은 또 뭐야!!

우주선이 망가져
이곳으로 탈출했어.

내 말이 맞지?
경찰에 신고해야
되는 거 아니야?
내
이상형이야~.
내 말 듣고
있는 건가?

반가워.
난 정우라고 해!
난 하영이.
난
평온이야.

너희가 날 도와줄 수
있을까?

물론이…
당연하지!
뭐든지 말만 해!!

나의 별로 돌아가려면
잃어버린 내 우주선을
찾아야 해!
우주선?

저 우주선은
뭐야?
저건 탈출선이고, 원래
우주선은 따로 있어.

후후후, 뭔가
재미있어지네.
재미라고……

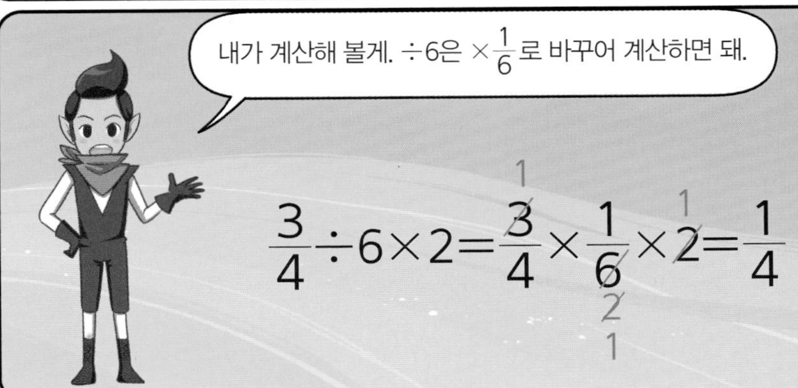

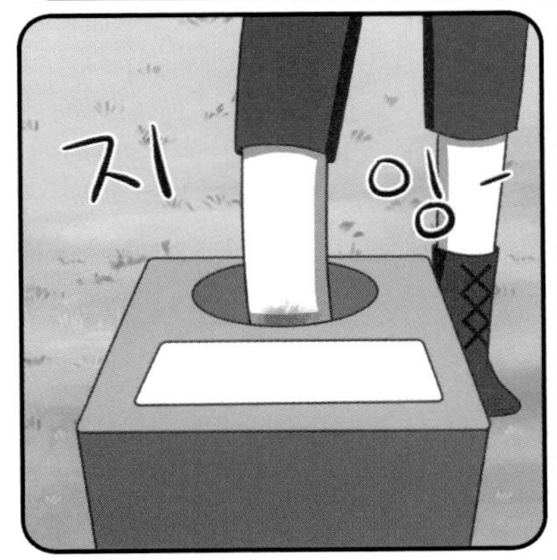

학습 내용

- (진분수) ÷ (자연수) × (자연수)
- (대분수) ÷ (자연수) × (자연수)
- (진분수) × (자연수) ÷ (자연수)
- (대분수) × (자연수) ÷ (자연수)
- (진분수) ÷ (자연수) ÷ (자연수)
- (대분수) ÷ (자연수) ÷ (자연수)

01 (진분수)÷(자연수)×(자연수)

⊙ $\frac{3}{4} \div 6 \times 2$의 계산

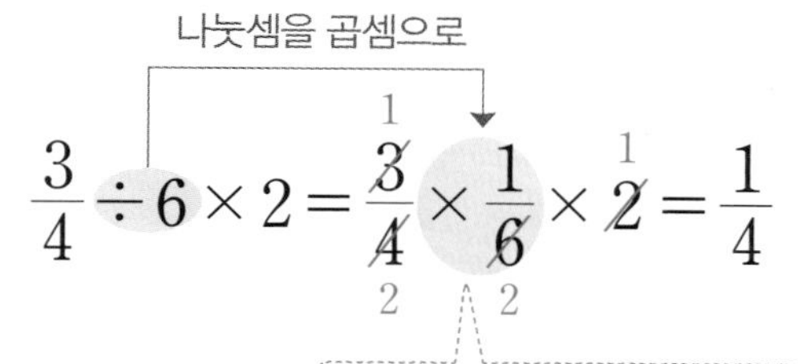

세 수를 한꺼번에 약분하여 계산해요.

두 수씩 차례로 계산할 수 있어요.

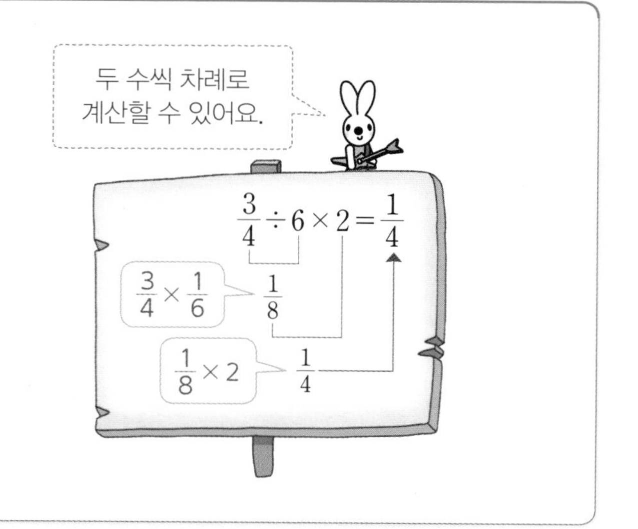

✲ 계산을 하여 기약분수로 나타내시오. (단, 계산 결과가 가분수이면 대분수로 나타내시오.)

1 $\frac{2}{5} \div 3 \times 10 = \frac{2}{\underset{1}{\cancel{5}}} \times \frac{1}{3} \times \overset{2}{\cancel{10}} = \frac{\square}{3} = \square$

2 $\frac{4}{9} \div 2 \times 12 = \frac{\overset{2}{\cancel{4}}}{\underset{3}{\cancel{9}}} \times \frac{1}{\underset{1}{\cancel{2}}} \times \overset{4}{\cancel{12}} = \frac{\square}{3} = \square$

3 $\frac{1}{4} \div 7 \times 2$

4 $\frac{5}{6} \div 7 \times 8$

5 $\frac{2}{3} \div 5 \times 9$

6 $\frac{6}{7} \div 3 \times 4$

7 $\frac{5}{12} \div 6 \times 8$

8 $\frac{7}{8} \div 4 \times 16$

9 $\frac{3}{10} \div 9 \times 5$

10 $\frac{14}{15} \div 10 \times 9$

✲ 계산을 하여 기약분수로 나타내시오. (단, 계산 결과가 가분수이면 대분수로 나타내시오.)

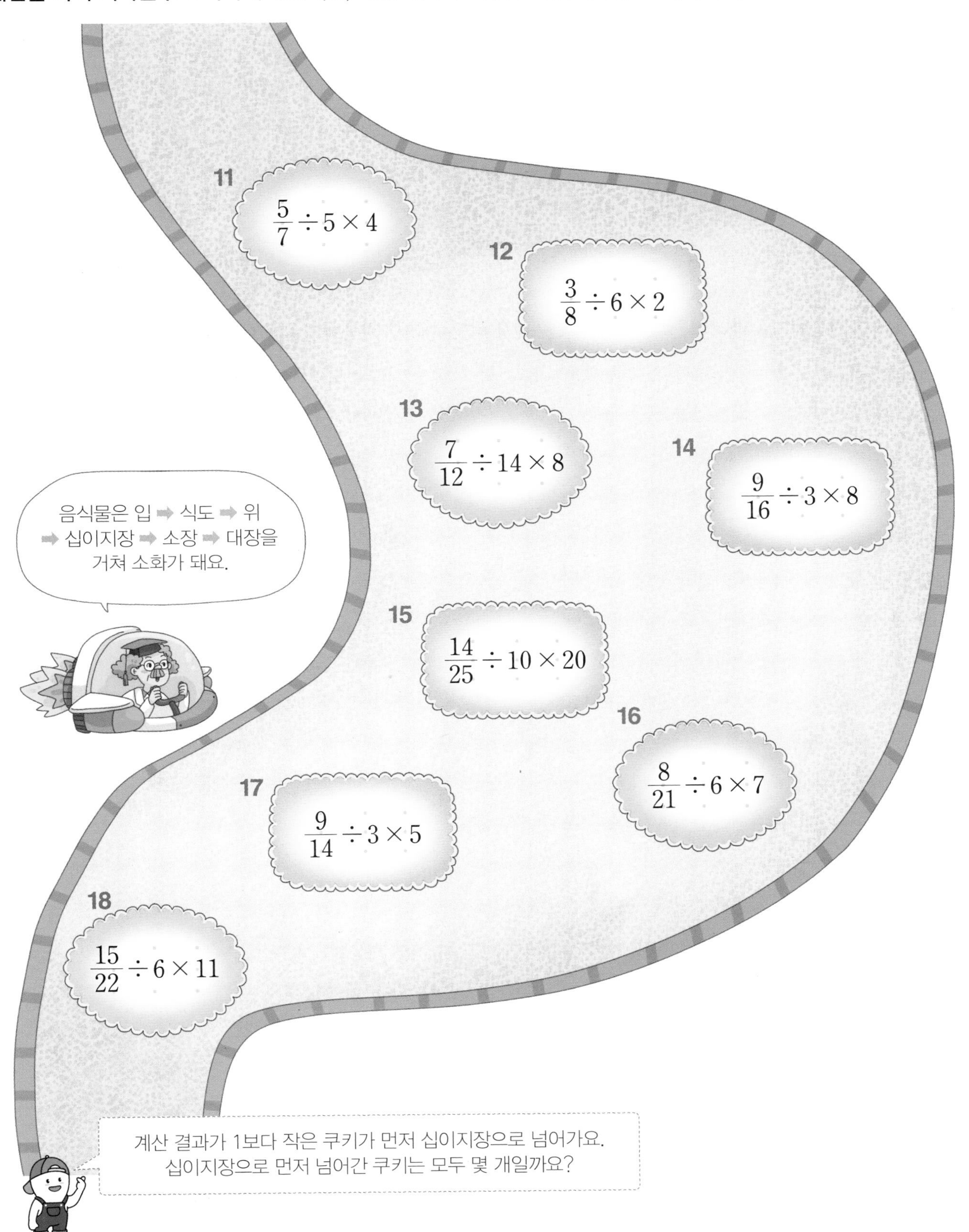

02 (대분수)÷(자연수)×(자연수)

$2\frac{1}{3}\div 7\times 2$의 계산

대분수를 가분수로 나타내요.

$$2\frac{1}{3}\div 7\times 2=\frac{7}{3}\times\frac{1}{7}\times 2=\frac{2}{3}$$

나눗셈을 곱셈으로 바꾸어 계산해요.

대분수는 가분수로, $\div$(자연수)는 $\times\frac{1}{(자연수)}$로 바꾼 뒤 약분하여 계산해요.

계산을 하여 기약분수로 나타내시오. (단, 계산 결과가 가분수이면 대분수로 나타내시오.)

1 $3\frac{1}{2}\div 7\times 3=\frac{\overset{1}{\cancel{7}}}{2}\times\frac{1}{\underset{1}{\cancel{7}}}\times 3=\frac{\square}{2}=\square$

2 $2\frac{3}{8}\div 5\times 2=\frac{\square}{\underset{4}{\cancel{8}}}\times\frac{1}{5}\times\overset{1}{\cancel{2}}=\frac{\square}{20}$

3 $1\frac{5}{9}\div 3\times 6$

4 $1\frac{1}{7}\div 4\times 2$

5 $1\frac{2}{3}\div 5\times 9$

6 $1\frac{1}{8}\div 6\times 12$

7 $2\frac{4}{5}\div 12\times 15$

8 $2\frac{1}{4}\div 2\times 6$

9 $3\frac{5}{9}\div 20\times 18$

10 $2\frac{1}{10}\div 14\times 4$

날짜 : 월 일
부모님 확인

✲ 계산을 하여 기약분수로 나타내시오. (단, 계산 결과가 가분수이면 대분수로 나타내시오.)

11 $1\frac{2}{9} \div 11 \times 2$

12 $2\frac{1}{4} \div 6 \times 5$

13 $1\frac{4}{5} \div 3 \times 4$

14 $1\frac{7}{8} \div 10 \times 6$

15 $2\frac{4}{7} \div 9 \times 2$

16 $4\frac{2}{3} \div 7 \times 4$

17 $1\frac{7}{9} \div 4 \times 12$

18 $1\frac{11}{15} \div 13 \times 5$

19 $1\frac{5}{16} \div 7 \times 8$

케이크

스파게티

피자

스 $\frac{2}{3}$	케 $\frac{2}{5}$	피 $\frac{2}{9}$	행 $\frac{4}{7}$
이 $1\frac{1}{4}$	파 $1\frac{1}{8}$	게 $1\frac{7}{8}$	거 $1\frac{1}{2}$
비 $2\frac{2}{5}$	자 $2\frac{2}{3}$	티 $5\frac{1}{3}$	크 $5\frac{1}{4}$

제가 좋아하는 음식은 무엇일까요?
계산 결과가 적힌 칸을 × 표 하면
남은 글자로 알 수 있어요.

(진분수)×(자연수)÷(자연수)

$\frac{3}{5}\times2\div6$의 계산

나눗셈을 곱셈으로 바꾸어요.

$$\frac{3}{5}\times2\div6=\frac{\overset{1}{\cancel{3}}}{5}\times\overset{1}{\cancel{2}}\times\frac{1}{\underset{\underset{1}{\cancel{3}}}{\cancel{6}}}=\frac{1}{5}$$

세 수를 한꺼번에 약분하여 계산할 수 있어요.

$$\frac{3}{5}\times2\div6=\frac{6}{5}\div6=\frac{\overset{1}{\cancel{6}}}{5}\times\frac{1}{\underset{1}{\cancel{6}}}=\frac{1}{5}$$

두 수씩 차례로 계산할 수 있어요.

계산을 하여 기약분수로 나타내시오. (단, 계산 결과가 가분수이면 대분수로 나타내시오.)

1 $\frac{4}{5}\times5\div3=\frac{4}{\underset{1}{\cancel{5}}}\times\overset{1}{\cancel{5}}\times\frac{1}{3}=\frac{\square}{\square}=\square$

2 $\frac{2}{3}\times4\div3=\frac{2}{3}\times4\times\frac{1}{\square}=\square$

3 $\frac{2}{7}\times14\div3$

4 $\frac{3}{8}\times3\div6$

5 $\frac{4}{9}\times6\div12$

6 $\frac{9}{10}\times4\div18$

7 $\frac{7}{16}\times12\div21$

8 $\frac{8}{15}\times21\div6$

9 $\frac{9}{14}\times16\div3$

10 $\frac{8}{21}\times24\div12$

날짜 : 월 일
부모님 확인

✲ 계산을 하여 기약분수로 나타내시오. (단, 계산 결과가 가분수이면 대분수로 나타내시오.)

11 $\frac{2}{9}\times 12\div 4=$ ☐ 즐

12 $\frac{7}{8}\times 16\div 5=$ ☐ 글

13 $\frac{5}{6}\times 9\div 3=$ ☐ 는

14 $\frac{4}{5}\times 2\div 4=$ ☐ 나

15 $\frac{11}{16}\times 8\div 22=$ ☐ 누

16 $\frac{3}{10}\times 6\div 9=$ ☐ 구

17 $\frac{8}{15}\times 12\div 4=$ ☐ 읽

18 $\frac{5}{12}\times 16\div 2=$ ☐ 은

19 $\frac{2}{5}\times 10\div 9=$ ☐ 겁

20 $\frac{9}{14}\times 7\div 3=$ ☐ 게

계산 결과에 해당하는 글자를 써넣어 만든 수수께끼의 답은 무엇일까요?

수수께끼

$\frac{1}{4}$	$\frac{1}{5}$	$\frac{2}{5}$	$\frac{2}{3}$	$\frac{4}{9}$	$1\frac{1}{2}$	$1\frac{3}{5}$	$2\frac{1}{2}$	$2\frac{4}{5}$	$3\frac{1}{3}$

?

(대분수)×(자연수)÷(자연수)

$2\frac{2}{3}\times4\div6$의 계산

대분수를 가분수로 바꾸어요.

$$2\frac{2}{3}\times4\div6=\frac{\overset{4}{\cancel{8}}}{3}\times4\times\frac{1}{\underset{3}{\cancel{6}}}=\frac{16}{9}=1\frac{7}{9}$$

나눗셈을 곱셈으로 바꾸어요.

가분수이면 대분수로

분자끼리 약분하면 안 돼요!!

$2\frac{2}{3}\times4\div6=\frac{\overset{2}{\cancel{8}}}{3}\times\overset{1}{\cancel{4}}\times\frac{1}{6}=\frac{2}{18}$ (×)

✲ 계산을 하여 기약분수로 나타내시오. (단, 계산 결과가 가분수이면 대분수로 나타내시오.)

1 $1\frac{5}{6}\times4\div3=\frac{\square}{\underset{3}{\cancel{6}}}\times\overset{2}{\cancel{4}}\times\frac{1}{\square}=\frac{\square}{9}=\square$

2 $1\frac{2}{9}\times6\div22$

3 $1\frac{3}{7}\times3\div5$

4 $2\frac{4}{5}\times2\div7$

5 $1\frac{1}{8}\times12\div3$

6 $2\frac{2}{3}\times4\div2$

7 $2\frac{1}{4}\times6\div3$

8 $3\frac{5}{9}\times6\div16$

9 $2\frac{1}{10}\times5\div14$

✲ 계산을 하여 기약분수로 나타내시오. (단, 계산 결과가 가분수이면 대분수로 나타내시오.)

10

$1\frac{2}{5} \times 6 \div 7 = \square$

11

$1\frac{4}{7} \times 2 \div 11 = \square$

12

$1\frac{3}{4} \times 6 \div 7 = \square$

13

$2\frac{2}{3} \times 4 \div 6 = \square$

14

$1\frac{1}{8} \times 4 \div 6 = \square$

15

$1\frac{7}{9} \times 3 \div 4 = \square$

16

$1\frac{7}{15} \times 10 \div 4 = \square$

17

$2\frac{2}{5} \times 3 \div 10 = \square$

계산 결과가 1보다 작은 곳의
힌트는 연상퀴즈의 힌트예요.
이 힌트로 연상되는 사람은 누구일까요?

연상퀴즈 획득한 힌트는 ______________________ 입니다.

05 (진분수)÷(자연수)÷(자연수)

⊡ $\frac{4}{5} \div 2 \div 6$의 계산

$$\frac{4}{5} \div 2 \div 6 = \frac{\overset{1}{\cancel{\overset{2}{\cancel{4}}}}}{5} \times \frac{1}{\underset{1}{\cancel{2}}} \times \frac{1}{\underset{3}{\cancel{6}}} = \frac{1}{15}$$

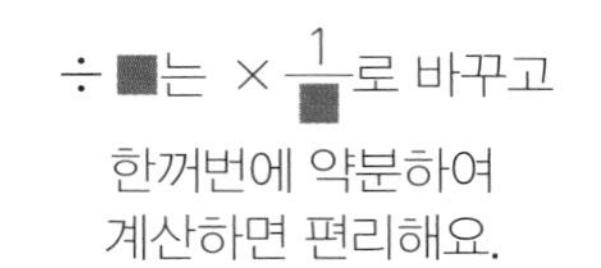

✲ 계산을 하여 기약분수로 나타내시오.

1 $\frac{3}{4} \div 2 \div 5 = \frac{3}{4} \times \frac{1}{2} \times \frac{1}{\square} = \frac{\square}{\square}$

2 $\frac{2}{5} \div 3 \div 4 = \frac{\overset{1}{\cancel{2}}}{5} \times \frac{1}{\square} \times \frac{1}{\underset{2}{\cancel{4}}} = \frac{1}{\square}$

3 $\frac{5}{7} \div 10 \div 4$

4 $\frac{7}{8} \div 3 \div 6$

5 $\frac{4}{9} \div 6 \div 5$

6 $\frac{9}{10} \div 4 \div 18$

7 $\frac{15}{16} \div 5 \div 4$

8 $\frac{8}{15} \div 4 \div 3$

9 $\frac{20}{21} \div 12 \div 5$

10 $\frac{18}{25} \div 12 \div 9$

날짜 : 월 일
부모님 확인

✲ 계산을 하여 기약분수로 나타내시오.

11 (받)

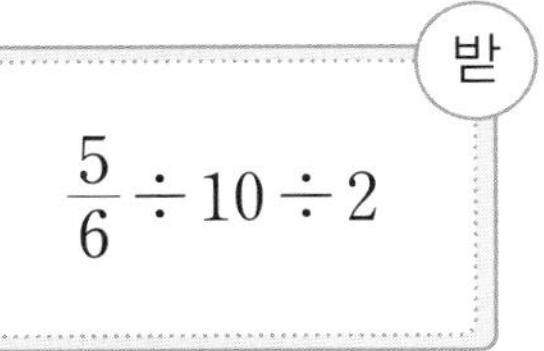

$\frac{5}{6} \div 10 \div 2$

12 (은)

$\frac{6}{11} \div 2 \div 3$

13 (뜨)

$\frac{4}{9} \div 8 \div 3$

14 (것)

$\frac{8}{13} \div 4 \div 2$

15 (는)

$\frac{16}{17} \div 8 \div 2$

16 (리)

$\frac{14}{15} \div 6 \div 7$

17 (고)

$\frac{2}{7} \div 3 \div 4$

18 (칭)

$\frac{10}{19} \div 4 \div 5$

19 (깨)

$\frac{15}{22} \div 10 \div 6$

20 (찬)

$\frac{16}{25} \div 2 \div 8$

계산 결과에 해당하는 글자를
써넣어 만든 수수께끼의 답은 무엇일까요?

수수께끼

$\frac{1}{88}$	$\frac{1}{54}$	$\frac{1}{45}$	$\frac{1}{42}$	$\frac{1}{38}$	$\frac{1}{25}$	$\frac{1}{24}$	$\frac{1}{17}$	$\frac{1}{13}$	$\frac{1}{11}$

?

(대분수)÷(자연수)÷(자연수)

⊙ $1\frac{1}{3} \div 5 \div 2$의 계산

$$1\frac{1}{3} \div 5 \div 2 = \frac{\overset{2}{\cancel{4}}}{3} \times \frac{1}{5} \times \frac{1}{\underset{1}{\cancel{2}}} = \frac{2}{15}$$

대분수를 가분수로 바꾸어요.

대분수는 가분수로,
÷(자연수)는 $\times \frac{1}{(\text{자연수})}$로 바꾼 뒤
약분하여 계산해요.

✲ 계산을 하여 기약분수로 나타내시오.

1 $1\frac{3}{5} \div 4 \div 3 = \frac{\square}{5} \times \frac{1}{4} \times \frac{1}{\square} = \frac{2}{\square}$

2 $1\frac{2}{7} \div 3 \div 2 = \frac{\square}{7} \times \frac{1}{\square} \times \frac{1}{2} = \frac{3}{\square}$

3 $1\frac{5}{8} \div 5 \div 4$

4 $1\frac{5}{9} \div 7 \div 3$

5 $1\frac{4}{11} \div 6 \div 3$

6 $2\frac{6}{7} \div 5 \div 8$

7 $1\frac{5}{16} \div 9 \div 7$

8 $2\frac{8}{9} \div 6 \div 3$

9 $1\frac{7}{13} \div 12 \div 5$

10 $1\frac{11}{25} \div 8 \div 9$

11 계산을 하여 기약분수로 나타냈을 때 계산 결과가 단위분수인 곳에 깃발을 꽂으려고 합니다. 계산 결과가 단위분수인 곳의 깃발통에 ○표 하시오.

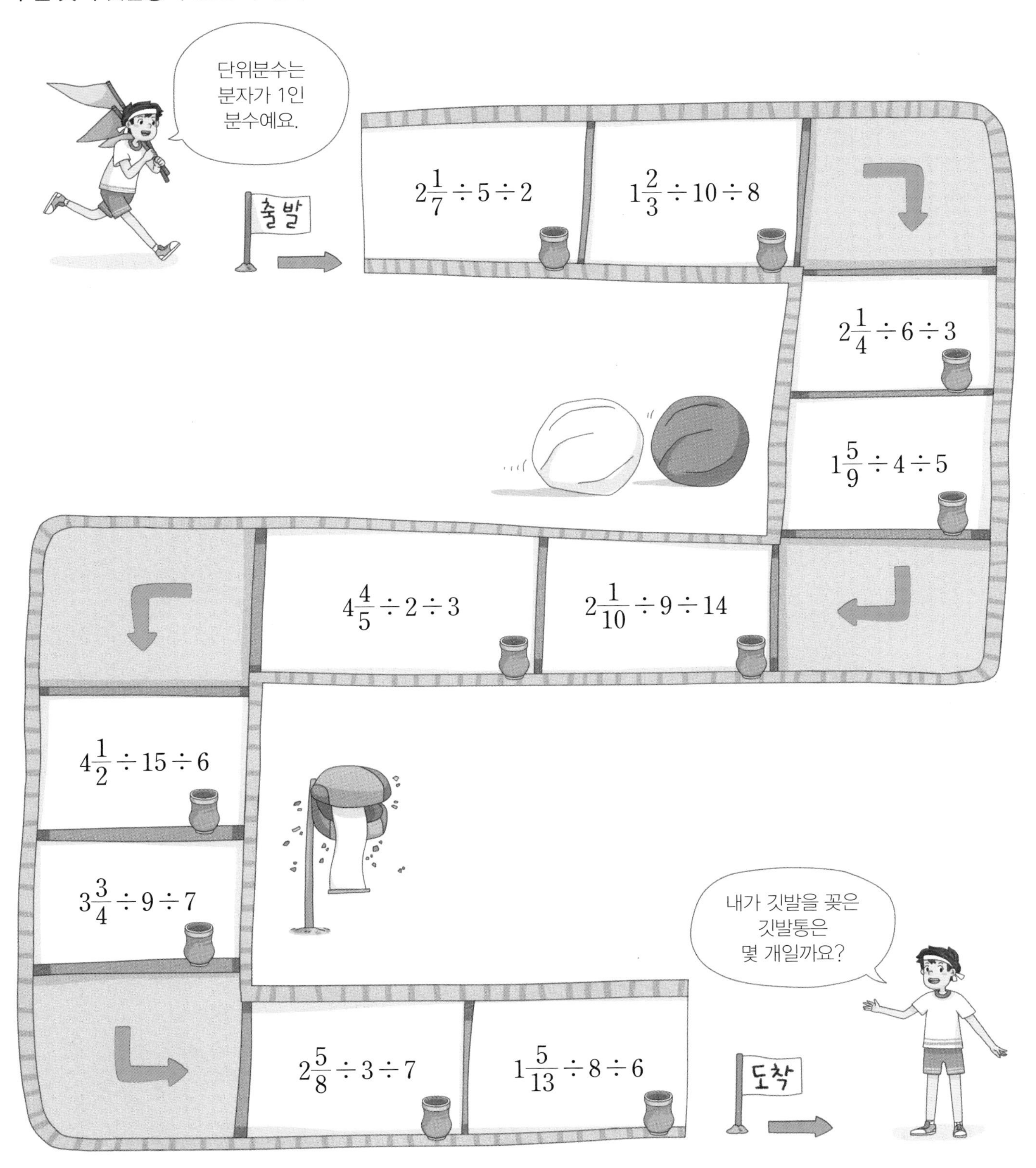

07 집중 연산 A

✲ 화살표를 따라 계산을 하여 빈 곳에 알맞은 기약분수를 써넣으시오.

(단, 계산 결과가 가분수이면 대분수로 나타내시오.)

1

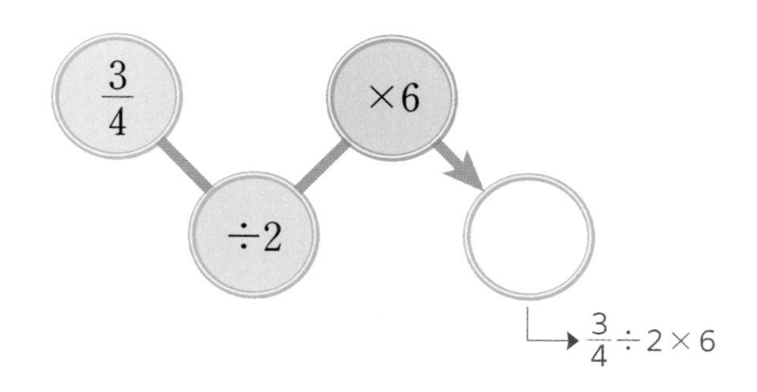

2

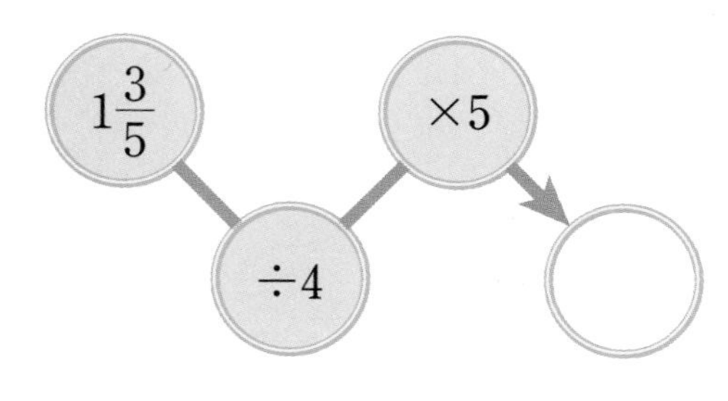

3

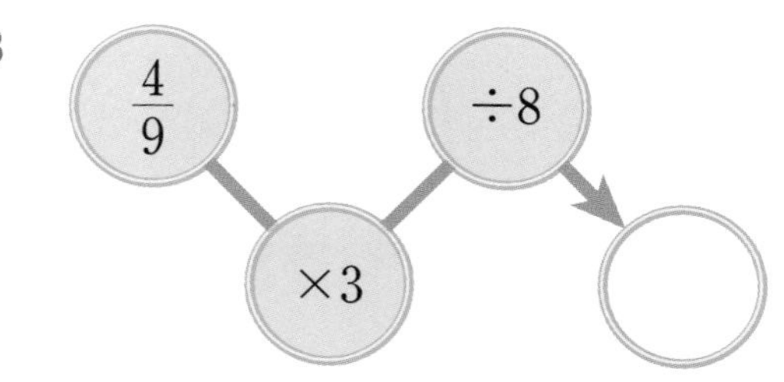

4

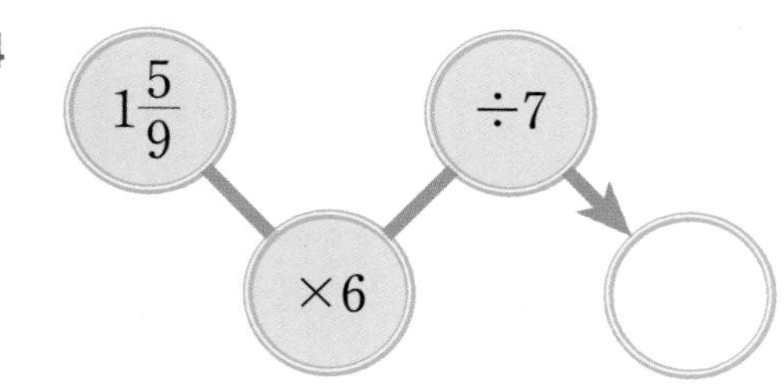

5

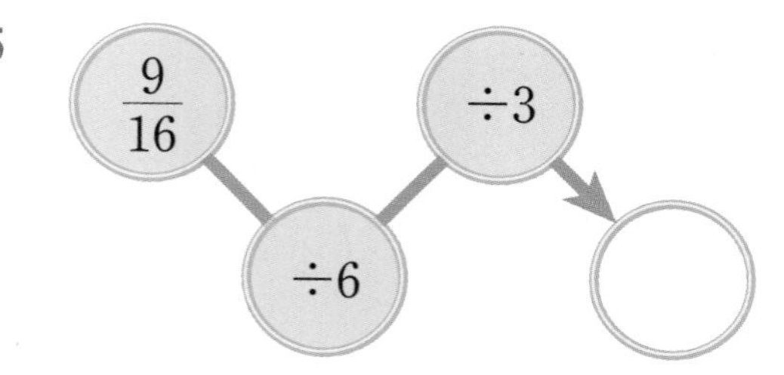

6

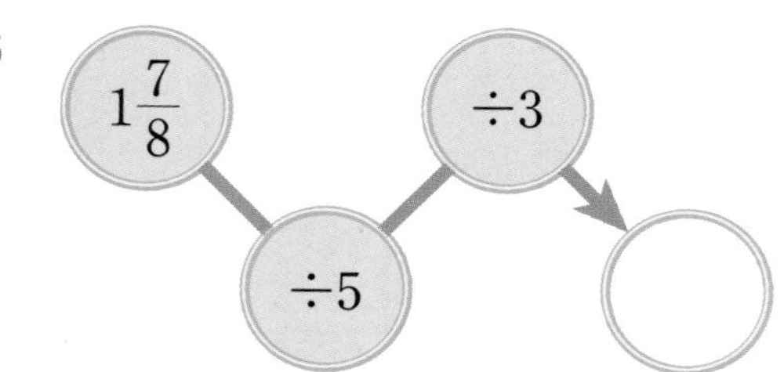

7

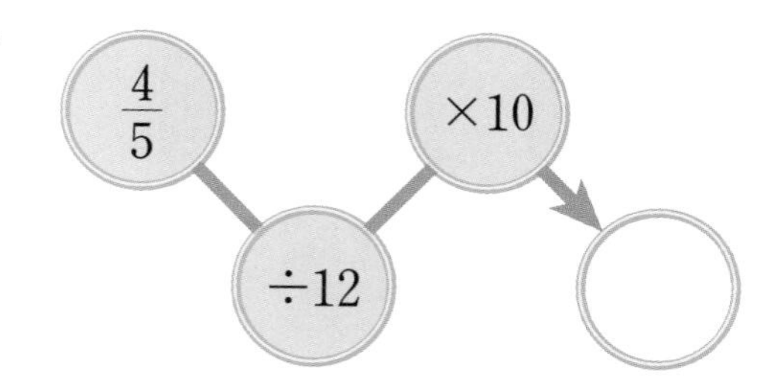

8

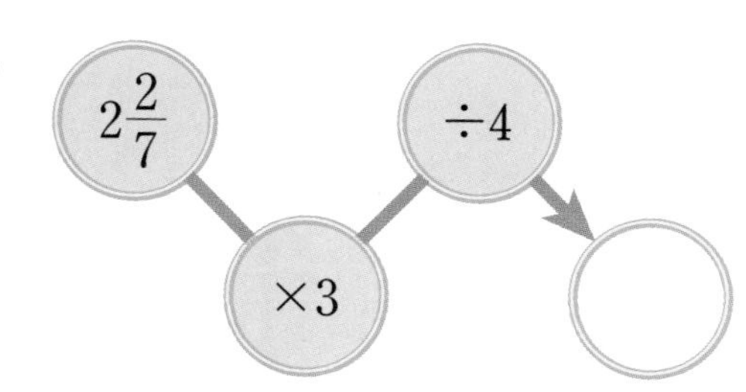

9

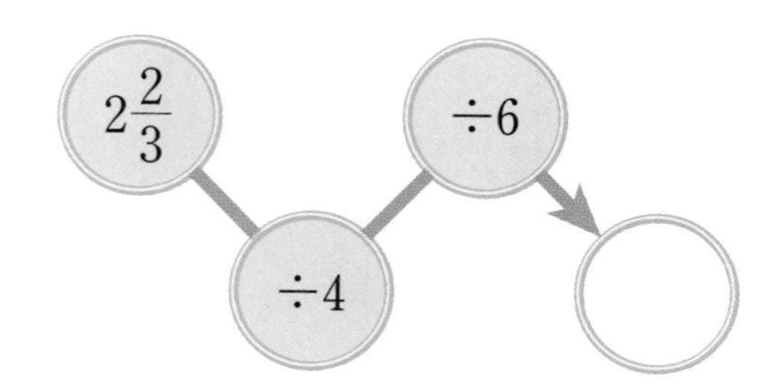

10

$1\frac{13}{14}$ → ÷9 → ÷2 → ( )

날짜 : 월 일
부모님 확인

✲ 같은 색선을 따라 계산을 하여 빈 곳에 알맞은 기약분수를 써넣으시오.

(단, 계산 결과가 가분수이면 대분수로 나타내시오.)

11

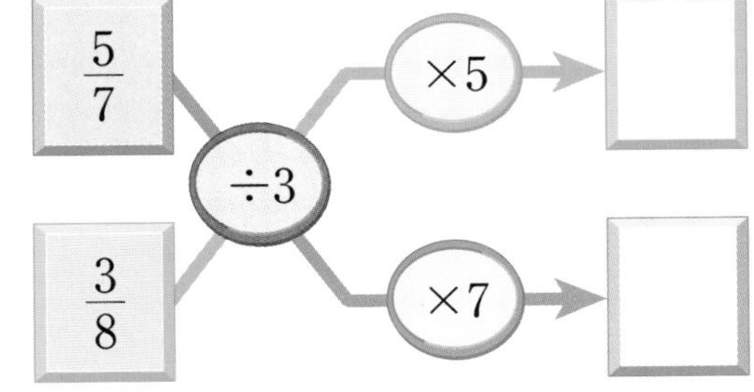

12

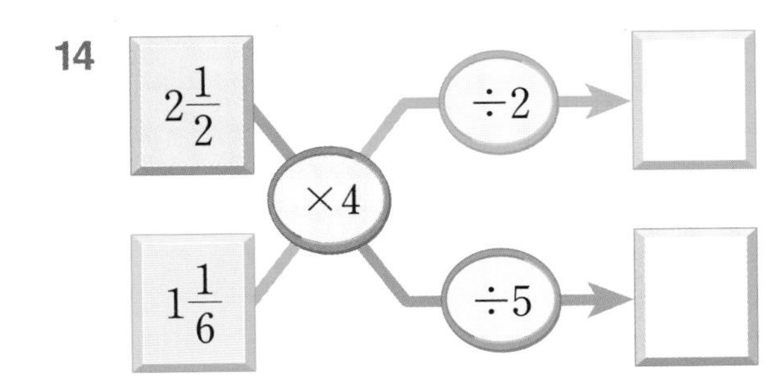

13

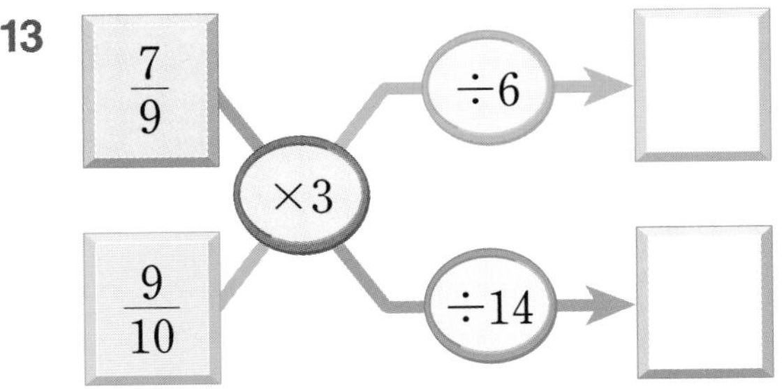

14

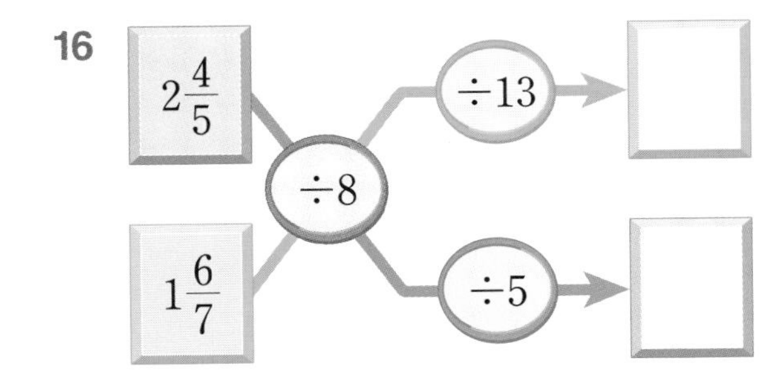

15

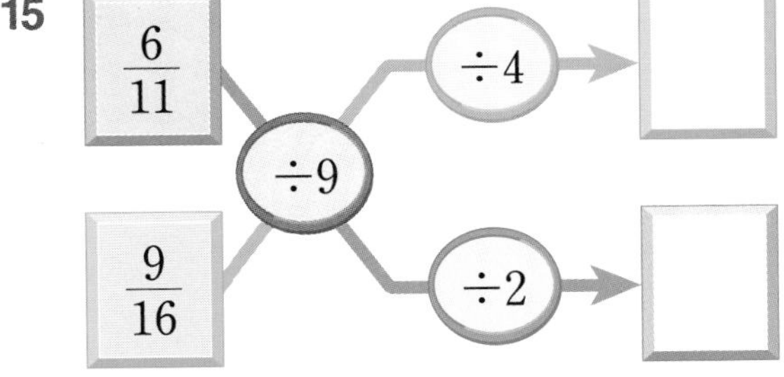

16

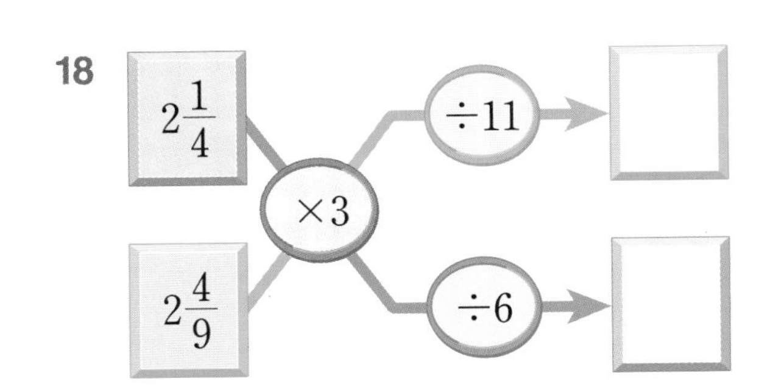

17

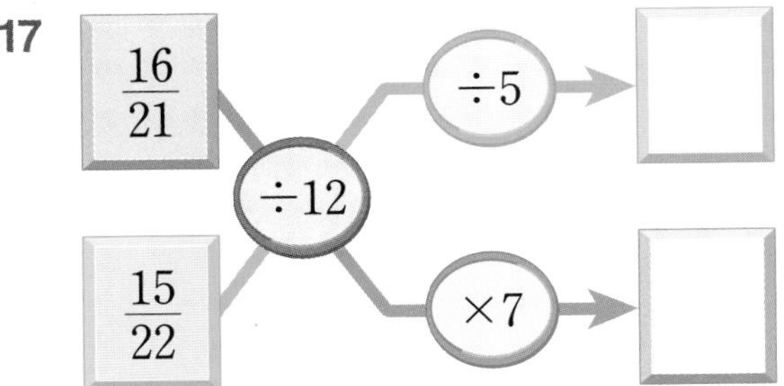

18

$2\frac{1}{4}$, $2\frac{4}{9}$, ×3, ÷11, ÷6

08 집중 연산 B

✲ 계산을 하여 기약분수로 나타내시오. (단, 계산 결과가 가분수이면 대분수로 나타내시오.)

1 $\frac{5}{8} \div 5 \times 7$

2 $\frac{2}{9} \div 4 \times 3$

3 $\frac{3}{10} \div 6 \times 4$

4 $\frac{4}{11} \div 8 \times 11$

5 $1\frac{5}{9} \div 7 \times 8$

6 $1\frac{3}{4} \div 7 \times 6$

7 $2\frac{2}{7} \div 3 \times 12$

8 $1\frac{5}{8} \div 2 \times 4$

9 $\frac{5}{9} \times 6 \div 10$

10 $\frac{4}{7} \times 7 \div 9$

11 $\frac{13}{15} \times 9 \div 13$

12 $\frac{9}{14} \times 16 \div 6$

13 $1\frac{5}{9}\times 12\div 7$

14 $1\frac{2}{3}\times 6\div 15$

15 $1\frac{5}{14}\times 7\div 2$

16 $2\frac{1}{4}\times 8\div 6$

17 $\frac{5}{7}\div 4\div 5$

18 $\frac{3}{10}\div 6\div 4$

19 $\frac{8}{9}\div 2\div 6$

20 $\frac{16}{21}\div 4\div 8$

21 $1\frac{3}{8}\div 11\div 2$

22 $1\frac{5}{16}\div 7\div 3$

23 $3\frac{3}{4}\div 5\div 4$

24 $2\frac{2}{7}\div 8\div 6$

4 소수의 나눗셈 (1)

엎드려서 뭐해?

그게…….
이제 다 왔어! 준비해!

뭘 준비해야 하죠?
마음의 준비.

꼼짝마!!

잡았습니까?
아니, 아무도 없군!

벌써 도망간 모양이야!
누가요?

누구긴 누구야! 외계인이지!
정말 외계인이 온 겁니까?

잘 들어. 우리 주변에 정체를 숨기고 사는 외계인이 있어.

그들은 우리에게 위협적이지 않지만.
아… 그렇군요.

이렇게 새롭게 등장한 외계인은 어떤 녀석인지 잘 모른단 말이지.
그럼 어떡하죠?

어떡하긴… 이런 녀석들은 잡아야지.
잡아서요?

지구에 왜 왔는지 알아내야지!

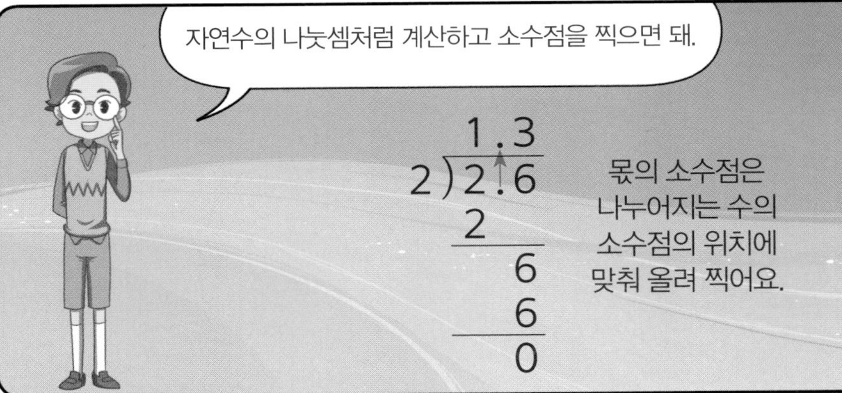

학습 내용

- 내림이 없는 몫이 소수 한 자리 수인 (소수)÷(자연수)
- 내림이 있는 몫이 소수 한 자리 수인 (소수)÷(자연수)
- 몫이 소수 두 자리 수인 (소수)÷(자연수)
- 자연수의 나눗셈을 이용한 (소수)÷(자연수)

몫이 소수 한 자리 수인 (소수)÷(자연수) (1)

2.6÷2의 계산

$$\begin{array}{r} 1.3 \\ 2\overline{)\,2.6} \\ 2 \\ \hline 6 \\ 6 \\ \hline 0 \end{array}$$

→ 몫의 소수점은 나누어지는 수의 소수점과 같은 자리에 찍어요.

나머지가 0이 될 때까지 계산해요.

계산을 하시오.

1

$4\overline{)\,4.8}$

2

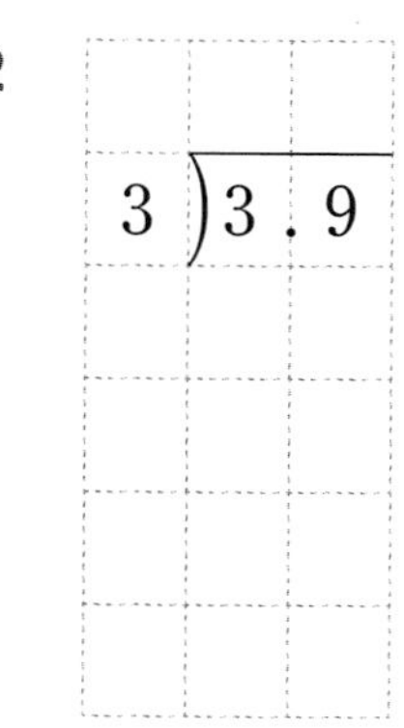

$3\overline{)\,3.9}$

3

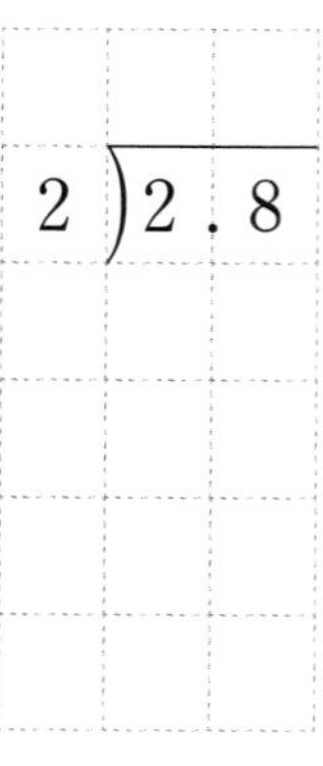

$2\overline{)\,2.8}$

4

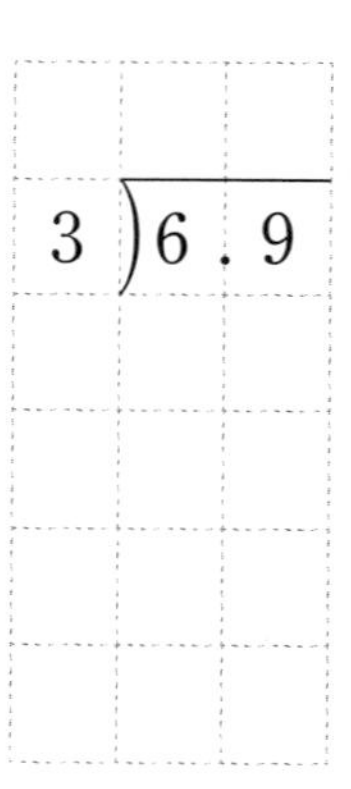

$3\overline{)\,6.9}$

5

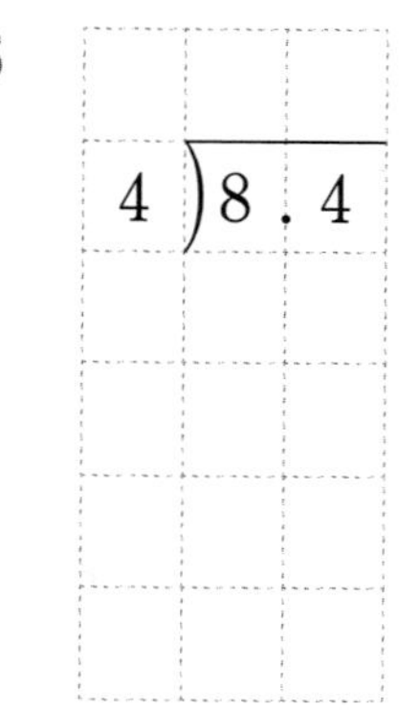

$4\overline{)\,8.4}$

6

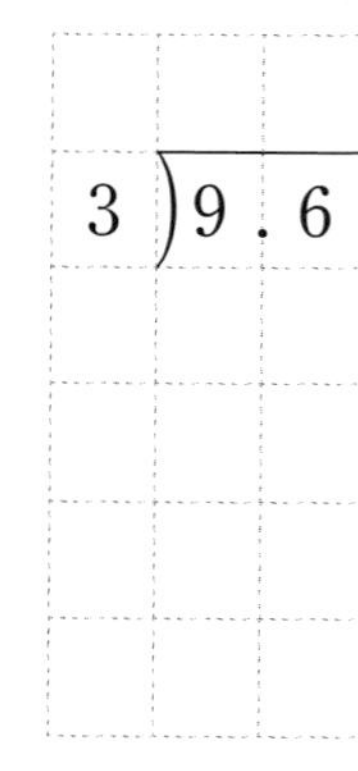

$3\overline{)\,9.6}$

7

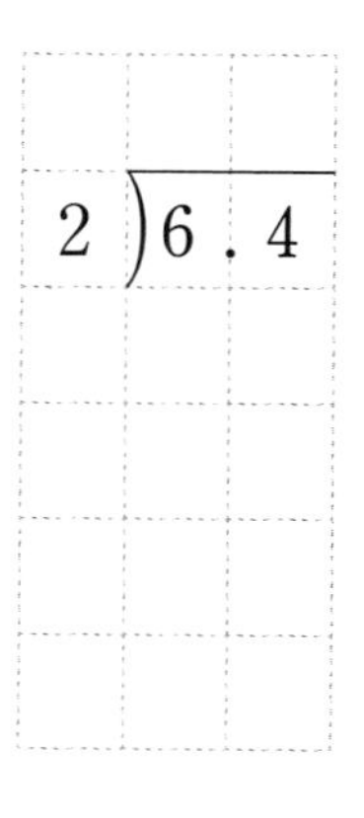

$2\overline{)\,6.4}$

8

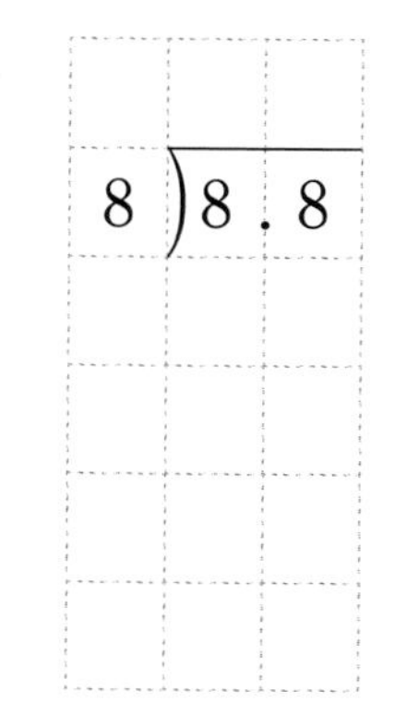

$8\overline{)\,8.8}$

9

$3\overline{)\,9.3}$

✲ 다음 소금 주머니를 당나귀가 똑같이 나누어 들 때 한 마리가 들어야 하는 소금의 양을 구하시오.

10

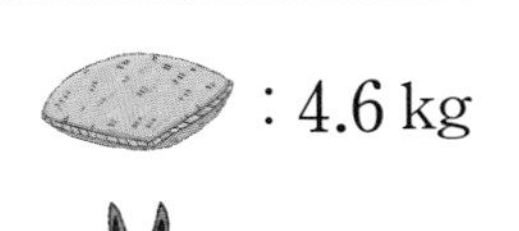 : 4.6 kg

: 2마리

➡ ______ kg

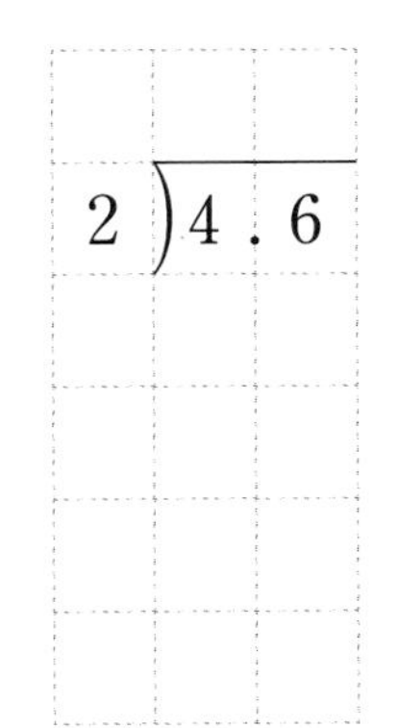

11

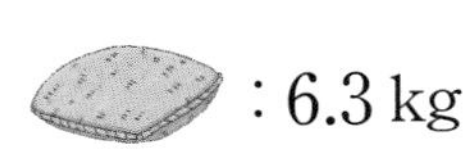 : 6.3 kg

: 3마리

➡ ______ kg

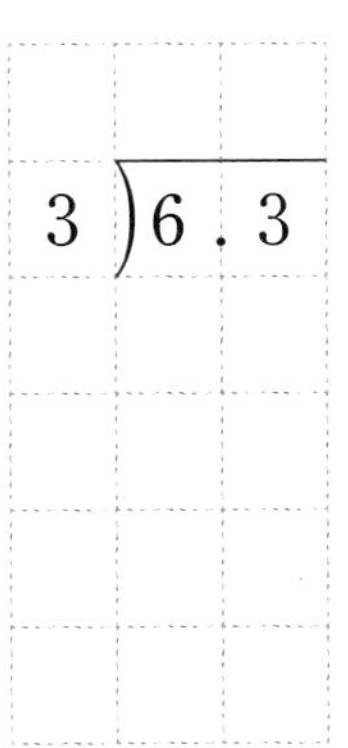

12

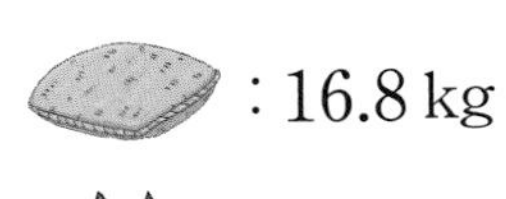 : 16.8 kg

: 4마리

➡ ______ kg

4)16.8

13

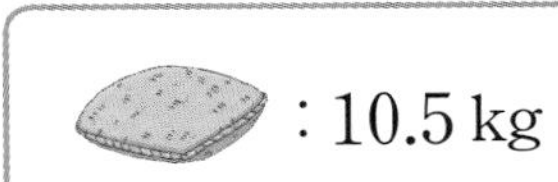 : 10.5 kg

: 5마리

➡ ______ kg

5)10.5

14

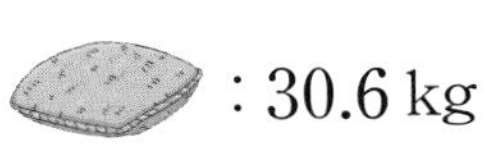 : 30.6 kg

: 6마리

➡ ______ kg

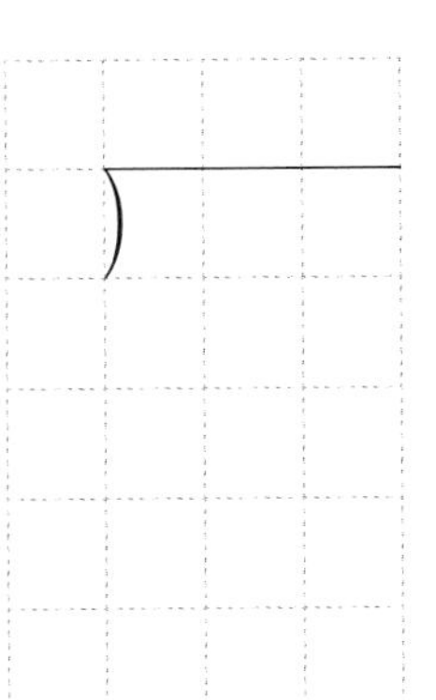

15

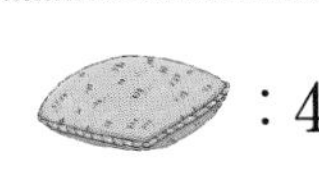 : 42.7 kg

 : 7마리

➡ ______ kg

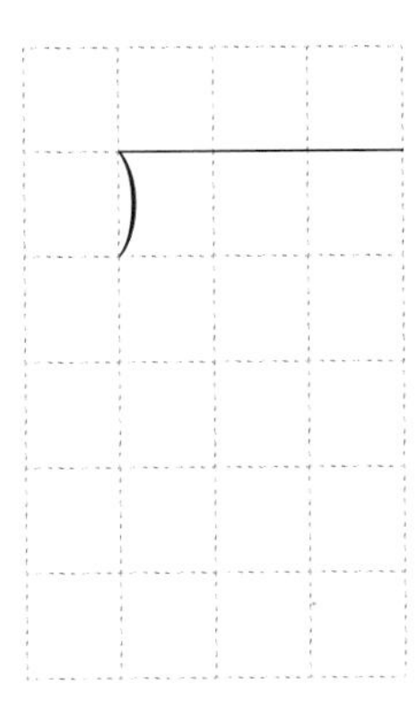

16

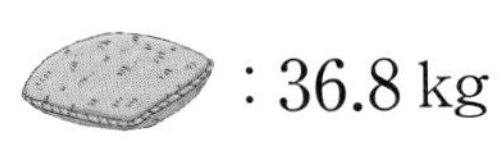 : 36.8 kg

 : 4마리

➡ ______ kg

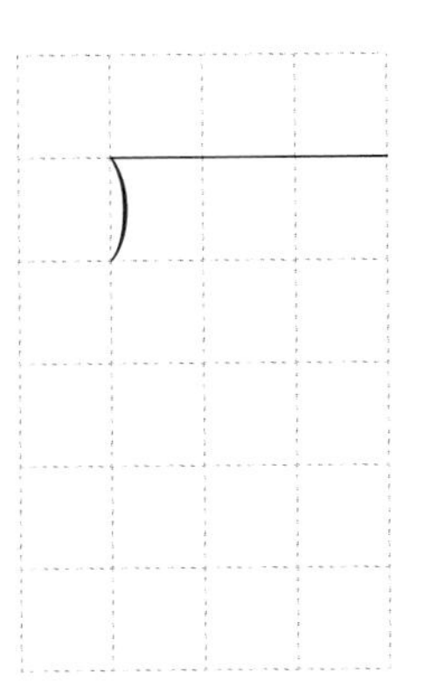

17

 : 45.9 kg

 : 9마리

➡ ______ kg

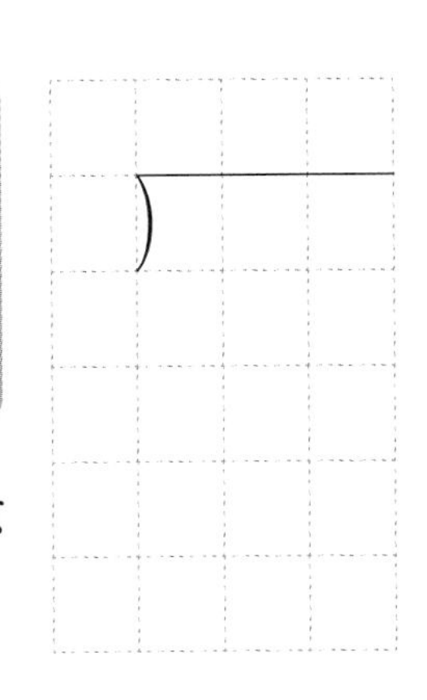

몫이 소수 한 자리 수인 (소수) ÷ (자연수) (2)

2.6 ÷ 2를 분수의 나눗셈으로 바꾸어 계산하기

$$2.6 \div 2 = \frac{26}{10} \div 2 = \frac{26 \div 2}{10} = \frac{13}{10} = 1.3$$

소수 한 자리 수는 분모가 10인 분수로 바꾸어 나타내요.

계산하여 몫을 소수로 나타내시오.

1 $3.9 \div 3 = \frac{\square}{10} \div 3 = \frac{\square \div 3}{10} = \frac{\square}{10} = \square$

2 $4.8 \div 2 = \frac{\square}{10} \div 2 = \frac{\square \div 2}{10} = \frac{\square}{10} = \square$

3 $6.3 \div 3 = \frac{\square}{10} \div 3 = \frac{\square \div 3}{10} = \frac{\square}{10} = \square$

4 $8.4 \div 4 = \frac{\square}{10} \div 4 = \frac{\square \div 4}{10} = \frac{\square}{10} = \square$

5 $6.8 \div 2 = \frac{\square}{10} \div 2 = \frac{\square \div 2}{10} = \frac{\square}{10} = \square$

✲ 계산하여 몫을 소수로 나타내시오.

6 $12.6 \div 2$

7 $12.9 \div 3$

8 $16.4 \div 4$

9 $10.6 \div 2$

10 $22.6 \div 2$

11 $14.6 \div 2$

12 $24.9 \div 3$

13 $21.6 \div 3$

14 $18.6 \div 3$

15 $20.4 \div 2$

계산 결과가 적힌 칸에
×표를 하면 금고에 보관 중인
물건을 알 수 있어요.

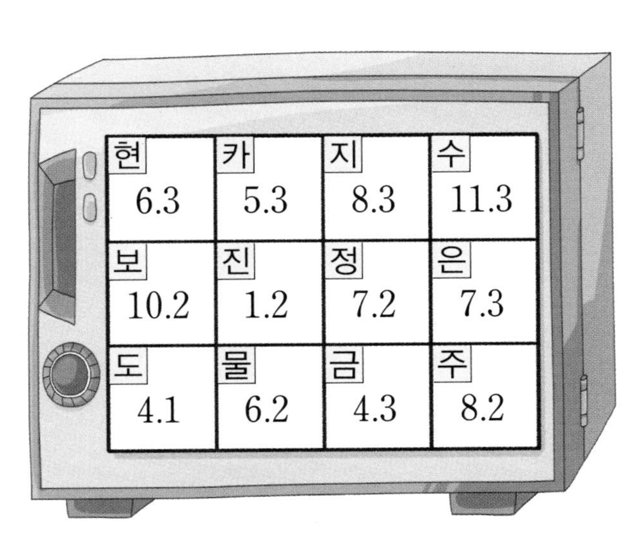

03 몫이 소수 한 자리 수인 (소수)÷(자연수) (3)

14.4÷6의 계산

		2	. 4
6	)1	4	. 4
	1	2	
		2	4
		2	4
			0

각 자리에서 나누어떨어지지 않는 경우는 어떻게 해?

자연수의 나눗셈과 같은 방법으로 계산하고 몫의 소수점은 나누어지는 수의 소수점과 같은 자리에 찍어요.

계산을 하시오.

1 $18.4 \div 8$

8)1 8 . 4

2 $25.2 \div 9$

9)2 5 . 2

3 $47.6 \div 7$

7)4 7 . 6

4 $19.5 \div 13$

1 3)1 9 . 5

5 $60.9 \div 29$

2 9)6 0 . 9

6 $39.1 \div 17$

1 7)3 9 . 1

7

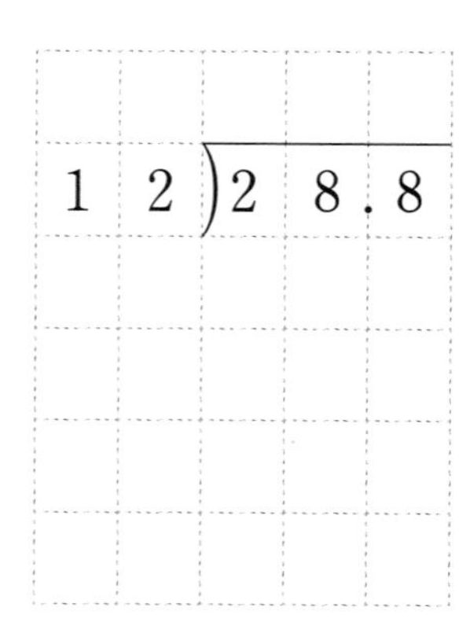

8

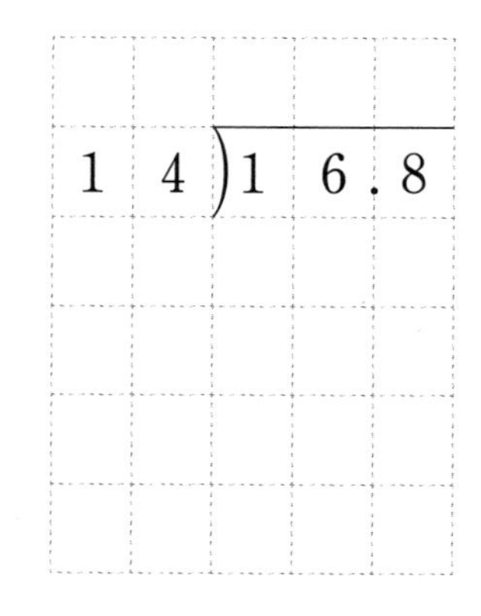

9

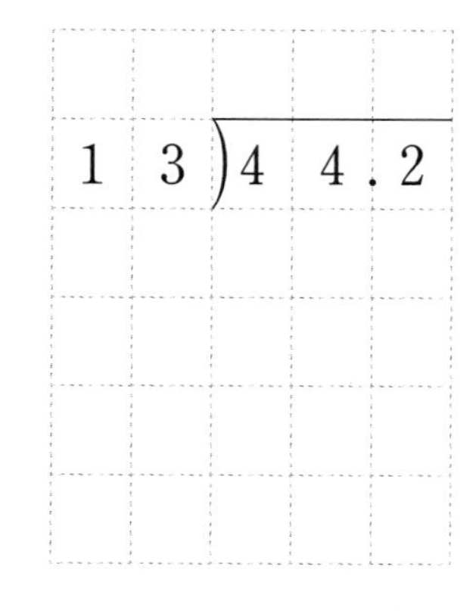

✲ 다음 털실을 주어진 도막 수만큼 자르면 한 도막은 몇 m가 되는지 구하시오.

10

5도막으로 자르면
한 도막은 ☐ m

34.5 m

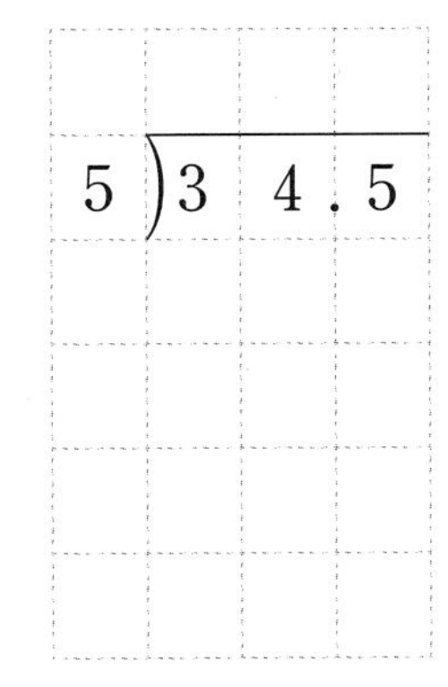

$5\overline{)34.5}$

11

6도막으로 자르면
한 도막은 ☐ m

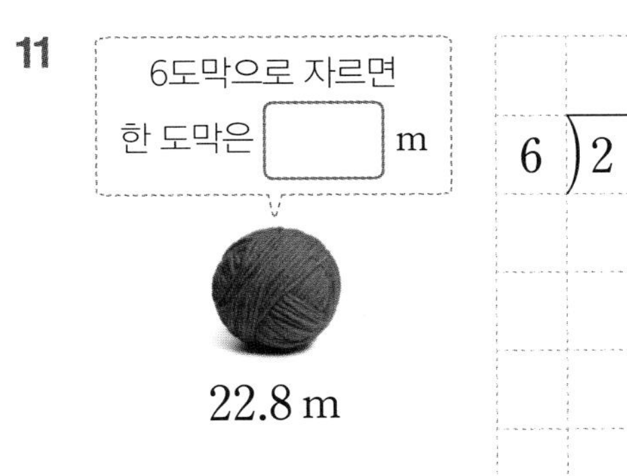

22.8 m

$6\overline{)22.8}$

12

7도막으로 자르면
한 도막은 ☐ m

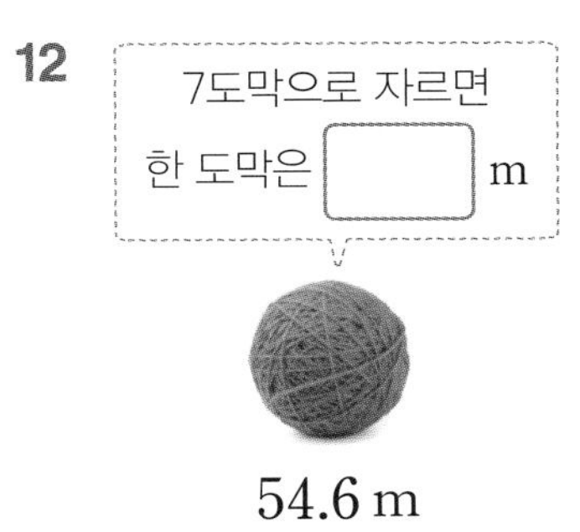

54.6 m

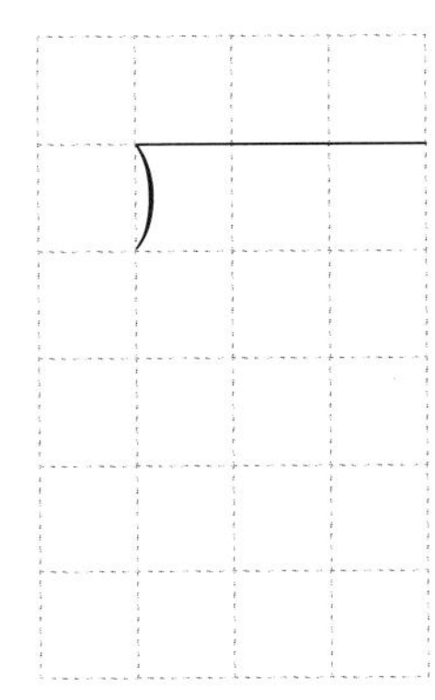

13

4도막으로 자르면
한 도막은 ☐ m

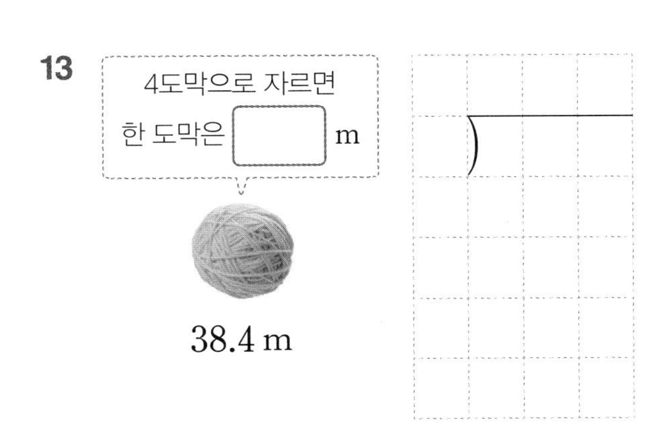

38.4 m

14

11도막으로 자르면
한 도막은 ☐ m

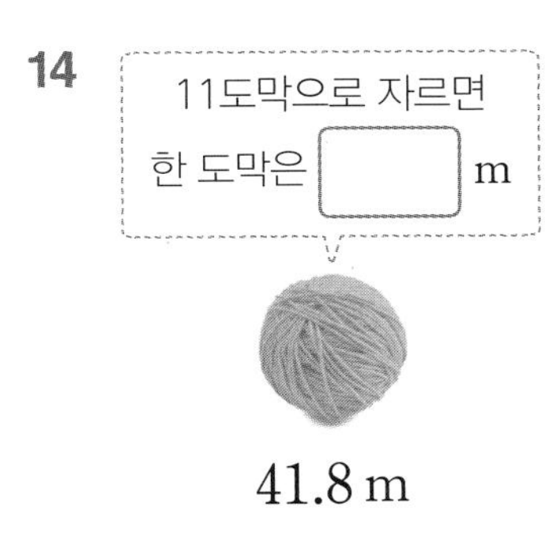

41.8 m

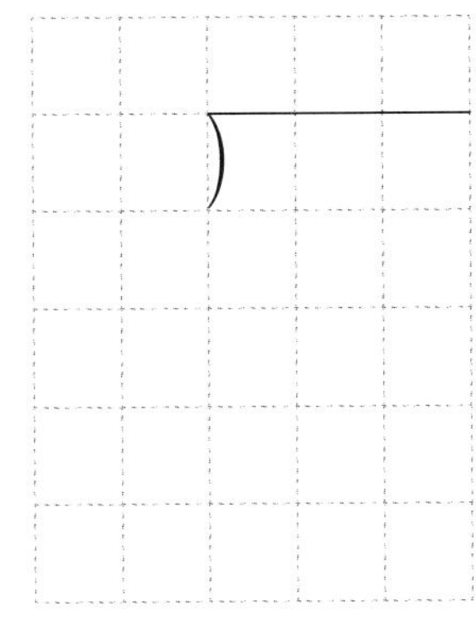

15

13도막으로 자르면
한 도막은 ☐ m

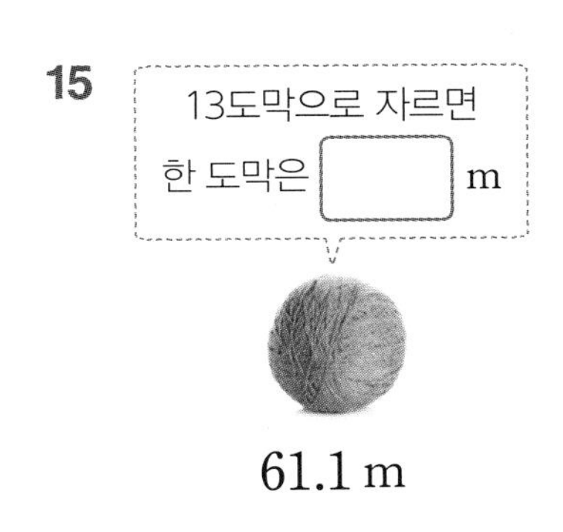

61.1 m

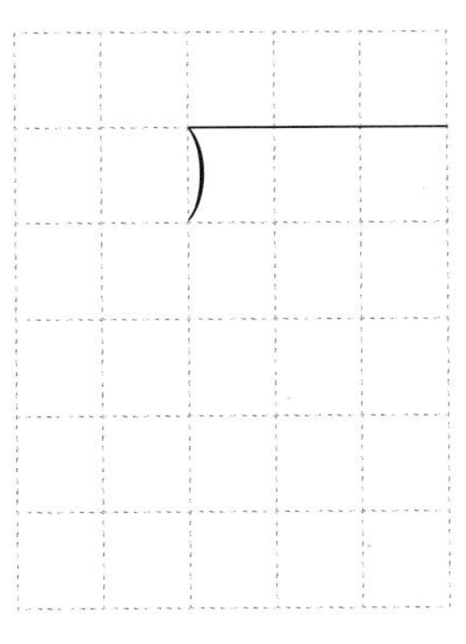

16

17도막으로 자르면
한 도막은 ☐ m

61.2 m

17

18도막으로 자르면
한 도막은 ☐ m

77.4 m

몫이 소수 한 자리 수인 (소수)÷(자연수) (4)

14.4÷6을 분수의 나눗셈으로 바꾸어 계산하기

÷(자연수)는 $\times \frac{1}{(\text{자연수})}$로 바꾸어 계산해요.

$$14.4 \div 6 = \frac{\overset{24}{\cancel{144}}}{10} \times \frac{1}{\underset{1}{\cancel{6}}} = \frac{24}{10} = 2.4$$

소수를 분수로 바꿔요.

소수 한 자리 수는 분모가 10인 분수로 바꾸어 나타내요.

✲ 계산을 하여 몫을 소수로 나타내시오.

1 $15.6 \div 4 = \frac{156}{10} \times \frac{1}{\square} = \frac{\square}{10} = \square$

2 $19.2 \div 6 = \frac{192}{10} \times \frac{1}{\square} = \frac{\square}{10} = \square$

3 $23.5 \div 5$

4 $33.6 \div 8$

5 $40.3 \div 31$

6 $20.4 \div 12$

7 $28.5 \div 15$

8 $91.2 \div 38$

9 $35.1 \div 13$

10 $44.2 \div 17$

날짜 : 월 일

부모님 확인

✲ 계산을 하여 몫을 소수로 나타내어 보시오.

11 $20.4 \div 6$

12 $12.8 \div 8$

13 $43.4 \div 7$

14 $27.5 \div 11$

15 $34.8 \div 12$

16 $34.5 \div 23$

17 $38.4 \div 24$

18 $61.2 \div 17$

19 $59.4 \div 22$

20 $86.4 \div 36$

05 몫이 소수 두 자리 수인 (소수) ÷ (자연수) (1)

35.44 ÷ 4의 계산

자연수의 나눗셈과 같은 방법으로 계산해 봐요.

```
      8.86
  4)35.44
    32
     34
     32
      24
      24
       0
```

→ 몫의 소수점은 나누어지는 수의 소수점과 같은 자리에 찍어요.

나머지가 0이 될 때까지 계산해요.

✲ 계산을 하시오.

1 $5\overline{)43.65}$

2 $9\overline{)71.82}$

3 $6\overline{)55.38}$

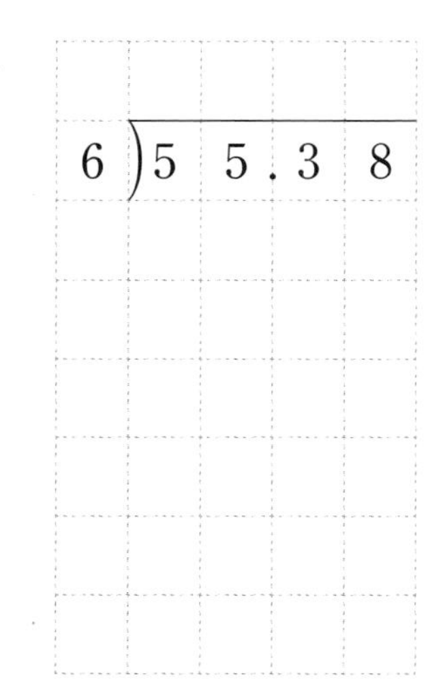

4 $8\overline{)69.92}$

5 $7\overline{)56.84}$

6 $9\overline{)83.34}$

✲ 강아지들이 주어진 시간 동안 달린 거리입니다. 일정한 빠르기로 달렸을 때 1초 동안 달린 거리를 구하시오.

7

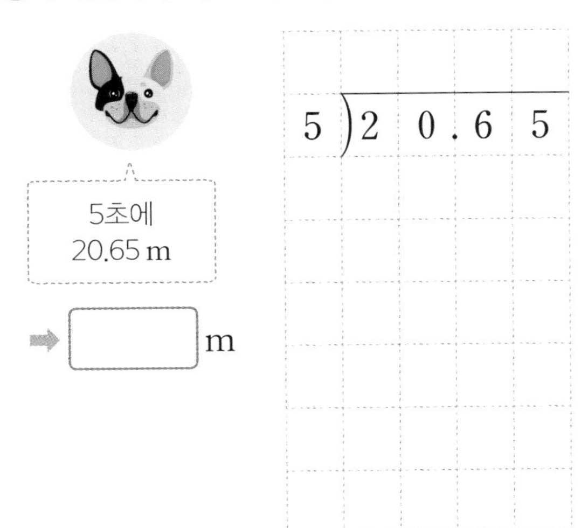

➡ ☐ m

8

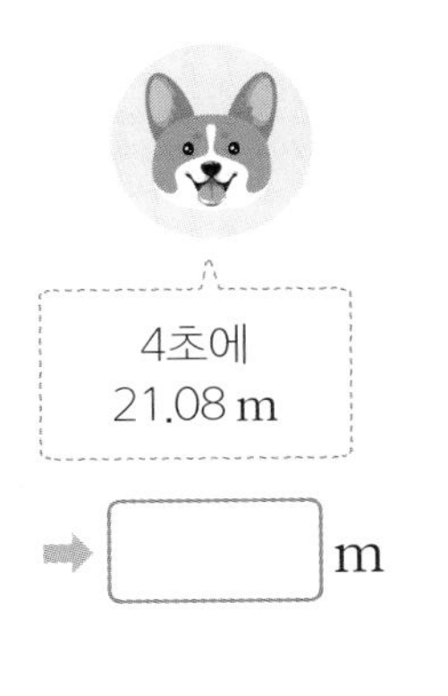

4)2 1.0 8

➡ ☐ m

9

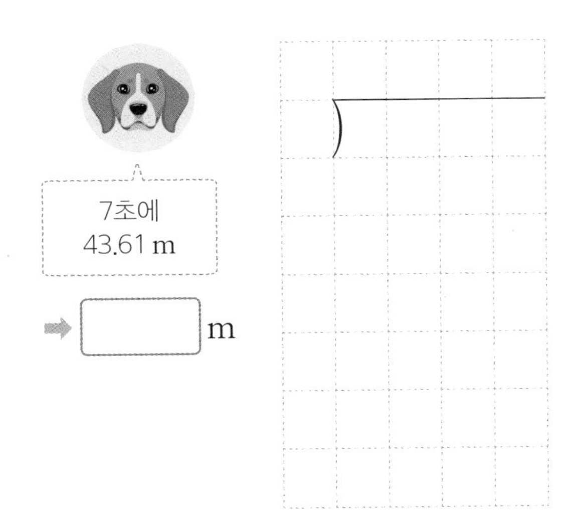

➡ ☐ m

10

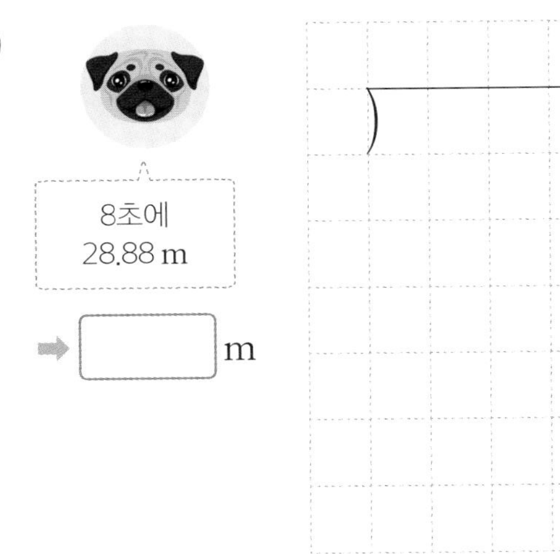

➡ ☐ m

11

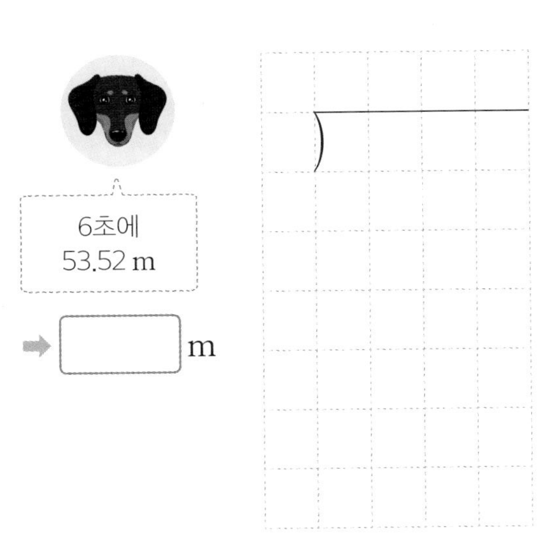

➡ ☐ m

12

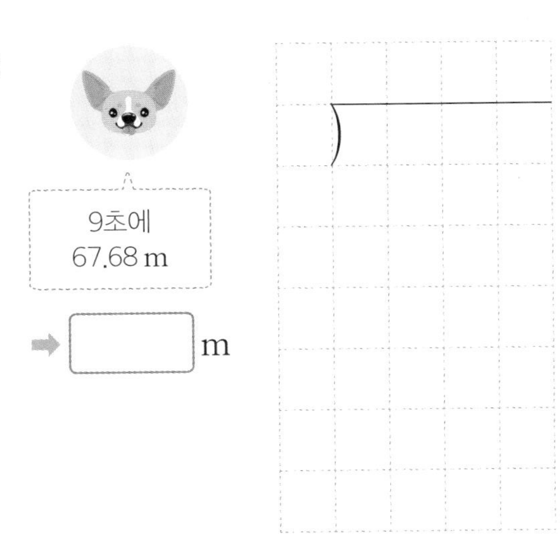

➡ ☐ m

06 몫이 소수 두 자리 수인 (소수)÷(자연수) (2)

35.44÷4를 분수의 나눗셈으로 바꾸어 계산하기

$$35.44 \div 4 = \frac{\overset{886}{\cancel{3544}}}{100} \times \frac{1}{\underset{1}{\cancel{4}}} = \frac{886}{100} = 8.86$$

소수를 분수로 바꾸어요.

계산을 하여 몫을 소수로 나타내시오.

1 $36.55 \div 5 = \frac{3655}{100} \times \frac{1}{\square} = \frac{\square}{100} = \square$

2 $43.38 \div 6 = \frac{4338}{100} \times \frac{1}{\square} = \frac{\square}{100} = \square$

3 $37.94 \div 7$

4 $44.59 \div 7$

5 $34.88 \div 4$

6 $29.36 \div 8$

7 $21.36 \div 6$

8 $26.19 \div 9$

9 $50.76 \div 12$

10 $46.02 \div 13$

날짜 : 월 일

부모님 확인

✲ 주어진 흙을 화분에 똑같이 나누어 담으려고 합니다. 화분 한 개에 담아야 하는 흙의 무게를 소수로 나타내시오.

11

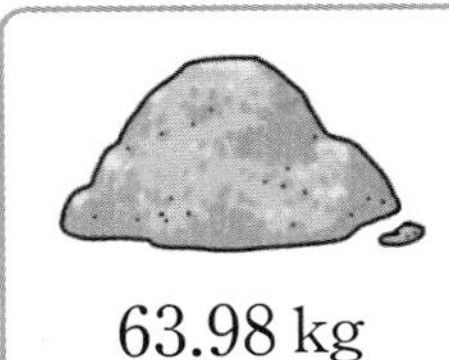

63.98 kg

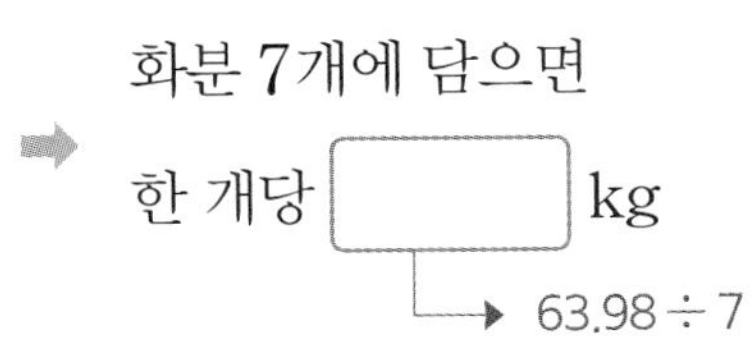

화분 7개에 담으면

한 개당 ☐ kg

→ 63.98 ÷ 7

12

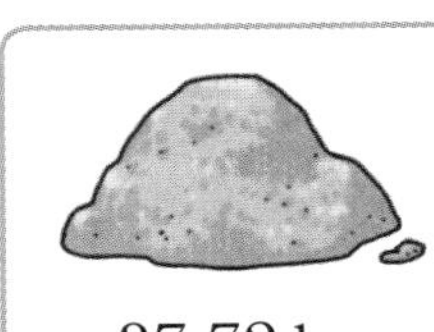

37.72 kg

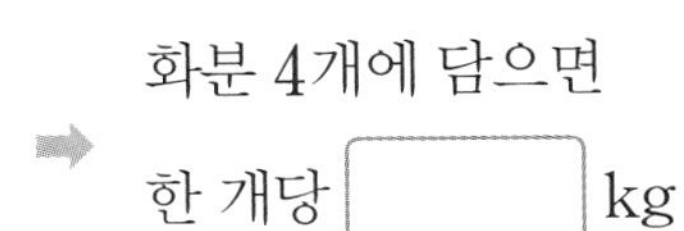

화분 4개에 담으면

한 개당 ☐ kg

13

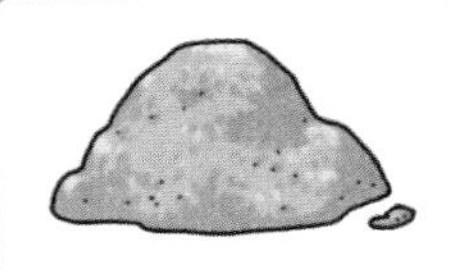

27.92 kg

화분 8개에 담으면

한 개당 ☐ kg

14

42.03 kg

화분 9개에 담으면

한 개당 ☐ kg

15

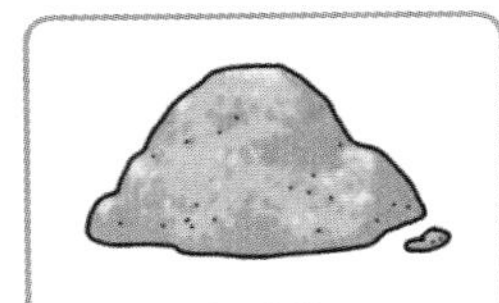

115.68 kg

화분 16개에 담으면

한 개당 ☐ kg

16

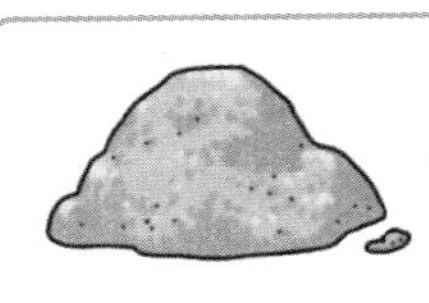

82.42 kg

화분 13개에 담으면

한 개당 ☐ kg

17

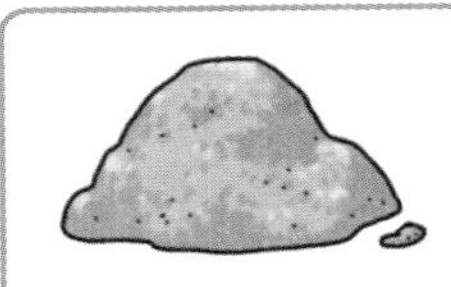

66.05 kg

화분 5개에 담으면

한 개당 ☐ kg

18

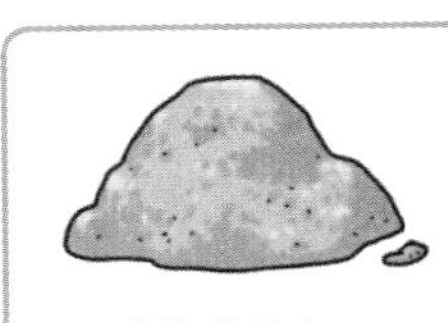

88.27 kg

화분 7개에 담으면

한 개당 ☐ kg

07 자연수의 나눗셈을 이용한 (소수)÷(자연수)

$363 \div 3$을 이용하여 $36.3 \div 3$, $3.63 \div 3$을 계산하기

$363 \div 3 = 121$

$\frac{1}{10}$배 → $36.3 \div 3 = 12.1$

$\frac{1}{100}$배 → $3.63 \div 3 = 1.21$

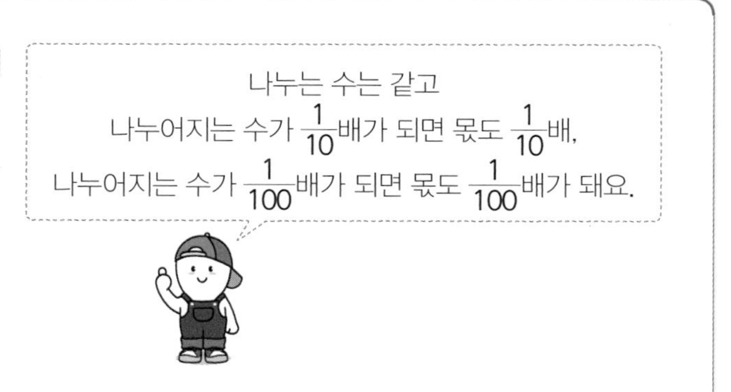

자연수의 나눗셈을 이용하여 소수의 나눗셈을 하려고 합니다. □ 안에 알맞은 수를 써넣으시오.

1

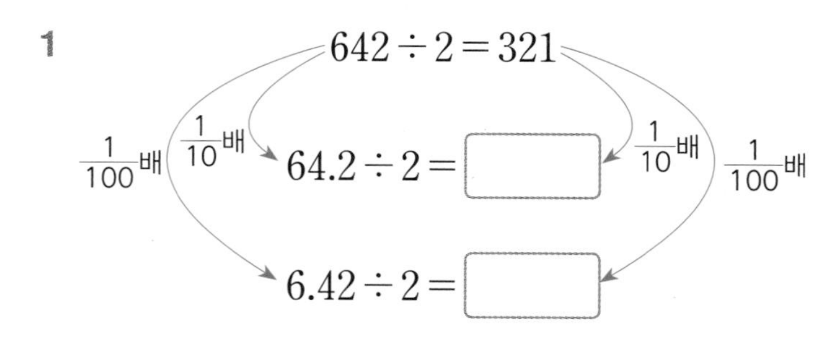

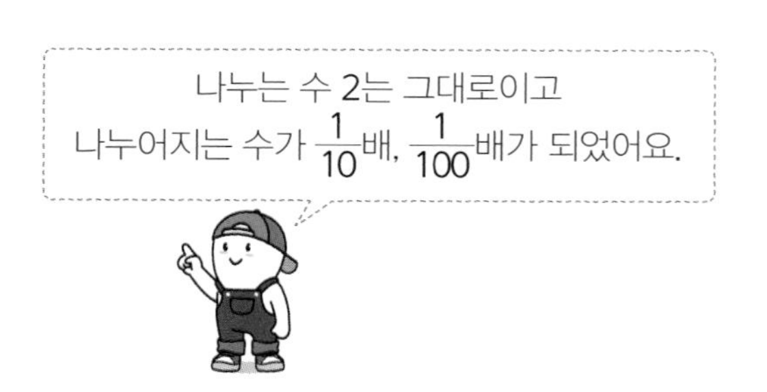

2

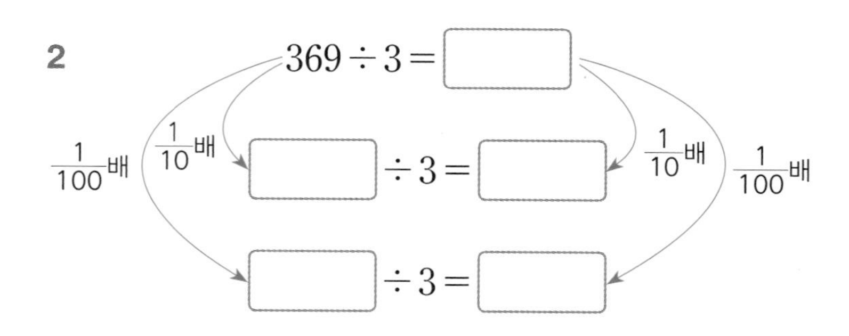

3

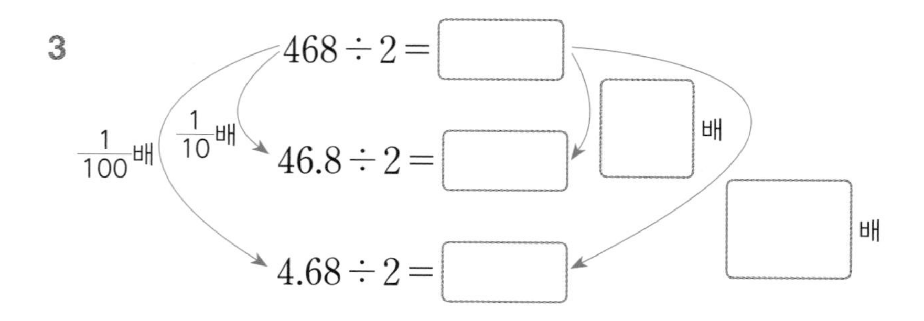

날짜 : 월 일

부모님 확인

✲ 길이가 다음과 같은 끈을 여러 명이 똑같이 나누어 가지려고 합니다. 한 명이 가질 수 있는 끈의 길이를 구하시오.

4

끈 24.6 cm를 2명이 똑같이 나누어 가지려고 해요.

$24.6\text{ cm} = \square\text{ mm}$

$246 \div 2 = \square$

⇨ $24.6 \div 2 = \square\text{(cm)}$

5

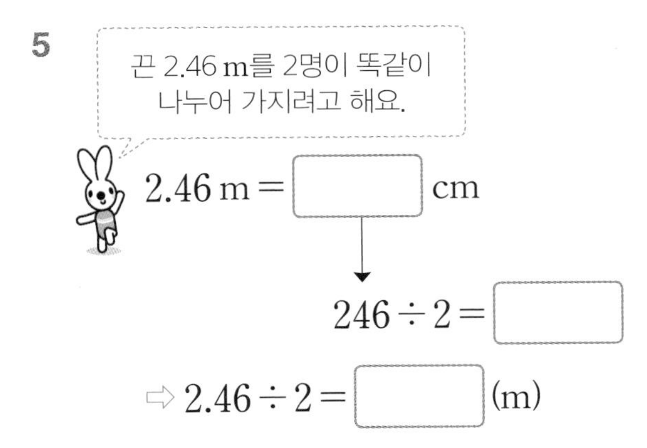

6

끈 36.6 cm를 3명이 똑같이 나누어 가지려고 해요.

$36.6\text{ cm} = \square\text{ mm}$

$\square \div 3 = \square$

⇨ $36.6 \div 3 = \square\text{(cm)}$

7

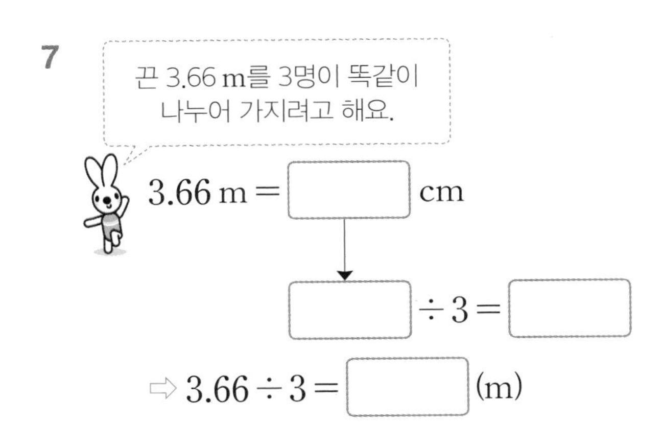

8

끈 84.8 cm를 4명이 똑같이 나누어 가지려고 해요.

$84.8\text{ cm} = \square\text{ mm}$

$\square \div 4 = \square$

⇨ $84.8 \div 4 = \square\text{(cm)}$

9

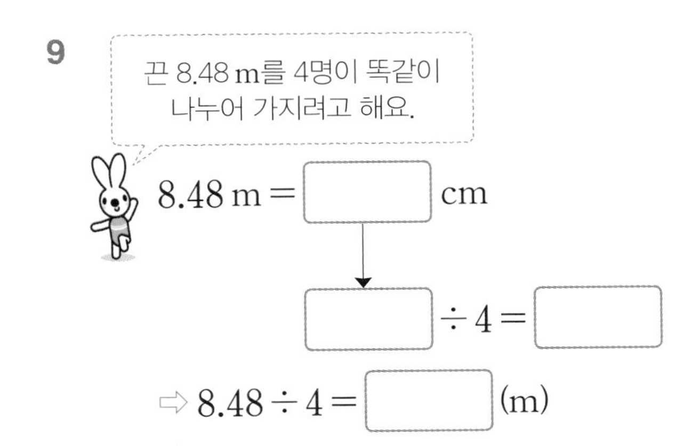

집중 연산 A

✲ 빈 곳에 알맞은 수를 써넣으시오.

1

÷5

10.5	
5.75	

2

÷8

16.8	
8.88	

3

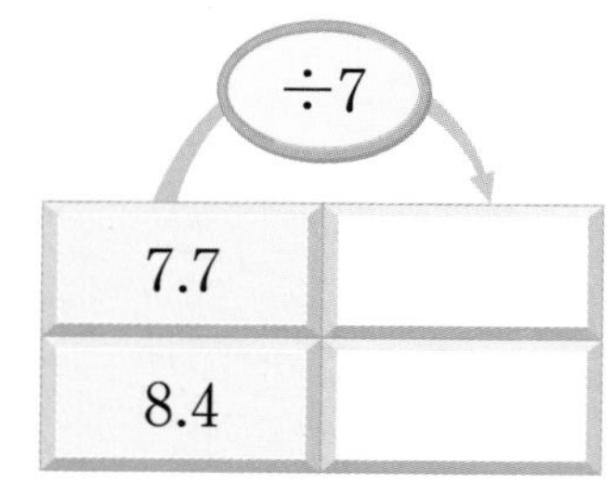

4

÷8

11.2	
28.8	

5

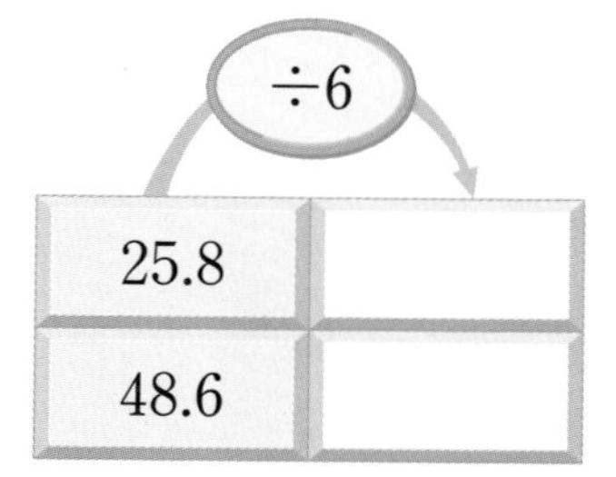

6

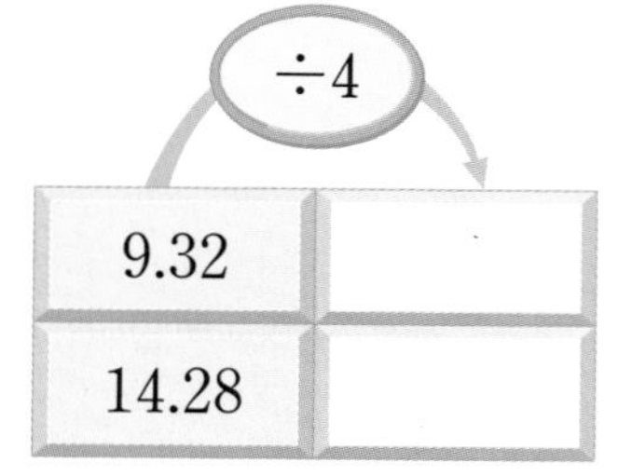

7

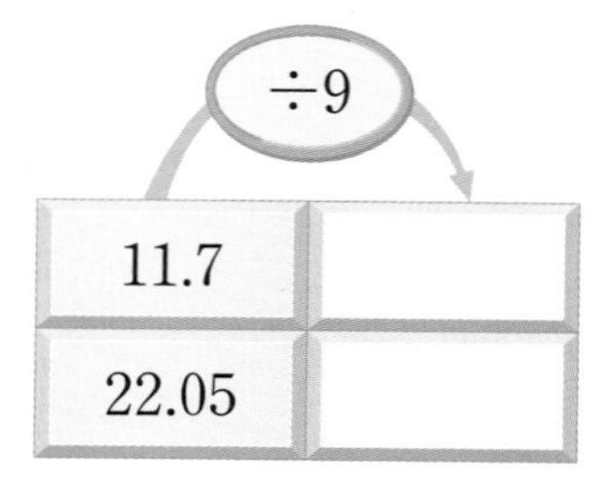

8

÷6

10.2	
12.6	

9

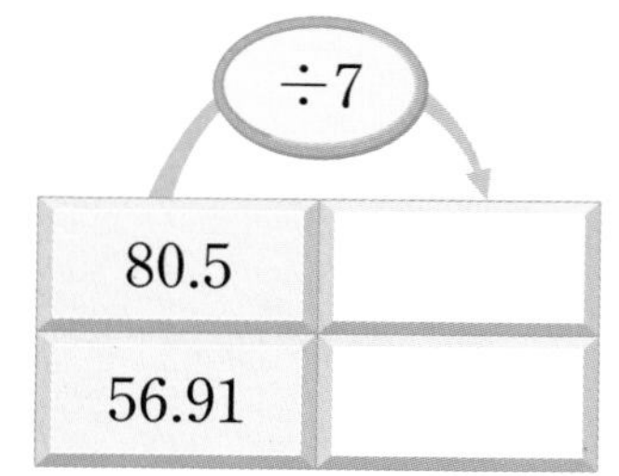

10

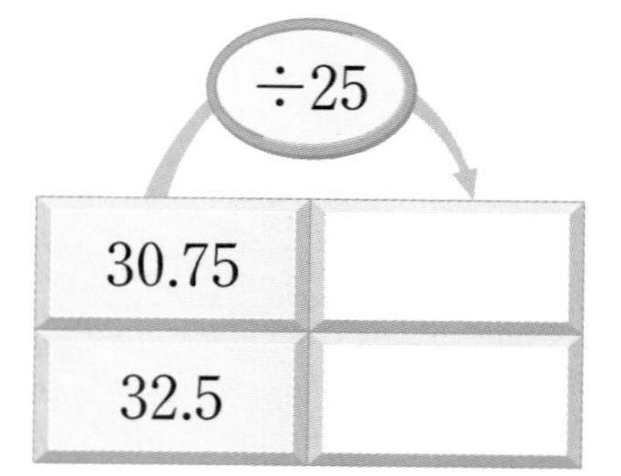

11

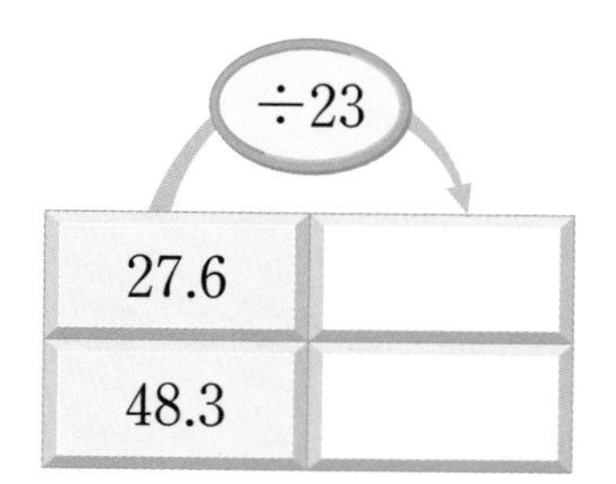

12

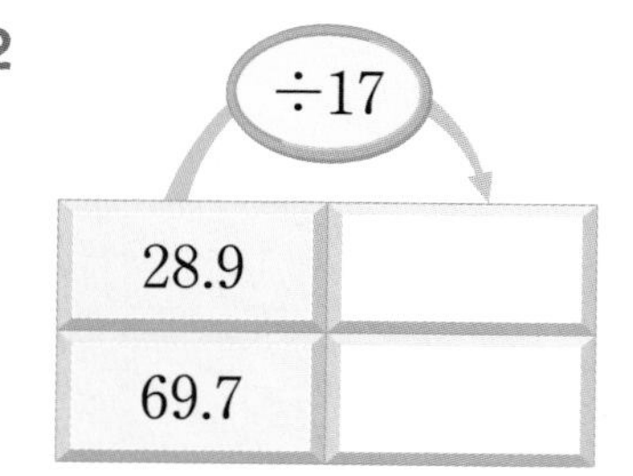

날짜 : 월 일
부모님 확인

✲ 가운데 수를 바깥 수로 나눈 계산 결과를 빈 곳에 알맞게 써넣으시오.

13

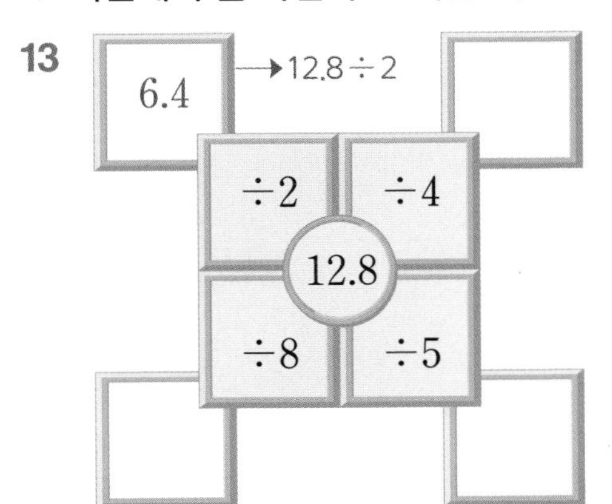

14

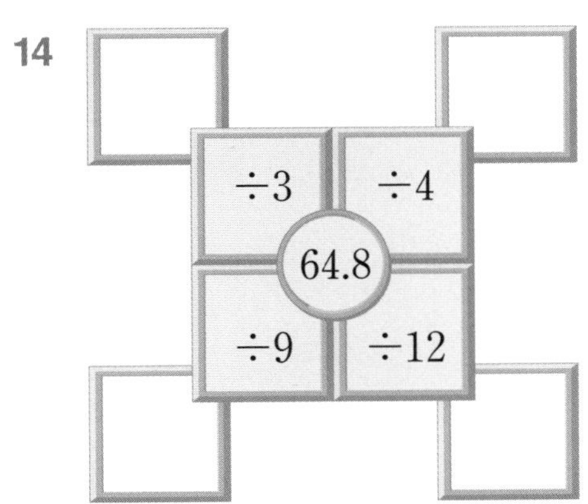

15

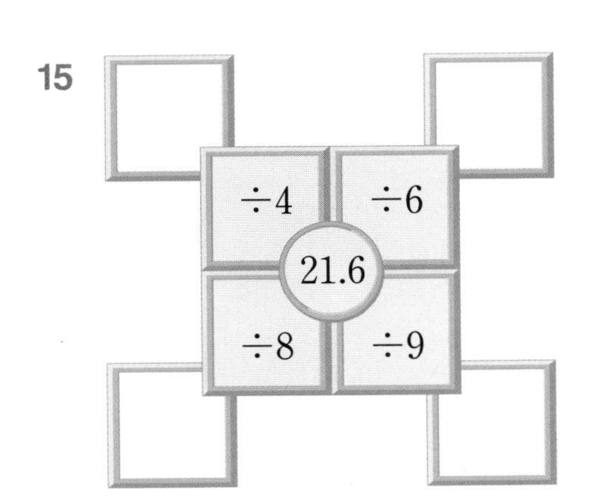

16

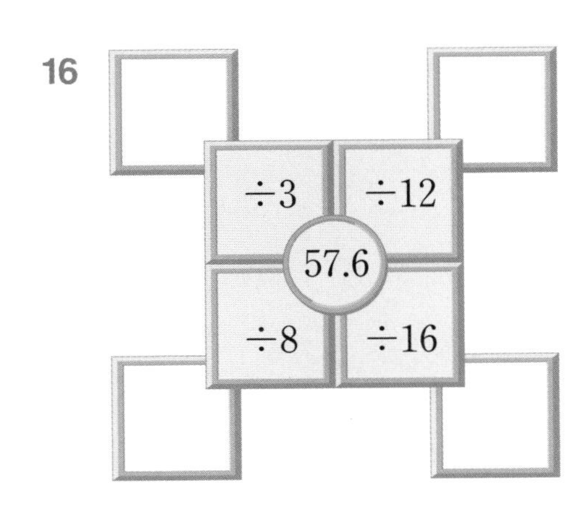

17

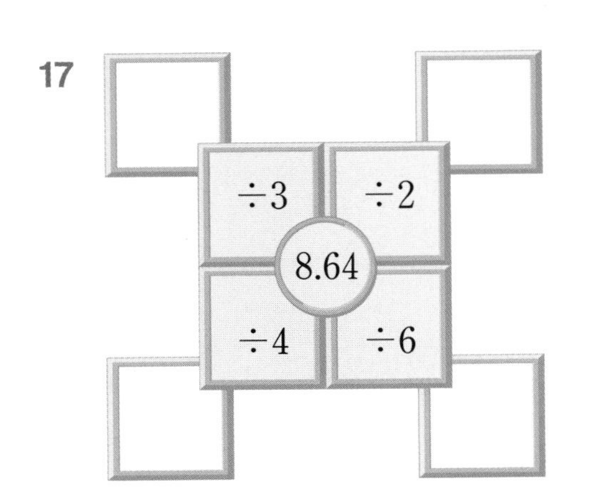

18

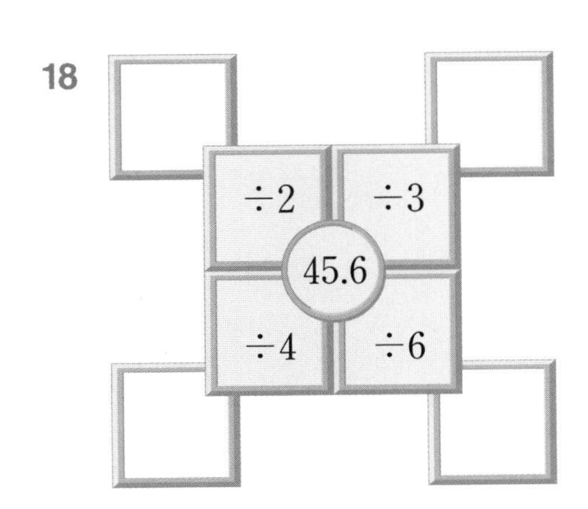

집중 연산 B

✲ 계산을 하시오.

1 $2\overline{)4.8}$

2 $3\overline{)9.3}$

3 $9\overline{)11.88}$

4 $9\overline{)20.7}$

5 $6\overline{)22.8}$

6 $6\overline{)17.46}$

7 $12\overline{)26.4}$

8 $13\overline{)40.3}$

9 $8\overline{)10.56}$

10 $24\overline{)38.4}$

11 $13\overline{)15.6}$

12 $12\overline{)27.96}$

13 $19\overline{)77.9}$

14 $16\overline{)38.4}$

15 $16\overline{)37.28}$

16 $8.4 \div 7$

17 $7.6 \div 4$

18 $27.3 \div 21$

19 $31.5 \div 15$

20 $27.9 \div 9$

21 $22.26 \div 7$

22 $11.44 \div 8$

23 $12.36 \div 2$

24 $15.03 \div 9$

25 $11.97 \div 7$

26 $7.44 \div 6$

27 $15.84 \div 9$

28 $11.16 \div 9$

29 $10.72 \div 8$

5 소수의 나눗셈 (2)

그럼 어서 여길 벗어나자!
응!

그런데 어디로 갈 생각이야?
글쎄…….

그럼, 우리 집으로 가자!!

엄마, 아빠가 여행 가셔서 내일 오셔.
정말?

히잉…
뜨악!! 왜 울어?
흑흑

정말 다행이야. 너희처럼 착한 지구인을 만나서.
하하하, 감성이 풍부한 외계인이네.

손님이 왔으니 특별한 주스를 줄게.

헐~ 우리 올 때는 한 번도 안 주더니.
너희는 외계인이 아니잖아!

잘 먹을게.
아주 맛있는 거야.

이 주스는 특별하게 만들었거든.
뭐가 특별한데?

토마토, 레몬, 키위를 모두 갈아서 6.6 L를 만들어.

그것을 컵 5개에 똑같이 나누어 담는 거야.
왜?

소수점 아래 0을 내려 계산하는 (소수)÷(자연수)를 알려줄게.

소수점 아래에서 나누어떨어지지 않는 경우 0을 내려서 계산해요.

```
    1.3 2
5)6.6 0
  5
  1 6
  1 5
    1 0
    1 0
      0
```

학습 내용

- 몫이 1보다 작은 (소수)÷(자연수)
- 소수점 아래 0을 내려 계산하는 (소수)÷(자연수)

몫이 1보다 작은 (소수)÷(자연수) (1)

$7.2 \div 8$의 계산

방법 1

몫의 일의 자리에 0을 쓰고 소수점을 찍어요.

$$\begin{array}{r} 0.9 \\ 8\overline{)7.2} \\ \underline{7\ 2} \\ 0 \end{array}$$

방법 2

$$7.2 \div 8 = \frac{72}{10} \div 8 = \frac{72 \div 8}{10} = \frac{9}{10} = 0.9$$

소수 한 자리 수는 분모가 10인 분수로 바꾸어요.

정답을 다시 소수로!

✲ 계산을 하시오.

1 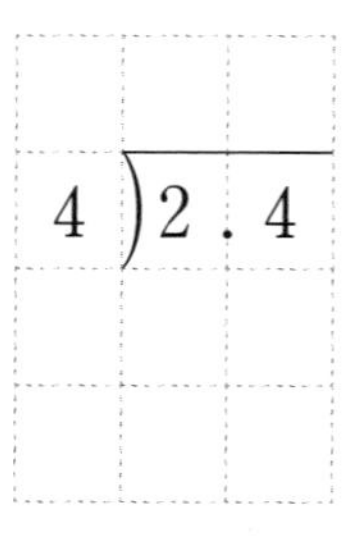

$4\overline{)2.4}$

2 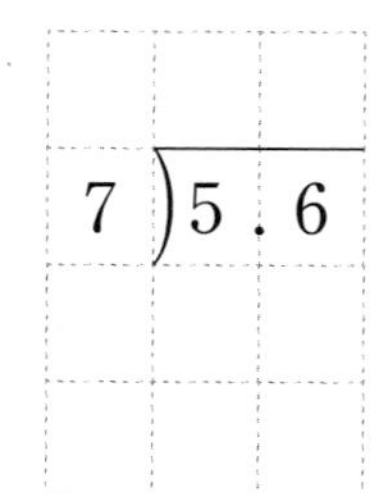

$7\overline{)5.6}$

3 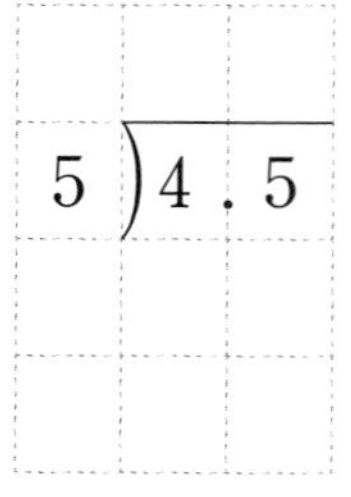

$5\overline{)4.5}$

4 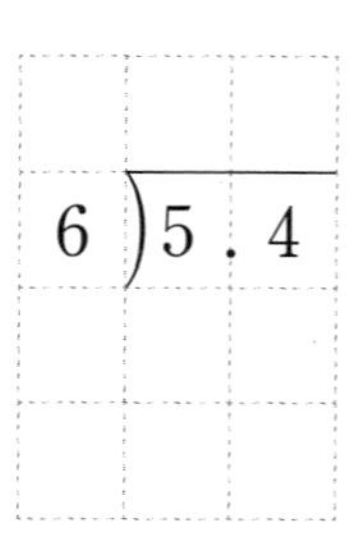

$6\overline{)5.4}$

5 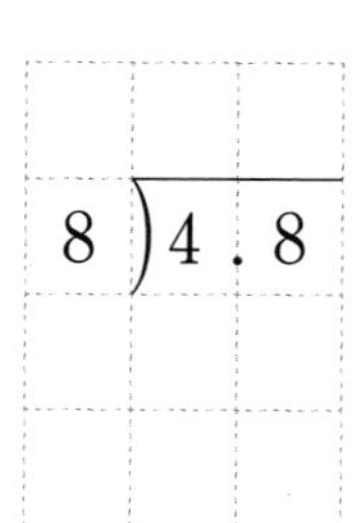

$8\overline{)4.8}$

6

$7\overline{)4.9}$

7 $3.6 \div 6 = \frac{36}{10} \div 6 = \frac{36 \div 6}{10} = \frac{\square}{10} = \square$

8 $6.3 \div 9 = \frac{63}{10} \div 9 = \frac{63 \div 9}{10} = \frac{\square}{10} = \square$

9 $2.1 \div 7 = \frac{21}{10} \div 7 = \frac{\square \div \square}{10} = \frac{\square}{10} = \square$

날짜 : 월 일

부모님 확인

✲ 계산을 하여 몫을 소수로 나타내시오.

10 $5.6 \div 8$ 는

11 $1.8 \div 3$ 음

12 $3.2 \div 8$ 소

13 $4.2 \div 7$ 사

14 $1.2 \div 3$ 처

15 $2.7 \div 3$ 보

16 $2.8 \div 4$ 는

17 $3.6 \div 4$ 인

18 $3.5 \div 5$ 의

나누어지는 수가 작은 순서대로 해당하는 글자를 써넣어 만든 수수께끼의 답은 무엇일까요?

수수께끼

?

몫이 1보다 작은 (소수)÷(자연수) (2)

$0.75 \div 3$의 계산

방법 1

	0	.2	5
3	)0	.7	5
		6	
		1	5
		1	5
			0

방법 2

$$0.75 \div 3 = \frac{75}{100} \div 3 = \frac{75 \div 3}{100} = \frac{25}{100} = 0.25$$

세로셈으로 계산하거나
분수의 나눗셈으로
바꾸어 계산할 수 있어요.

✲ 계산을 하시오.

1

$3\overline{)0.78}$

2

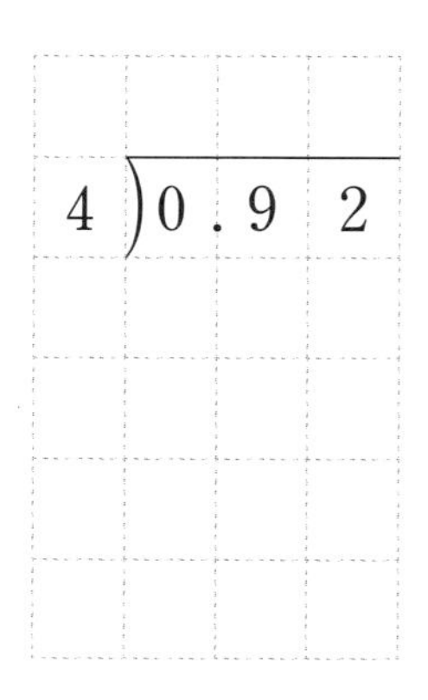

3

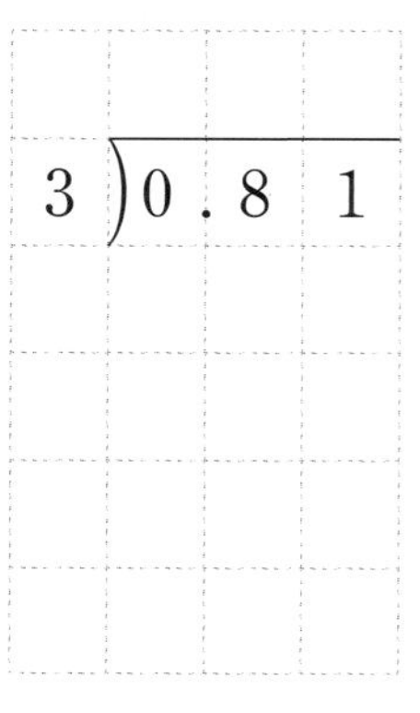

4 $0.72 \div 3 = \frac{72}{100} \div 3 = \frac{\square \div \square}{100} = \frac{\square}{100} = \square$

5 $0.52 \div 4 = \frac{52}{100} \div 4 = \frac{\square \div \square}{100} = \frac{\square}{100} = \square$

6 $0.76 \div 4 = \frac{76}{100} \div 4 = \frac{\square \div \square}{100} = \frac{\square}{100} = \square$

날짜 : 월 일

부모님 확인

✲ 계산을 하시오.

7 $0.85 \div 5$

8 $0.62 \div 2$

9 $0.78 \div 6$

10 $0.74 \div 2$

11 $0.81 \div 3$

12 $0.92 \div 4$

13 $0.96 \div 6$

14 $0.87 \div 3$

계산 결과가 적힌 샌드위치에 ×표 하고 남은 것을 먹으려고 합니다.
내가 먹을 샌드위치는 몇 번일까요?

①

②

③

④

⑤ 0.25

⑥

⑦

⑧

⑨

묶이 1보다 작은 (소수)÷(자연수) (3)

1.32 ÷ 2의 계산

방법 1

$$\begin{array}{r} 0.66 \\ 2\,\overline{)\,1.32} \\ \underline{1\,2} \\ 12 \\ \underline{12} \\ 0 \end{array}$$

방법 2

$$1.32 \div 2 = \frac{132}{100} \div 2 = \frac{132 \div 2}{100} = \frac{66}{100} = 0.66$$

소수 두 자리 수는 분모가 100인 분수로 바꾸어요.

정답을 다시 소수로!

✲ 계산을 하시오.

1

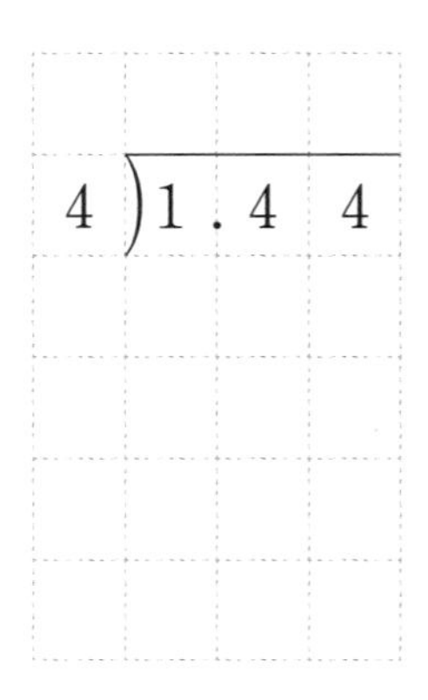

$4\,\overline{)\,1.44}$

2

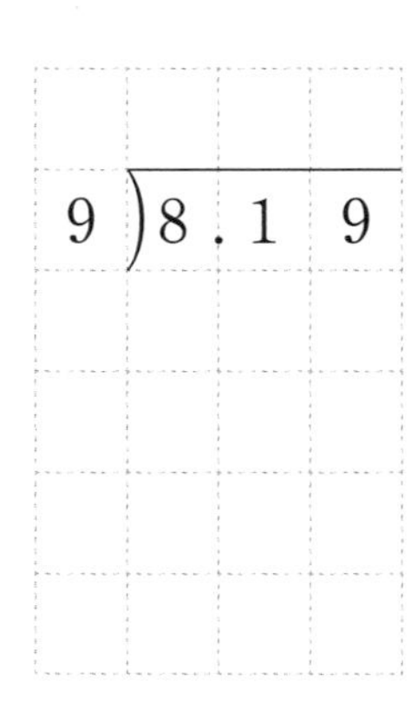

$9\,\overline{)\,8.19}$

3

$8\,\overline{)\,3.84}$

4 $1.75 \div 7 = \dfrac{175}{100} \div 7 = \dfrac{175 \div 7}{100} = \dfrac{\square}{100} = \square$

5 $1.08 \div 4 = \dfrac{108}{100} \div 4 = \dfrac{108 \div 4}{100} = \dfrac{\square}{100} = \square$

6 $3.65 \div 5 = \dfrac{\square}{100} \div 5 = \dfrac{\square \div 5}{100} = \dfrac{\square}{100} = \square$

7 $5.04 \div 8 = \dfrac{\square}{100} \div 8 = \dfrac{\square \div 8}{100} = \dfrac{\square}{100} = \square$

✲ 계산을 하여 몫을 소수로 나타내시오.

8
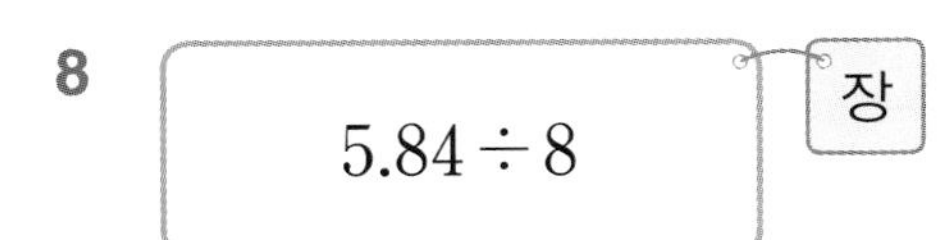
$5.84 \div 8$ 장

9
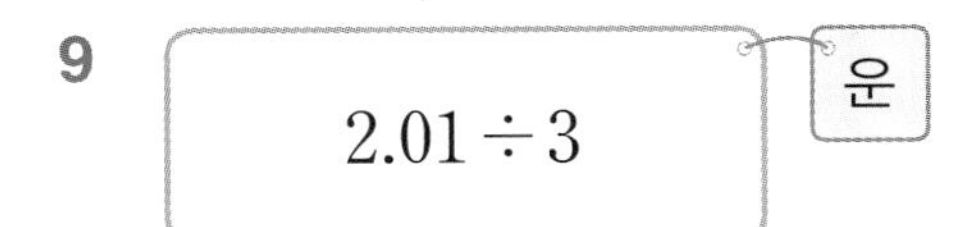
$2.01 \div 3$ 운

10 $3.28 \div 8$ 다

11
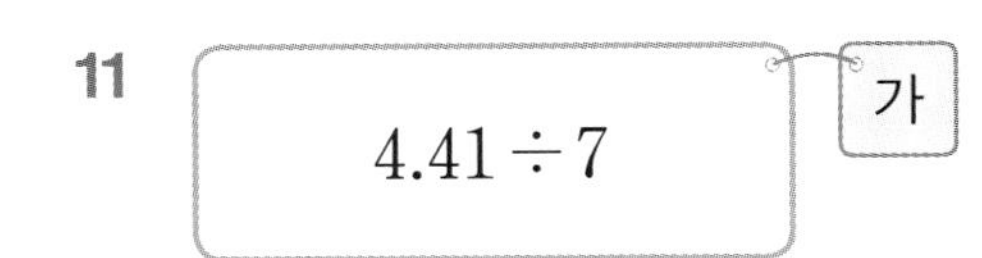
$4.41 \div 7$ 가

12 $1.26 \div 3$ 바

13
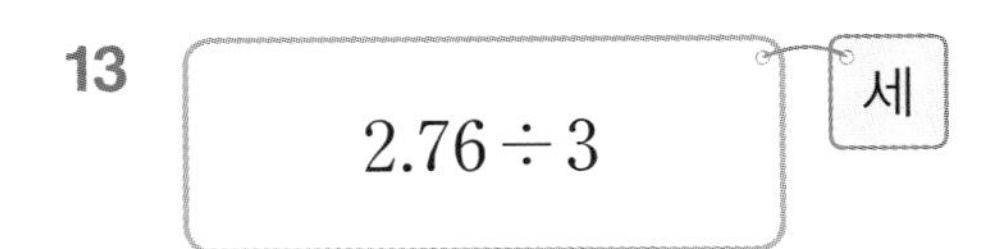
$2.76 \div 3$ 세

14 $2.88 \div 4$ 에

15 $3.64 \div 4$ 상

16 $3.55 \div 5$ 서

17 $4.15 \div 5$ 추

18
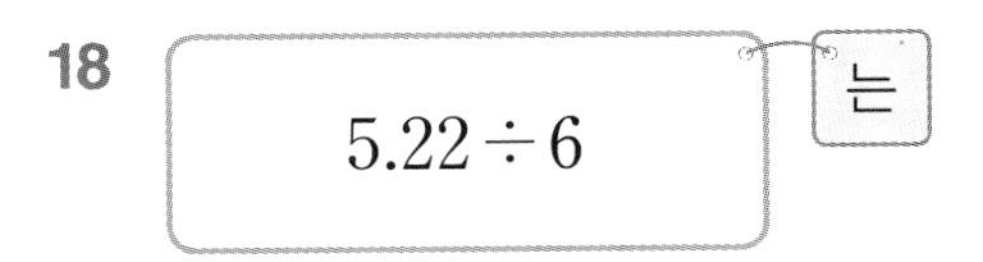
$5.22 \div 6$ 는

수수께끼

0.92	0.91	0.72	0.71	0.63	0.73	0.83	0.67	0.42	0.41	0.87

?

04 소수점 아래 0을 내려 계산하는 (소수)÷(자연수) (1)

7.6÷5의 계산

```
      1.5 2
  5 )7.6 0
     5
     2 6
     2 5
       1 0
       1 0
         0
```

몫의 소수점은 나누어지는 수의 소수점과 같은 자리에 찍어요.

나머지가 0이 아니면 나누어지는 수의 오른쪽 끝자리에 0을 내려 계산해요.

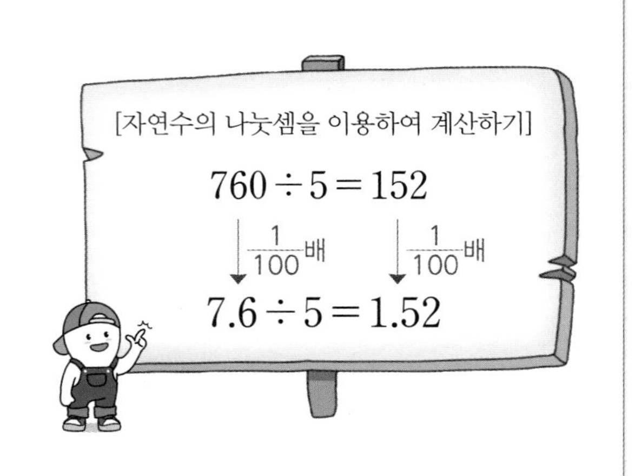

계산을 하시오.

1 $5\overline{)9.4}$

2 $6\overline{)25.5}$

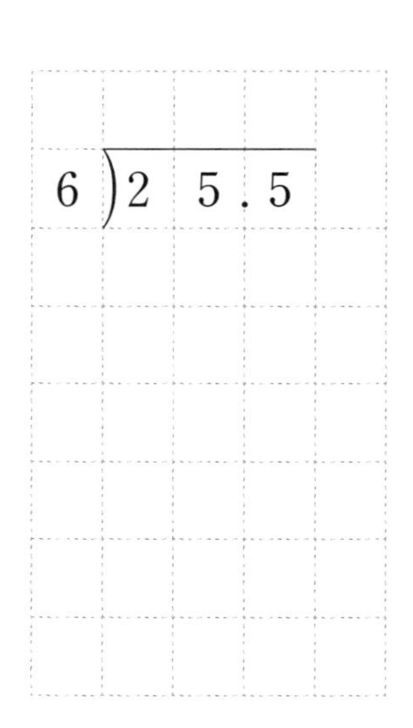

3 $12\overline{)78.6}$

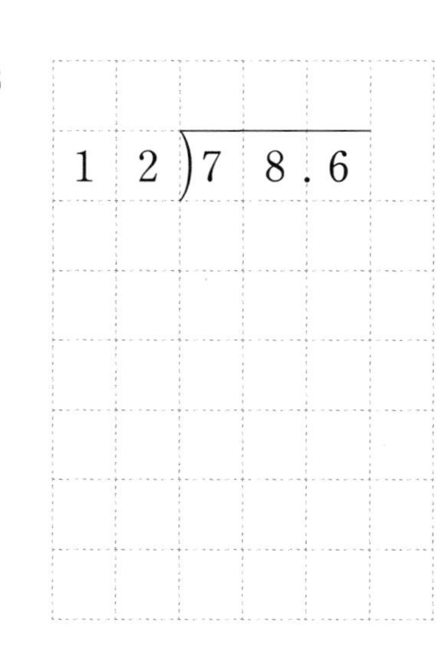

4 $4\overline{)9.8}$

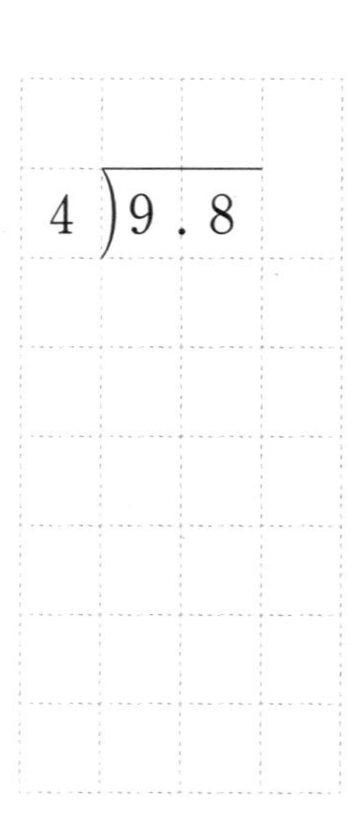

5 $8\overline{)58.8}$

6 $15\overline{)81.3}$

날짜 : 월 일

부모님 확인

✲ **계산을 하시오.**

7 O $6\overline{)14.7}$

8 E $8\overline{)34.8}$

9 O $2\overline{)15.7}$

10 N $4\overline{)7.8}$

11 H $5\overline{)24.3}$

12 M $8\overline{)74.8}$

13 S $10\overline{)27.8}$

14 T $14\overline{)87.5}$

15 R $12\overline{)40.2}$

몫이 큰 순서대로 알파벳을 쓰면
다음 한자에 해당하는 영어 단어가 나와요.

,

05 소수점 아래 0을 내려 계산하는 (소수)÷(자연수) (2)

분수로 바꾸어 $7.6 \div 5$ 계산하기

$$7.6 \div 5 = \frac{76}{10} \div 5 = \frac{76}{10} \times \frac{1}{5} = \frac{76}{50} = \frac{152}{100} = 1.52$$

×2

×2

소수를 분수로 바꿔요.

$\div$(자연수) ➡ $\times \frac{1}{(\text{자연수})}$

소수를 분수로 바꾸어 분수의 나눗셈을 계산하여 몫을 구해요.

✲ 계산을 하여 몫을 소수로 나타내시오.

1 $7.4 \div 4 = \frac{74}{10} \div 4 = \frac{74}{10} \times \frac{1}{\square}$

$= \frac{\square}{20} = \frac{\square}{100} = \square$

2 $26.3 \div 5 = \frac{263}{10} \div 5 = \frac{263}{10} \times \frac{1}{\square}$

$= \frac{263}{\square} = \frac{\square}{100} = \square$

3 $8.7 \div 6$

4 $21.2 \div 8$

5 $9.3 \div 2$

6 $43.8 \div 12$

7 $30.9 \div 6$

8 $49.7 \div 14$

9 $61.3 \div 5$

10 $58.2 \div 15$

날짜 : 월 일
부모님 확인

✲ 사육사가 동물들에게 먹이를 똑같이 나누어 주려고 합니다. 한 마리당 몇 kg씩 나누어 주어야 할지 계산하여 답을 소수로 나타내시오.

11

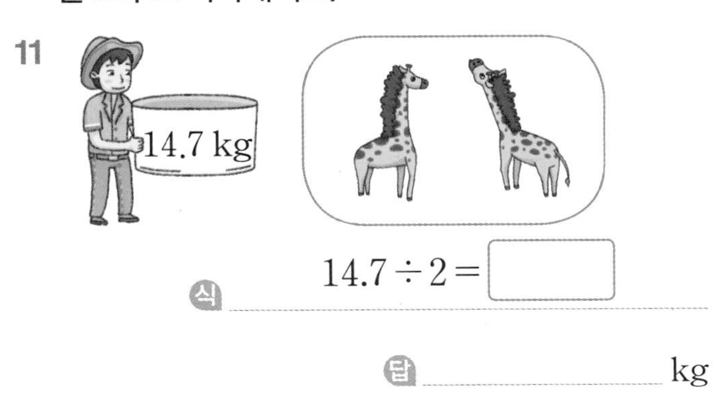

식 $14.7 \div 2 =$ □

답 ______ kg

12

식 $25.8 \div 5 =$ □

답 ______ kg

13

식 ______

답 ______ kg

14

식 ______

답 ______ kg

15

식 ______

답 ______ kg

16

식 ______

답 ______ kg

17

식 ______

답 ______ kg

18

식 ______

답 ______ kg

소수점 아래 0을 내려 계산하는 (소수)÷(자연수) (3)

$8.6 \div 5$를 계산하기

방법 1

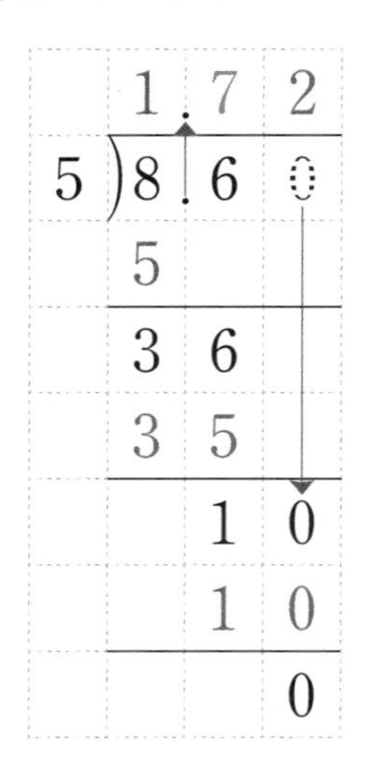

방법 2 $8.6 \div 5 = \frac{86}{10} \div 5 = \frac{860}{100} \div 5$

$= \frac{860 \div 5}{100}$

$= \frac{172}{100} = 1.72$

86 ÷ 5는 나누어 떨어지지 않아요.

방법 3 $860 \div 5 = 172$ → $\frac{1}{100}$배 → $8.6 \div 5 = 1.72$ ($\frac{1}{100}$배)

✲ 계산을 하여 몫을 소수로 나타내시오.

1 $0.5 \div 2$

2 $0.8 \div 5$

3 $0.7 \div 2$

4 $5.7 \div 5$

5 $8.3 \div 2$

6 $2.3 \div 2$

7 $6.6 \div 4$

8 $7.4 \div 4$

9 $6.2 \div 5$

✲ 페인트를 똑같이 나누어 주려고 합니다. 한 명에게 몇 L씩 나누어 줄 수 있는지 구하시오.

10

15.3 L

2명에게 나누어 주어요.

☐ L

11

9.4 L

5명에게 나누어 주어요.

☐ L

12

17.4 L

4명에게 나누어 주어요.

☐ L

13

16.3 L

2명에게 나누어 주어요.

☐ L

14

15.4 L

4명에게 나누어 주어요.

☐ L

15

18.6 L

5명에게 나누어 주어요.

☐ L

16

19.4 L

4명에게 나누어 주어요.

☐ L

17

15.9 L

2명에게 나누어 주어요.

☐ L

07 집중 연산 A

✲ 빈 곳에 알맞은 수를 써넣으시오.

1 ÷5

2.25	
3.25	

2 ÷7

1.89	
4.06	

3

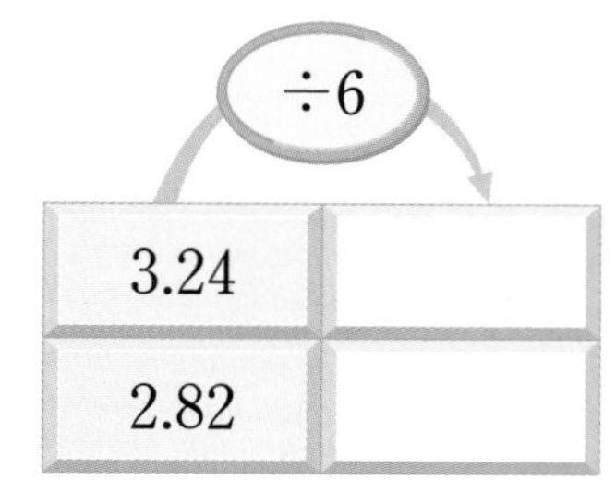

4 ÷9

6.75	
7.56	

5

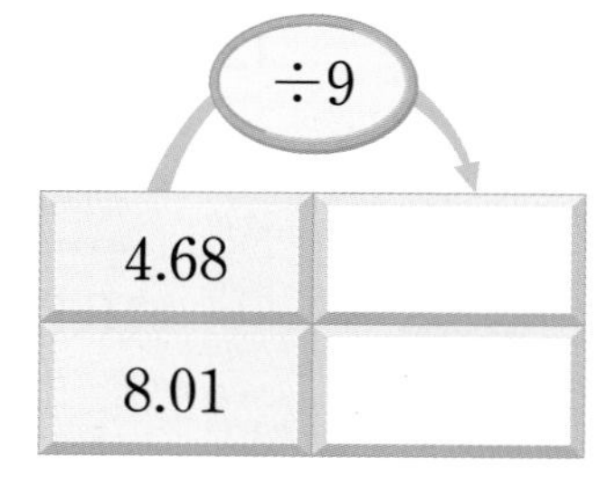

6

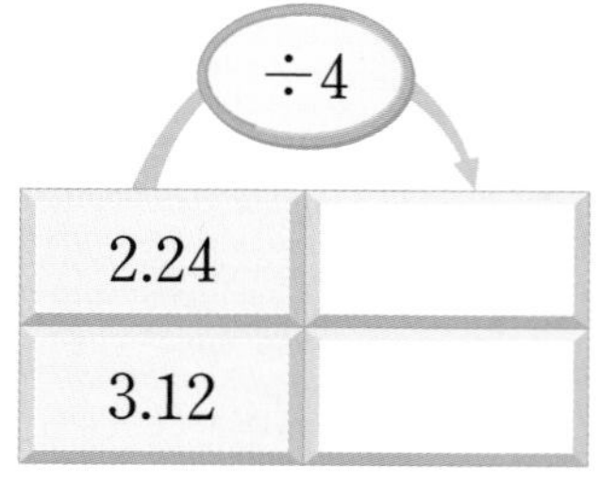

7

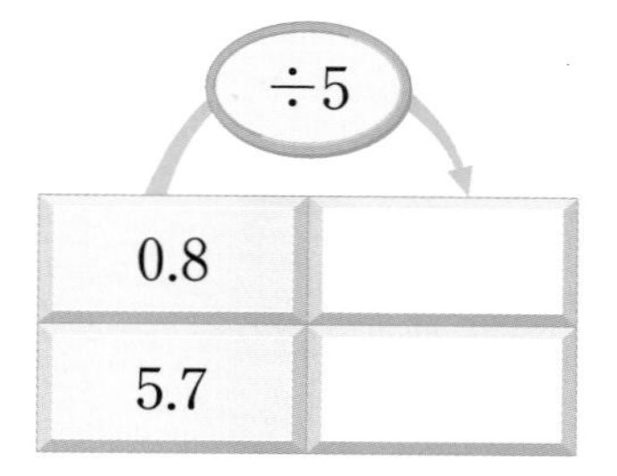

8 ÷4

10.2	
3.8	

9

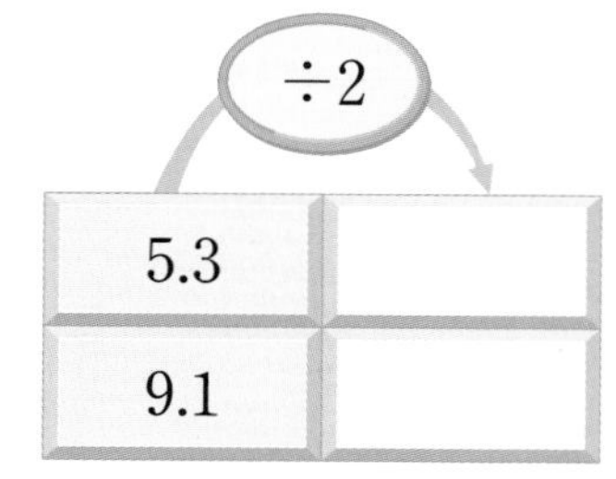

10

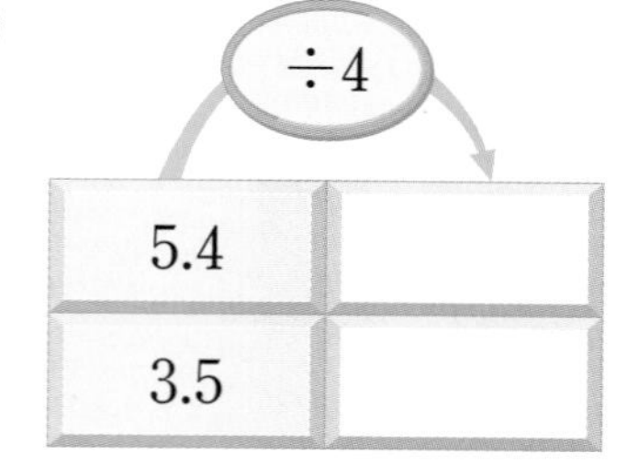

11

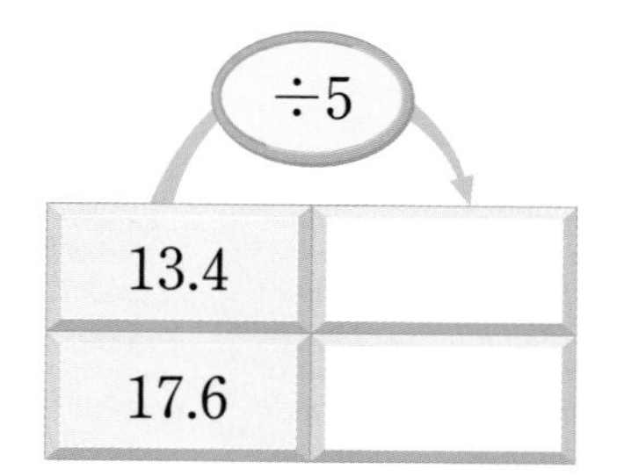

12

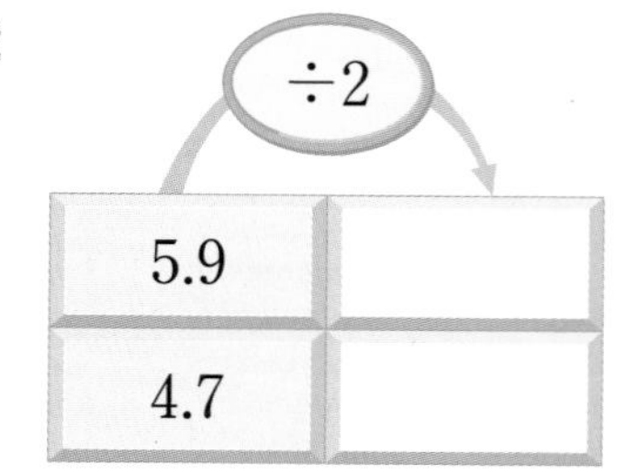

✲ 가장 위에 있는 수를 아래 수로 각각 나누어 계산 결과를 빈 곳에 알맞게 써넣으시오.

13

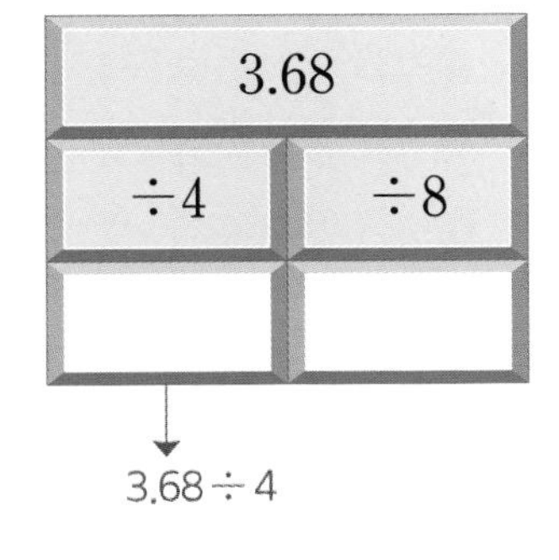

14

5.4	
÷4	÷6

15

11.1	
÷6	÷5

16

14.7	
÷5	÷2

17

14.2	
÷8	÷4

18

2.52	
÷3	÷6

19

8.6	
÷5	÷4

20

1.08	
÷4	÷5

21

2.94	
÷6	÷5

22

12.6	
÷4	÷8

23

26.8	
÷8	÷5

24

3.36	
÷7	÷5

08 집중 연산 B

✲ 계산을 하시오.

1 $4\overline{)7.4}$

2 $6\overline{)32.07}$

3 $5\overline{)9.6}$

4 $8\overline{)47.48}$

5 $15\overline{)40.8}$

6 $8\overline{)74.6}$

7 $13\overline{)4.55}$

8 $9\overline{)6.84}$

9 $8\overline{)2.88}$

10 $12\overline{)5.64}$

11 $7\overline{)6.86}$

12 $11\overline{)5.06}$

13 $8\overline{)6.96}$

14 $8\overline{)20.6}$

15 $4\overline{)48.5}$

16 $7.2 \div 5$

17 $11.7 \div 6$

18 $64.2 \div 12$

19 $24.99 \div 6$

20 $58.6 \div 5$

21 $18.7 \div 5$

22 $3.42 \div 6$

23 $3.15 \div 7$

24 $7.15 \div 11$

25 $8.06 \div 13$

26 $1.44 \div 6$

27 $11.04 \div 12$

28 $2.16 \div 9$

29 $7.92 \div 8$

6 소수의 나눗셈 (3)

이 동네에서 다시
외계의 신호가 잡히고
있습니다.

아무래도 그 외계인을
도와주는 녀석들이
있는 것 같군.
위험한
녀석들일까요?

글쎄, 어쩌면
동료일 수도 있고
아니면……
아니면?

나도 몰라!
띠-잉-

신호를 계속
추적해! 신입.
네!!

잡혀라~
내 예상이 맞다면…

이쪽이야.

우리 동네에 이런
곳이 있었나?
나도 처음 봐.

츄츄를 따라가는 거
괜찮을까?
오우~ 겁쟁이.

츄츄는 우리의
친구가 되었잖아!
아… 알았어.

여기야!
여기라고?

이 벽돌 사이에
암호가 있어.
오~ 역시!!

몫의 소수 첫째 자리에 0이 있는 (소수)÷(자연수)는 이렇게 계산해.

$$\begin{array}{r} 2.05 \\ 6\overline{)12.30} \\ 12 \\ \hline 30 \\ 30 \\ \hline 0 \end{array}$$

나누어야 할 수가 나누는 수보다 작은 경우에는 몫에 0을 쓰고 수를 하나 더 내려 계산해요.

학습 내용

- 몫의 소수 첫째 자리에 0이 있는 (소수)÷(자연수)
- (자연수)÷(자연수)의 몫을 소수로 나타내기

몫의 소수 첫째 자리에 0이 있는 (소수)÷(자연수) (1)

⊙ $12.3 \div 6$의 계산

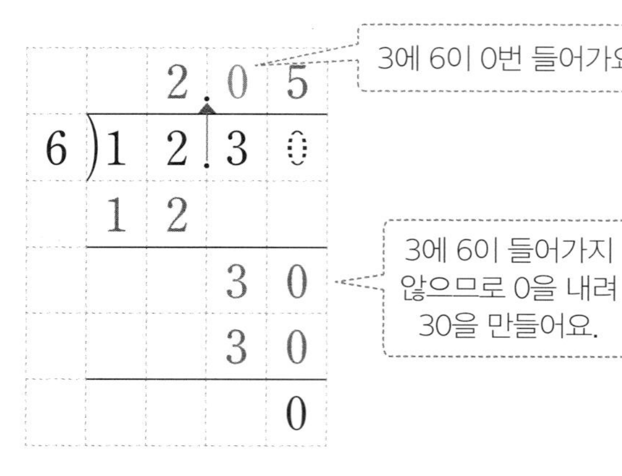

3에 6이 0번 들어가요.

3에 6이 들어가지 않으므로 0을 내려 30을 만들어요.

(몫) × (나누는 수) = (나누어지는 수)의 검산식을 통해 정확히 계산했는지 알아볼 수 있어요.

검산 $2.05 \times 6 = 12.3$

✲ 계산을 하시오.

1 $6\overline{)6.3}$

2

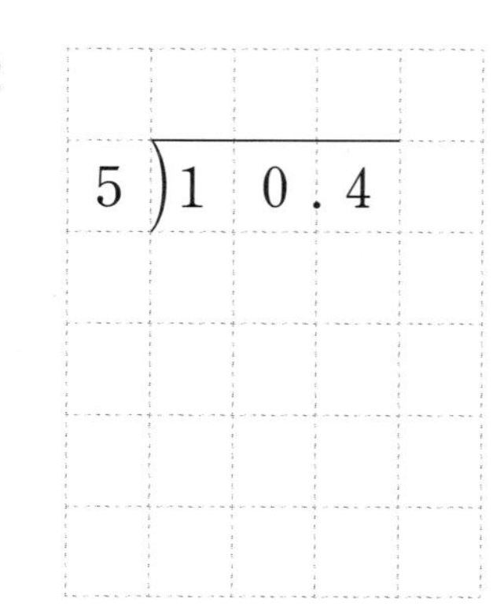

3 $12\overline{)24.6}$

4

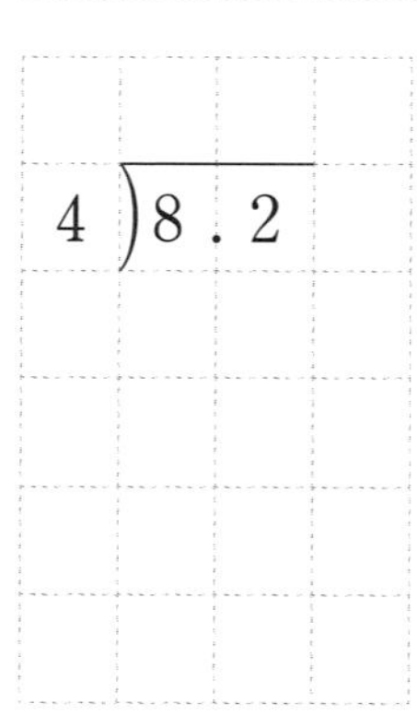

5

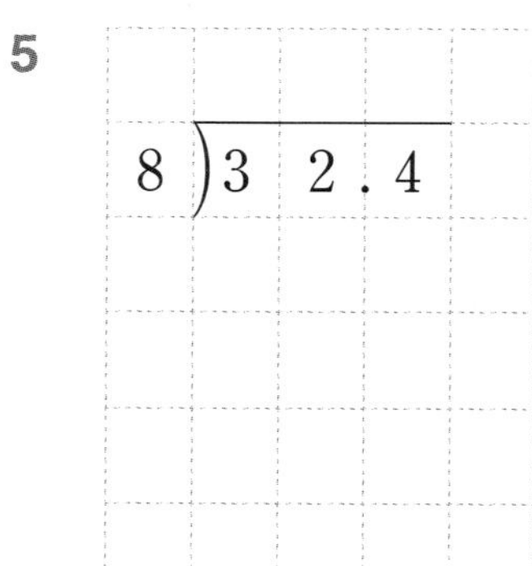

6 $14\overline{)42.7}$

7

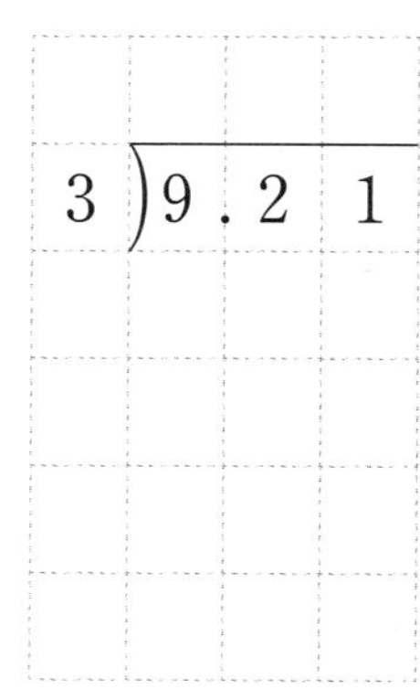

8 $6\overline{)42.36}$

9 $15\overline{)75.9}$

✲ 주어진 타일 1장을 똑같은 모양과 크기의 조각으로 나누었을 때 색칠된 부분의 넓이를 구하시오.

10

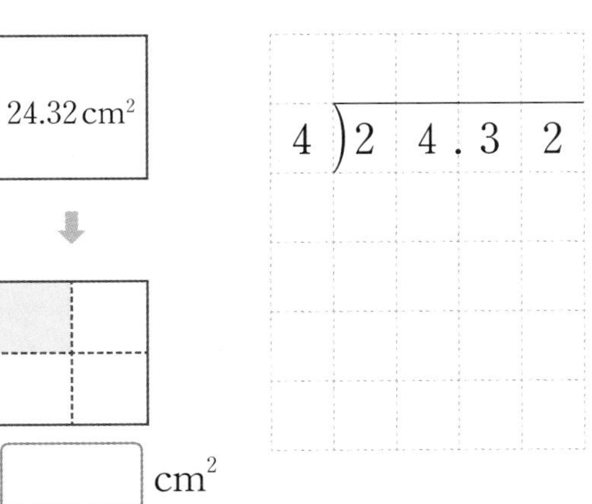

11

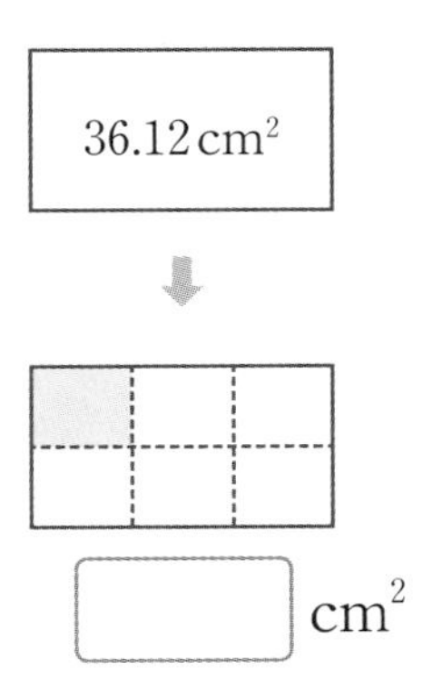

12

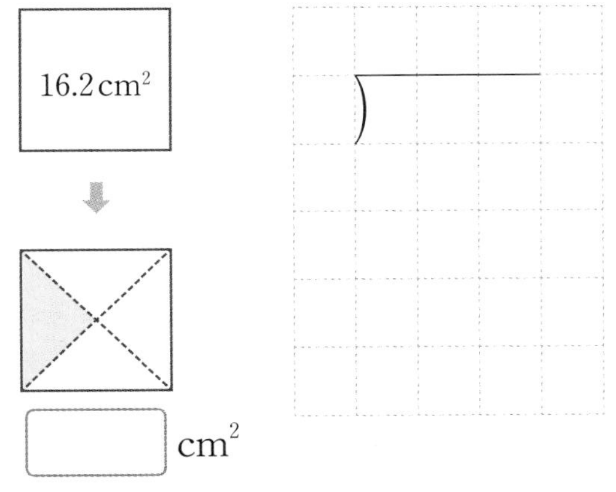

13

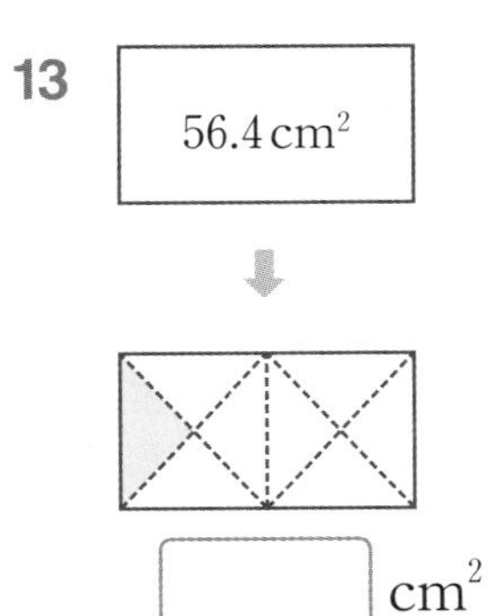
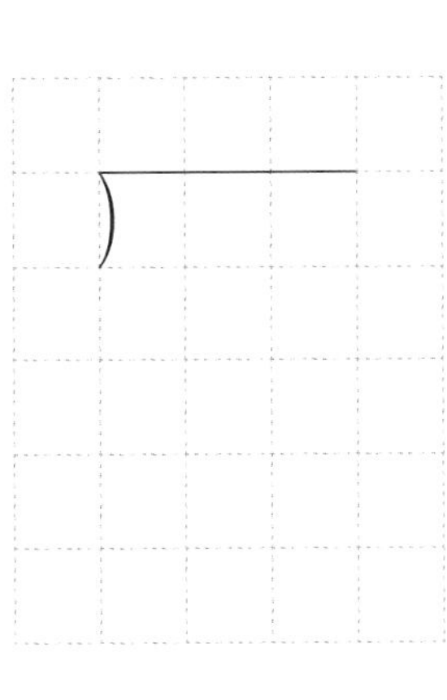

14

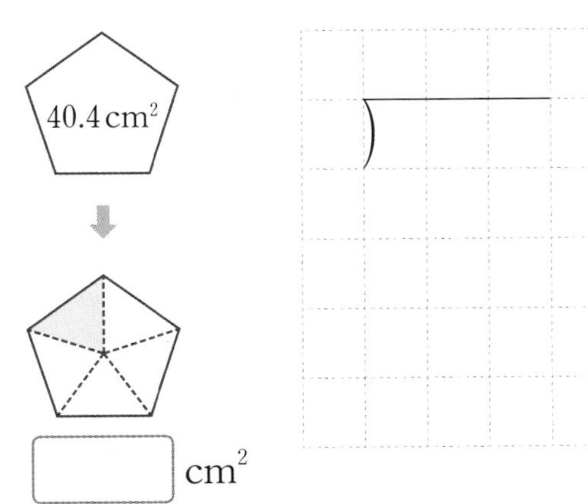

15

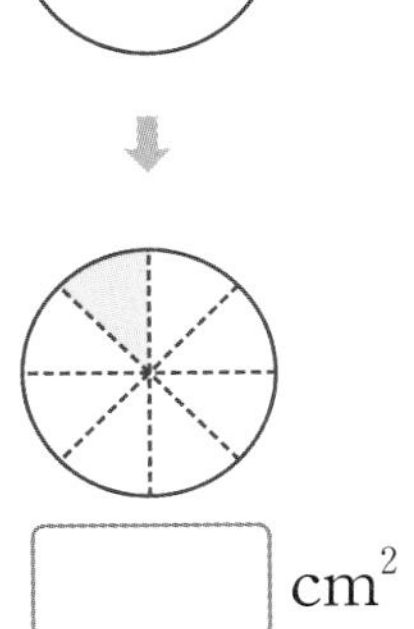
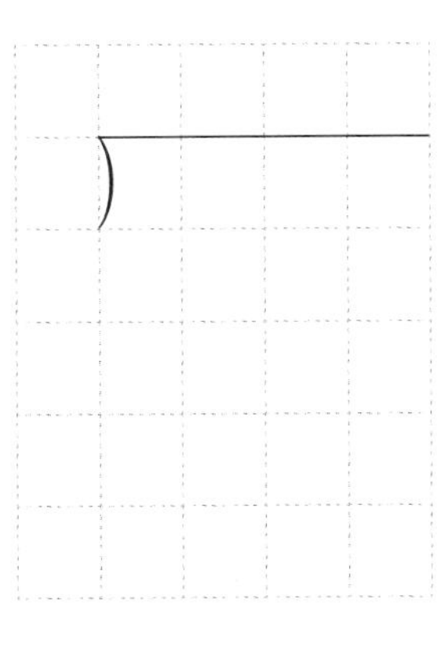

몫의 소수 첫째 자리에 0이 있는 (소수)÷(자연수) (2)

⊡ 분수로 바꾸어 $12.3 \div 6$ 계산하기

$$12.3 \div 6 = \frac{123}{10} \div 6 = \frac{123}{10} \times \frac{1}{6}$$

$$= \frac{41}{20} = \frac{205}{100} = 2.05$$

$\frac{\overset{41}{\cancel{123}}}{10} \times \frac{1}{\underset{2}{\cancel{6}}}$

$\frac{41 \times 5}{20 \times 5}$

분모가 100인 분수는
소수 두 자리 수로
나타낼 수 있어요.

✲ 계산을 하여 몫을 소수로 나타내시오.

1 $5.1 \div 5 = \frac{51}{10} \div 5 = \frac{51}{10} \times \frac{1}{5}$

$= \frac{\square}{50} = \frac{\square}{100} = \square$

2 $56.4 \div 8 = \frac{564}{10} \div 8 = \frac{564}{10} \times \frac{1}{8}$

$= \frac{\square}{20} = \frac{\square}{100} = \square$

3 $18.3 \div 6$

4 $6.18 \div 3$

5 $32.2 \div 4$

6 $28.42 \div 7$

7 $27.63 \div 9$

8 $70.35 \div 7$

9 $61.08 \div 12$

10 $72.9 \div 18$

✲ 계산을 하여 몫을 소수로 나타내시오.

11 $8.2 \div 4$

12 $9.27 \div 3$

13 $6.1 \div 2$

14 $10.2 \div 5$

15 $21.28 \div 7$

16 $40.16 \div 8$

17 $12.42 \div 6$

18 $27.72 \div 9$

19 $70.7 \div 14$

20 $55.44 \div 11$

나눗셈의 몫이
적힌 칸을 색칠하여
나온 숫자의 채널을
보려고 해요.
무슨 프로그램을
봐야 할까요?

2.05	2.06	3.05	5.04	2.04
5.05	3.2	3.07	5.01	3.09
2.07	5.8	2.09	5.4	3.04
3.08	5.03	2.08	5.08	5.02

TV 편성표

4번 : 빅터극장
7번 : 빅터맨이 돌아왔다
9번 : 빅터의 스케치북
12번 : 빅터가왕
14번 : 빅터가중계
17번 : 슈퍼빅터B

03 몫의 소수 첫째 자리에 0이 있는 (소수)÷(자연수) (3)

6.24÷3을 계산하기

방법 1

$$\begin{array}{r} 2.08 \\ 3\overline{)6.24} \\ \underline{6} \\ 24 \\ \underline{24} \\ 0 \end{array}$$

방법 2 $6.24 \div 3 = \dfrac{624}{100} \div 3 = \dfrac{624 \div 3}{100} = \dfrac{208}{100} = 2.08$

$624 \div 3 = 208$

↓ $\frac{1}{100}$배 ↓ $\frac{1}{100}$배

$6.24 \div 3 = 2.08$

나누어지는 수가 $\frac{1}{100}$배가 되면 몫도 $\frac{1}{100}$배가 돼요.

계산을 하시오.

1 $4\overline{)8.24}$

2 $5\overline{)15.4}$

3 $6\overline{)18.42}$

4 $7\overline{)14.28}$

5 $8\overline{)24.4}$

6 $9\overline{)36.54}$

7 $32.24 \div 8 = \dfrac{\square}{100} \div 8 = \dfrac{\square \div 8}{100} = \dfrac{\square}{100} = \square$

8 $35.42 \div 7 = \dfrac{\square}{100} \div 7 = \dfrac{\square \div 7}{100} = \dfrac{\square}{100} = \square$

9 $30.42 \div 6 = \dfrac{\square}{100} \div 6 = \dfrac{\square \div 6}{100} = \dfrac{\square}{100} = \square$

✲ 끈을 똑같이 나누어 가지려고 합니다. 한 명이 가질 수 있는 끈이 몇 m인지 구하시오.

10

끈 5.35 m를 5명이
똑같이 나누어 가지기

식 ______________________

답 ______________ m

11

끈 3.27 m를 3명이
똑같이 나누어 가지기

식 ______________________

답 ______________ m

12

끈 20.3 m를 5명이
똑같이 나누어 가지기

식 ______________________

답 ______________ m

13

끈 28.24 m를 4명이
똑같이 나누어 가지기

식 ______________________

답 ______________ m

14

끈 60.24 m를 3명이
똑같이 나누어 가지기

식 ______________________

답 ______________ m

15

끈 80.24 m를 8명이
똑같이 나누어 가지기

식 ______________________

답 ______________ m

(자연수)÷(자연수) (1)

3÷2의 계산

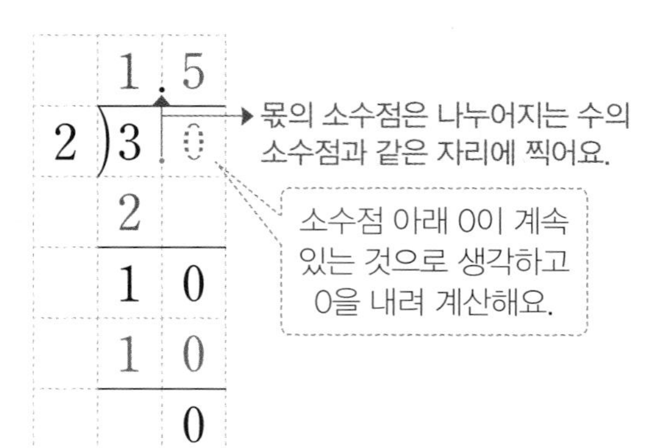

나머지가 0이 될 때까지 계속 나누어요.

✲ 계산을 하시오.

1
5)6

2

3
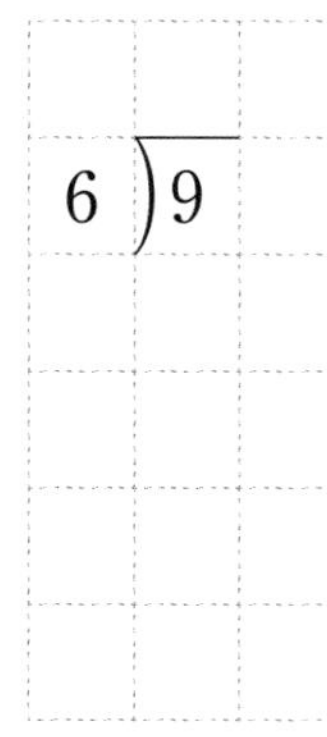

4
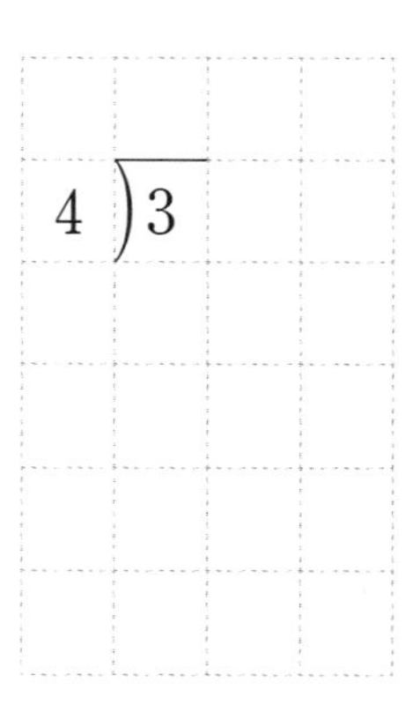

5
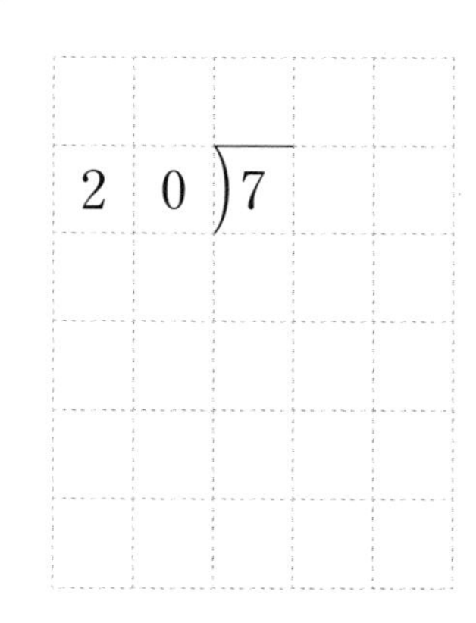

6
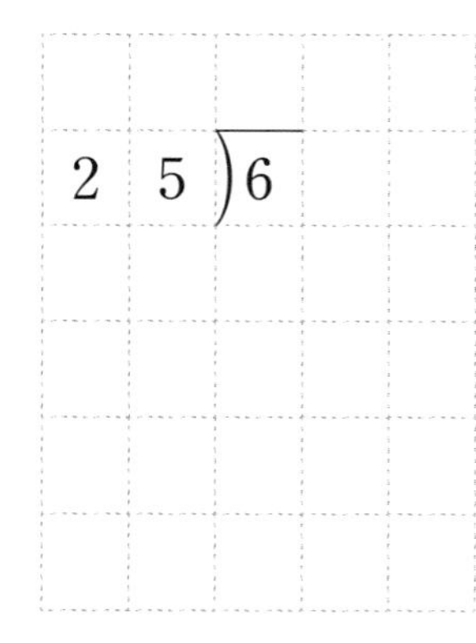

7
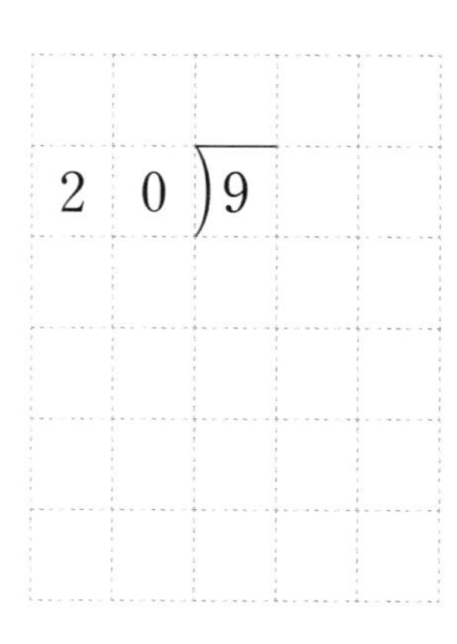

8
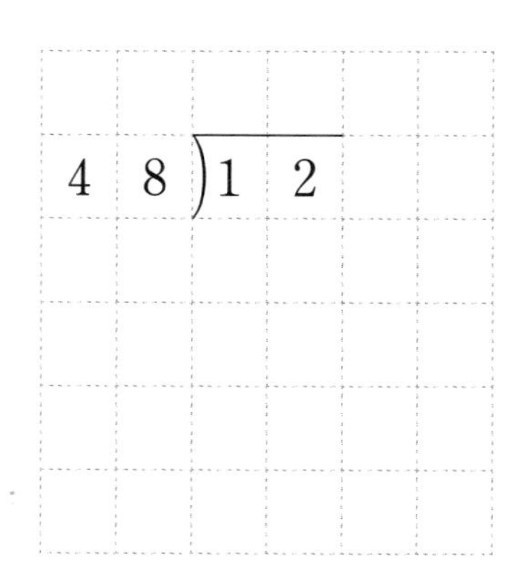

9
24)18

날짜 : 월 일

부모님 확인

✲ 몬스터들이 57 m 달리기 경주를 했습니다. 몬스터들이 1초에 움직이는 거리를 보고 출발 후 몇 초만에 결승선에 도착했는지 알아보시오.

10 1초에 2 m씩

$2\overline{)57}$

➡ ☐초

11 1초에 5 m씩

$5\overline{)57}$

➡ ☐초

12 1초에 12 m씩

$12\overline{)57}$

➡ ☐초

13 1초에 4 m씩

$\overline{)57}$

➡ ☐초

14 1초에 8 m씩

$\overline{)57}$

➡ ☐초

15 1초에 24 m씩

$\overline{)57}$

➡ ☐초

(자연수)÷(자연수) (2)

⊡ 3÷2의 몫을 분수로 나타낸 후 소수로 구하기

$$3 \div 2 = \frac{3}{2} = \frac{15}{10} = 1.5$$

(×5, ×5) 분모를 10으로 나타내요.

몫을 소수로 나타내려면
분모를 10, 100, 1000……인
분수로 먼저 나타내야 해요.

✲ 계산을 하여 몫을 소수로 나타내시오.

1 $9 \div 5 = \frac{9}{\square} = \frac{\square}{10} = \square$

2 $3 \div 4 = \frac{\square}{4} = \frac{\square}{100} = \square$

3 $13 \div 2$

4 $14 \div 8$

5 $21 \div 6$

6 $8 \div 25$

7 $35 \div 50$

8 $15 \div 12$

9 $12 \div 20$

10 $39 \div 24$

✲ 계산을 하여 몫을 소수로 나타내시오.

11 $7 \div 2 =$ ☐ ─ 잘

12 $10 \div 4 =$ ☐ ─ 제

13 $9 \div 25 =$ ☐ ─ 병

14 $27 \div 6 =$ ☐ ─ 먹

15 $11 \div 20 =$ ☐ ─ 아

16 $39 \div 5 =$ ☐ ─ 약

17 $42 \div 15 =$ ☐ ─ 일

18 $27 \div 25 =$ ☐ ─ 가

19 $91 \div 14 =$ ☐ ─ 는

20 $33 \div 50 =$ ☐ ─ 리

나눗셈의 몫에 해당하는 글자를 써넣어 만든 수수께끼의 답은 무엇일까요?

수수께끼

0.36	0.55	0.66	1.08	2.5	2.8	3.5	4.5	6.5	7.8

?

06 집중 연산 A

✲ 나머지가 0이 될 때까지 나눗셈을 하시오.

1

÷		
24.32	4	
6.04	2	

2

÷		
16.4	8	
35.2	5	

3

÷		
84.6	12	
57	8	

4

÷		
72.4	8	
58	16	

5

÷		
5.4	5	
84.7	14	

6

÷		
23	4	
38	5	

7

÷		
24.21	3	
42.28	7	

8

÷		
63.72	9	
11.99	11	

9

÷		
50	8	
82	16	

10

÷		
84.42	7	
45	8	

✲ 화살표를 따라 계산을 하여 빈 곳에 알맞은 소수를 써넣으시오.

11

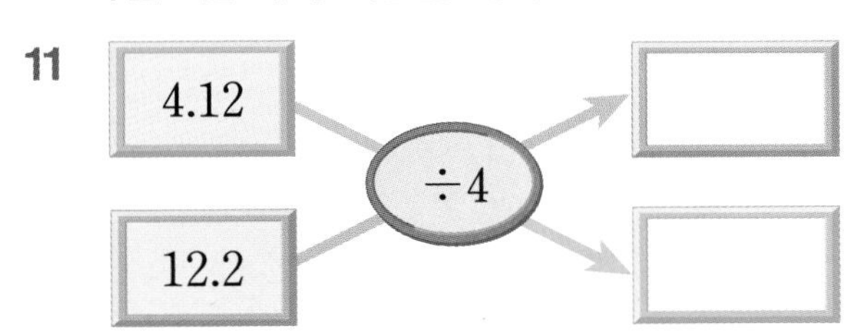

12

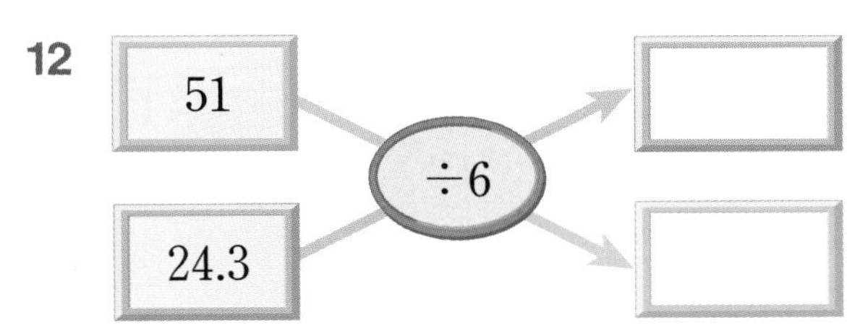

13

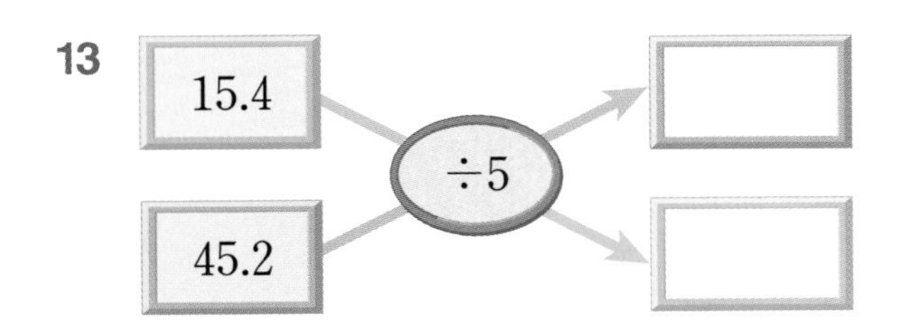

14

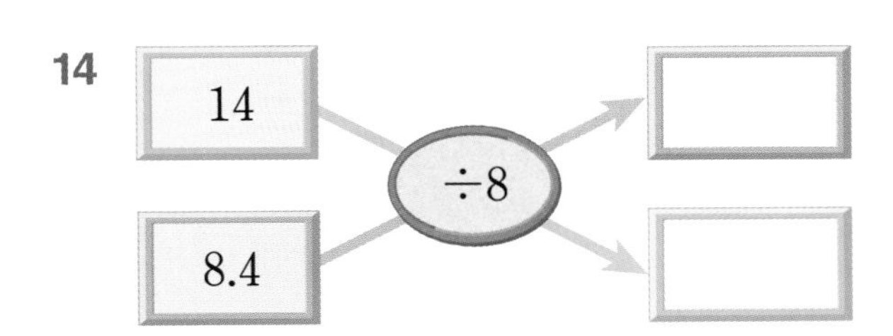

15

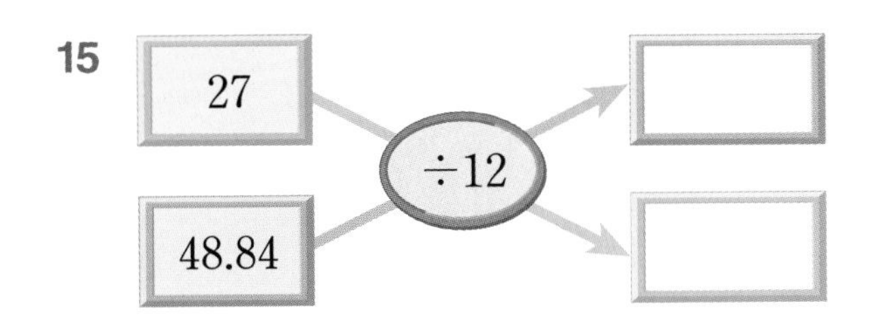

16

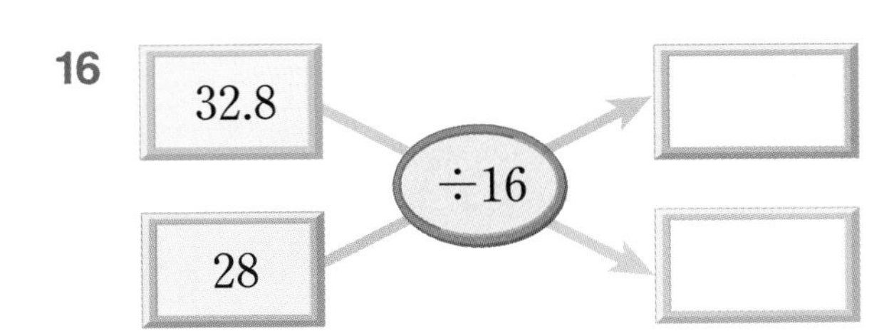

17

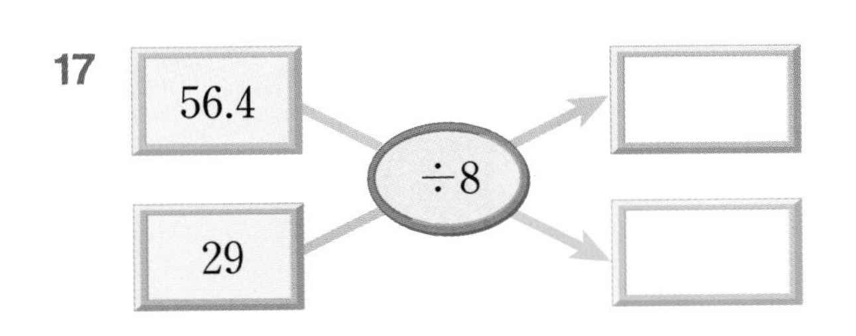

18

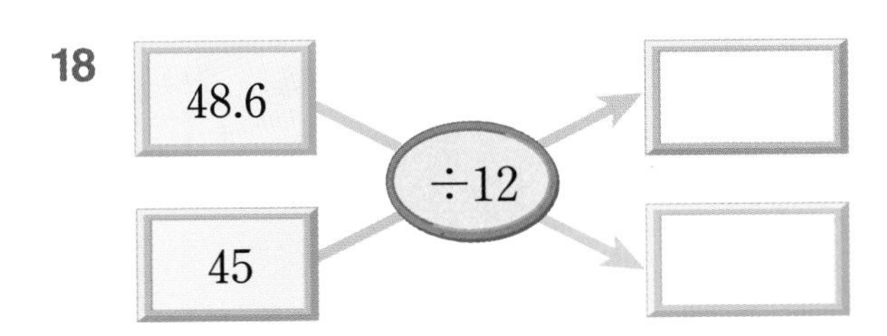

집중 연산 B

✲ 계산을 하시오.

1 $4\overline{)4.32}$

2 $6\overline{)18.42}$

3 $5\overline{)45.1}$

4 $8\overline{)40.28}$

5 $15\overline{)105.3}$

6 $3\overline{)9.27}$

7 $7\overline{)28.35}$

8 $9\overline{)45.63}$

9 $25\overline{)68}$

10 $16\overline{)80.48}$

11 $25\overline{)13}$

12 $8\overline{)50}$

13 $20\overline{)19}$

14 $16\overline{)34}$

15 $8\overline{)72.2}$

✲ 나눗셈의 몫을 소수로 나타내시오.

16 $60.6 \div 12$

17 $24.36 \div 6$

18 $7.28 \div 7$

19 $64.72 \div 8$

20 $40.3 \div 5$

21 $42.7 \div 14$

22 $54.3 \div 6$

23 $55.35 \div 5$

24 $22 \div 5$

25 $84 \div 24$

26 $39 \div 5$

27 $91 \div 14$

28 $48 \div 25$

29 $27 \div 24$

7 비와 비율

시… 신호가
사라졌습니다!
뭐?

흠…….
왜 신호가
사라진 걸까요?

아무래도 그 곳으로
간 것 같군.
그 곳이요?

우리는 갈 수
없는 곳.
그런 곳이
있어요?

우리의 목표를
바꾼다.
네? 목표를
바꿔요?

우린 녀석이 타고 온
우주선을 찾는다!
넵!

타타, 오랜만이야!
와… 왕자님!!

여긴 무슨 일로
오셨어요?
놀러 왔지.

여왕님은 아십니까?
그게 문제야~.
주르륵

우주선을
잃어버렸어.

나 좀 도와줘!
타타.
방법을 생각해
보겠습니다.

아! 방법이
있습니다.
정말?

원래 키에 대한 줄어든 키의 비율이 $\frac{1}{80}$이라는 거죠.

키가 80 cm이면 1 cm가 된다는 말씀.

비율: 기준량에 대한 비교하는 양의 크기

비 1 : 80을 비율로 나타내면 $\frac{1}{80}$

(1 → 비교하는 양, 80 → 기준량)

학습 내용

- 비 알아보기
- 비율을 분수와 소수로 나타내기
- 비교하는 양, 기준량 구하기
- 걸린 시간에 대한 간 거리의 비율, 넓이에 대한 인구의 비율
- 비율을 백분율로 나타내기
- 백분율을 분수와 소수로 나타내기

01 비 알아보기

자동차 수와 오토바이 수의 비 알아보기

(비: 두 수를 나눗셈으로 비교하기 위해 기호 :를 사용하여 나타낸 것)

4 : 7

자동차 수 ← 4, 7 → 오토바이 수

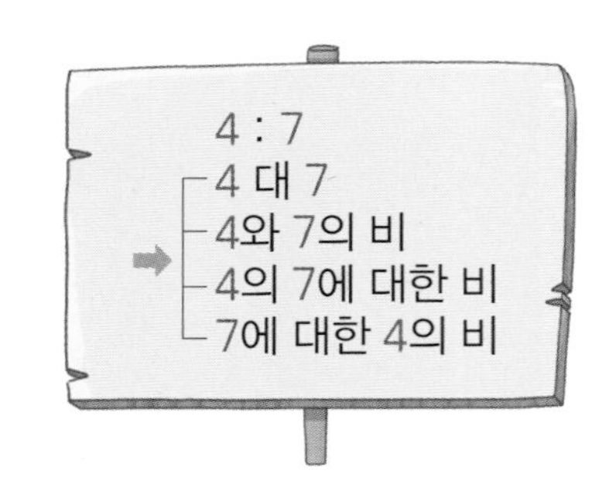

비를 나타낼 때 기호 :의 오른쪽에 있는 수가 기준이에요.

그림을 보고 ☐ 안에 알맞은 수를 써넣으시오.

1

사과 수에 대한 수박 수의 비

➡ ☐ : ☐

2

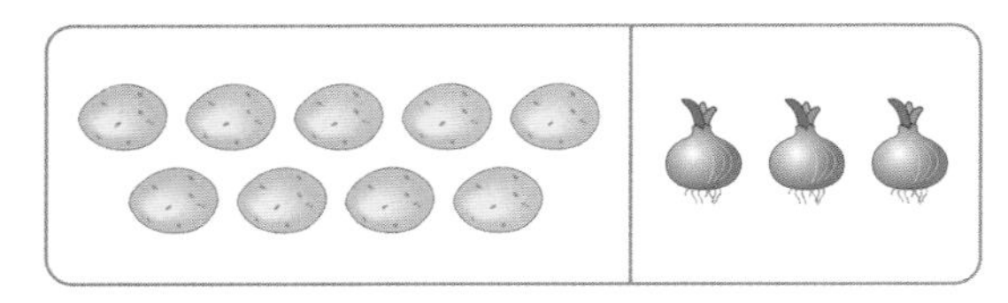

감자 수와 양파 수의 비

➡ ☐ : ☐

3

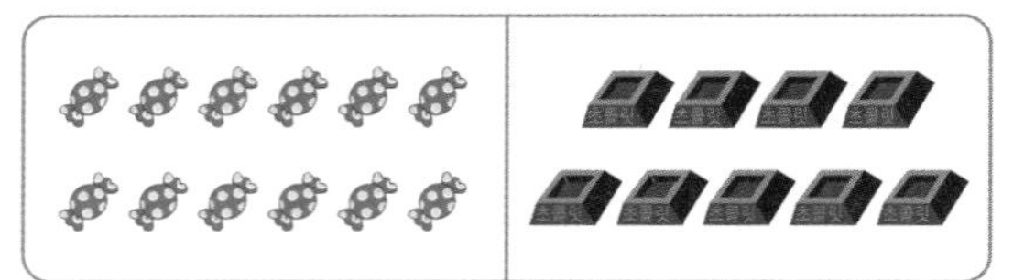

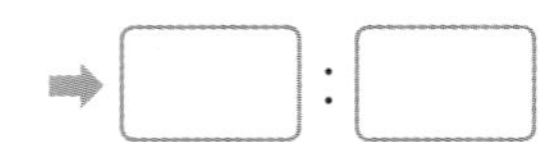

초콜릿 수에 대한 사탕 수의 비

➡ ☐ : ☐

4

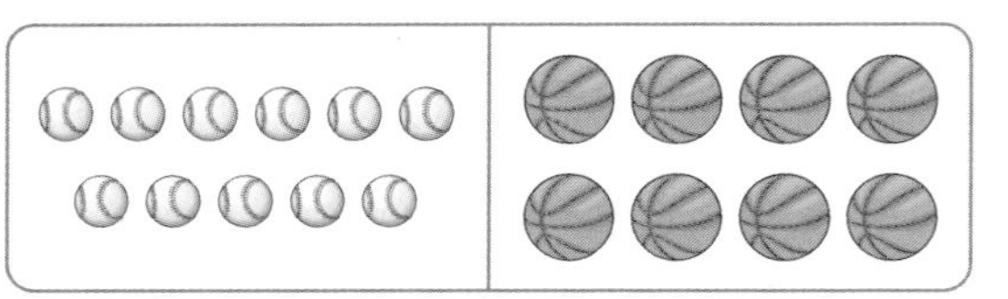

야구공 수와 농구공 수의 비

➡ ☐ : ☐

5

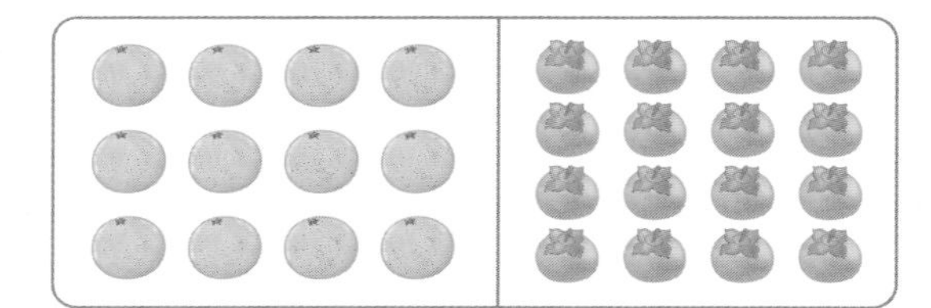

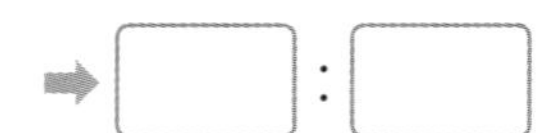

귤 수에 대한 감 수의 비

➡ ☐ : ☐

6

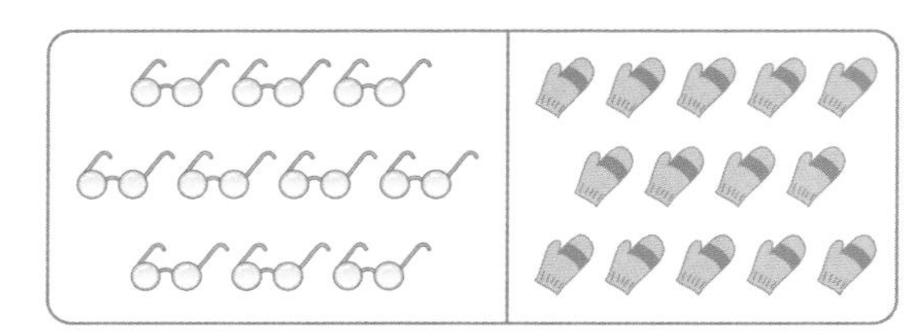

장갑 수와 안경 수의 비

➡ ☐ : ☐

날짜 : 월 일

부모님 확인

※ 소현이와 친구들이 각각 그린 그림을 가로와 세로의 비가 같은 액자에 넣으려고 합니다. 그린 그림에 맞는 액자를 찾아 기호를 쓰시오.

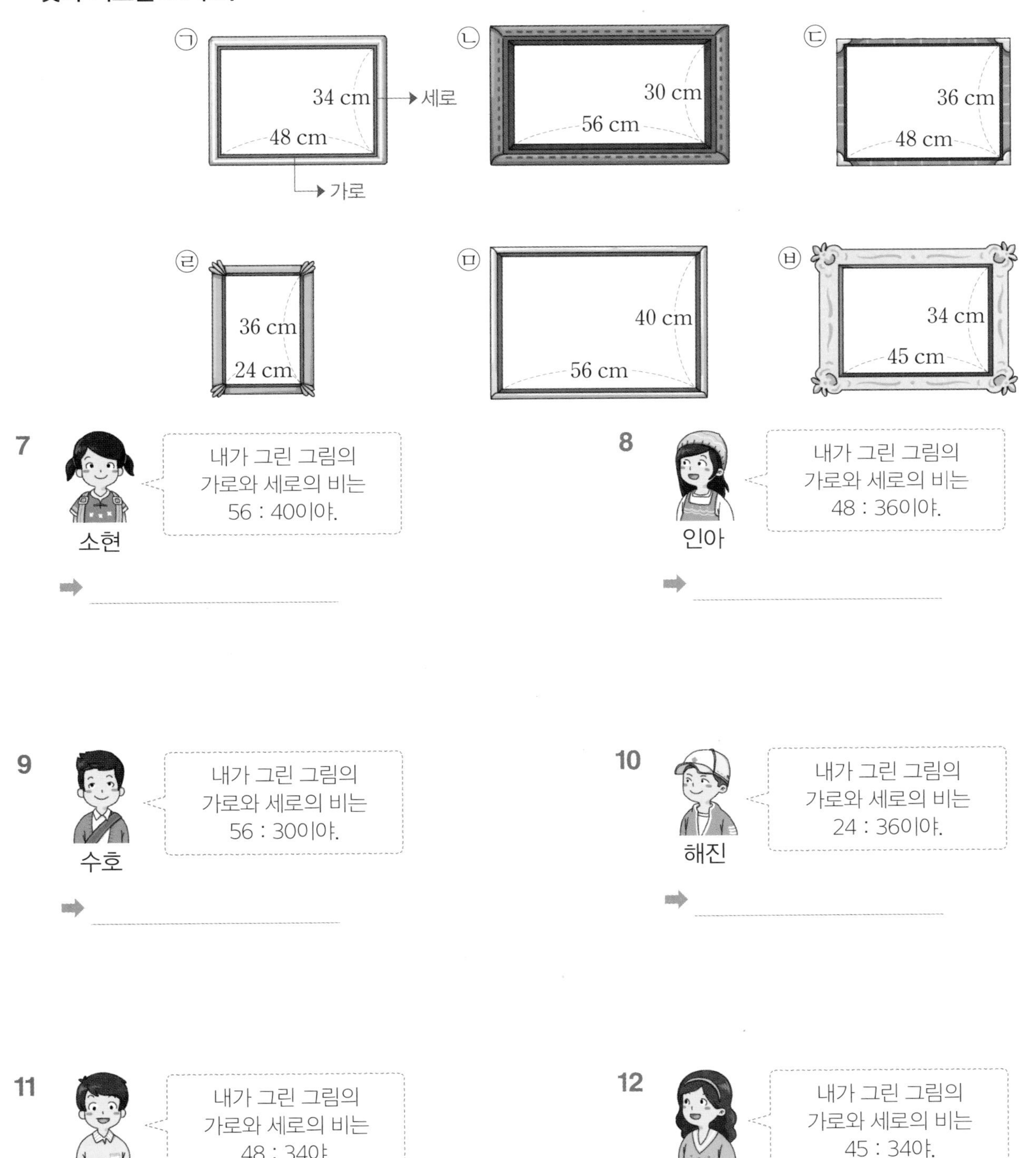

7 소현: 내가 그린 그림의 가로와 세로의 비는 56 : 40이야.

➡ ____________

8 인아: 내가 그린 그림의 가로와 세로의 비는 48 : 36이야.

➡ ____________

9 수호: 내가 그린 그림의 가로와 세로의 비는 56 : 30이야.

➡ ____________

10 해진: 내가 그린 그림의 가로와 세로의 비는 24 : 36이야.

➡ ____________

11 강준: 내가 그린 그림의 가로와 세로의 비는 48 : 34야.

➡ ____________

12 지예: 내가 그린 그림의 가로와 세로의 비는 45 : 34야.

➡ ____________

비율을 분수로 나타내기

2 : 5의 비율을 분수로 나타내기

• 직사각형의 가로에 대한 세로의 비율을 분수로 나타내기

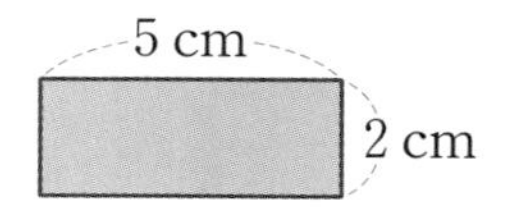

2 : 5 ➡ $\frac{2}{5}$

(2: 비교하는 양, 5: 기준량)

기준량에 대한 비교하는 양의 크기를 비율이라고 해요.

(비율) = (비교하는 양) ÷ (기준량)

$= \frac{(\text{비교하는 양})}{(\text{기준량})}$

✲ 직사각형의 가로에 대한 세로의 비율을 분수로 나타내려고 합니다. ☐ 안에 알맞은 수를 써넣으시오.

1

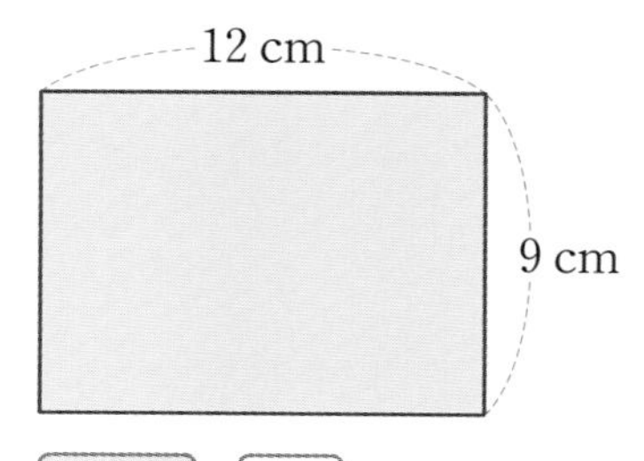

비 ☐ : 12

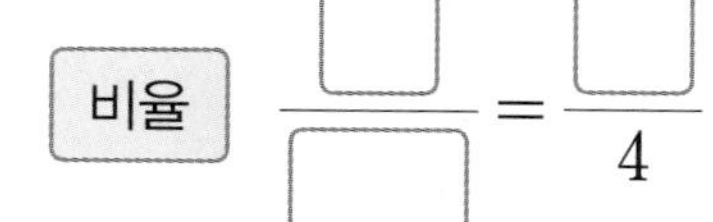

비율 $\frac{☐}{☐} = \frac{☐}{4}$

2

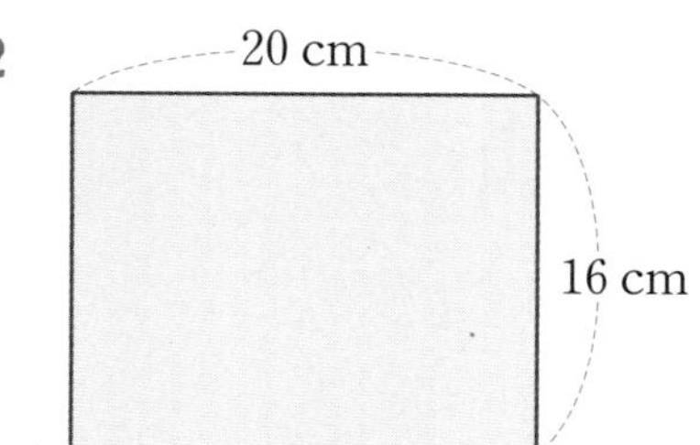

비 ☐ : 20

비율 $\frac{☐}{☐} = \frac{☐}{5}$

✲ 비율을 분수로 나타내시오.

3 3 : 8

➡ (　　　　　　　　)

4 7 : 36

➡ (　　　　　　　　)

5 5에 대한 4의 비

➡ (　　　　　　　　)

6 1의 4에 대한 비

➡ (　　　　　　　　)

7 6과 14의 비

➡ (　　　　　　　　)

8 12와 26의 비

➡ (　　　　　　　　)

날짜 : 월 일
부모님 확인

9 비율을 분수로 나타내어 빈칸에 써넣으시오.

①	②	③	④	⑤	⑥	⑦	⑧

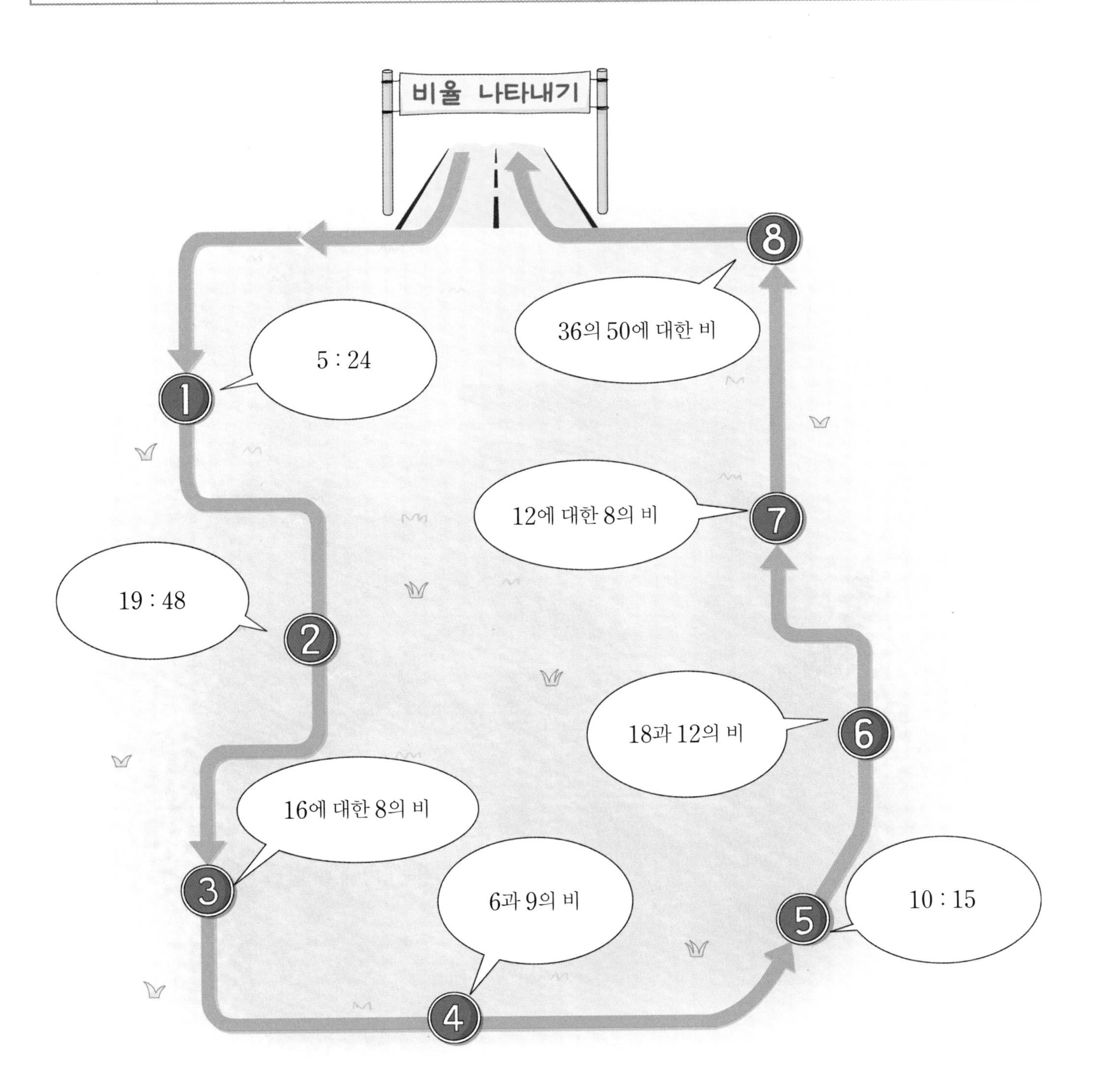

03 비율을 소수로 나타내기

⊡ 6 : 15의 비율을 소수로 나타내기

• 직사각형의 세로에 대한 가로의 비율을 소수로 나타내기

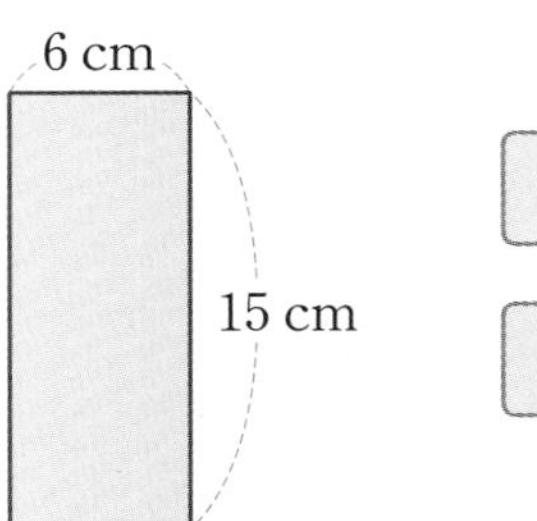

비 6 : 15

비율 $\frac{6}{15}=\frac{2}{5}=\frac{4}{10}=0.4$

✲ 직사각형의 세로에 대한 가로의 비율을 소수로 나타내려고 합니다. □ 안에 알맞은 수를 써넣으시오.

1

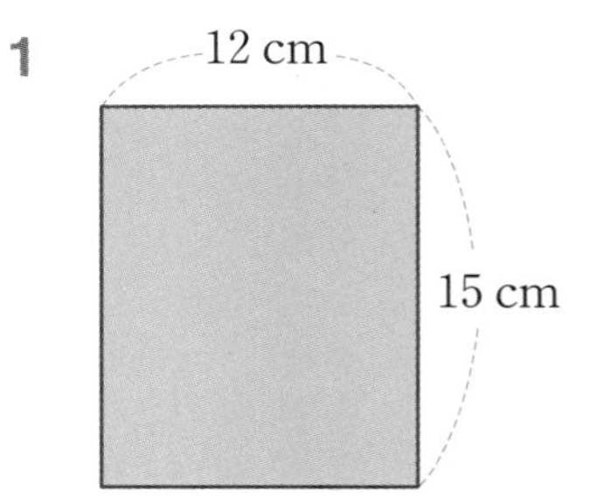

비 □ : 15

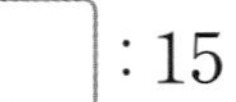

비율 $\frac{12}{15}=\frac{4}{5}=\frac{\square}{10}=\square$

2

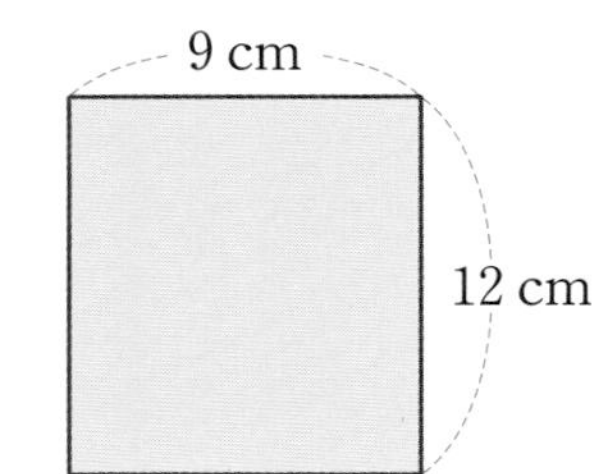

비 □ : 12

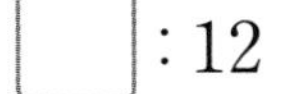

비율 $\frac{\square}{12}=\frac{\square}{4}=\frac{\square}{100}=\square$

✲ 비율을 소수로 나타내시오.

3 1 : 5

➡ (　　　　　　　　)

4 3 : 25

➡ (　　　　　　　　)

5 8에 대한 5의 비

➡ (　　　　　　　　)

6 16의 32에 대한 비

➡ (　　　　　　　　)

7 24와 16의 비

➡ (　　　　　　　　)

8 18과 40의 비

➡ (　　　　　　　　)

날짜 : 월 일
부모님 확인

공을 던진 횟수가 기준량, 넣은 횟수가 비교하는 양이에요.

✲ 우성이와 지훈이는 농구공 던져 넣기를 했습니다. 두 친구의 성공률을 소수로 나타내시오.

우성

지훈

9 공을 30번 던져서 21번을 넣었어요. (　　　　　)

10 공을 30번 던져서 24번을 넣었어요. (　　　　　)

11 공을 50번 던져서 30번을 넣었어요. (　　　　　)

12 공을 45번 던져서 36번을 넣었어요. (　　　　　)

13 공을 40번 던져서 28번을 넣었어요. (　　　　　)

14 공을 28번 던져서 21번을 넣었어요. (　　　　　)

15 공을 40번 던져서 34번을 넣었어요. (　　　　　)

16 공을 40번 던져서 14번을 넣었어요. (　　　　　)

17 공을 50번 던져서 40번을 넣었어요. (　　　　　)

18 공을 50번 던져서 22번을 넣었어요. (　　　　　)

04 비교하는 양, 기준량 구하기

비교하는 양, 기준량 구하기

- 비율이 0.5, 기준량이 4일 때 비교하는 양 구하기

(비교하는 양) = (기준량) × (비율)
$= 4 \times 0.5 = 2$

- 비율이 $\frac{1}{2}$, 비교하는 양이 3일 때 기준량 구하기

$(\text{비율}) = \frac{(\text{비교하는 양})}{(\text{기준량})}$

➡ $\frac{1}{2} = \frac{3}{(\text{기준량})}$ (×3) ➡ (기준량) = 6

✲ 비율과 기준량이 다음과 같을 때 비교하는 양을 구하시오.

1 비율: $\frac{1}{4}$, 기준량: 16 ➡ ☐

2 비율: $\frac{6}{7}$, 기준량: 42 ➡ ☐

3 비율: 0.9, 기준량: 10 ➡ ☐

4 비율: 0.14, 기준량: 50 ➡ ☐

5 비율: 15 %, 기준량: 20 ➡ ☐ ($\frac{15}{100} = \frac{3}{20}$)

6 비율: 60 %, 기준량: 5 ➡ ☐

✲ 비율과 비교하는 양이 다음과 같을 때 기준량을 구하시오.

7 비율: $\frac{2}{5}$, 비교하는 양: 4 ➡ ☐

8 비율: $\frac{3}{8}$, 비교하는 양: 12 ➡ ☐

9 비율: 0.25, 비교하는 양: 4 ➡ ☐

10 비율: 0.6, 비교하는 양: 3 ➡ ☐

11 비율: 30 %, 비교하는 양: 3 ➡ ☐

12 비율: 45 %, 비교하는 양: 9 ➡ ☐

날짜 : 월 일
부모님 확인

✲ 어느 빵집에서 빵을 사면 빵 가격의 2 %를 포인트로 적립해 준다고 합니다. 각 빵을 한 개 사면 포인트로 얼마를 적립받게 되는지 알아보시오.

(빵 가격 → 기준량, 2 % → 비율)

13 ➡ $7500 \times 0.02 =$ ☐ (원)

14 ➡ $4800 \times 0.02 =$ ☐ (원)

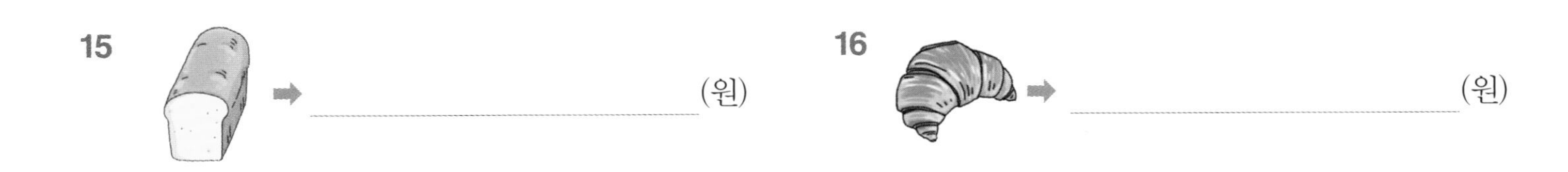

15 ➡ ________ (원)

16 ➡ ________ (원)

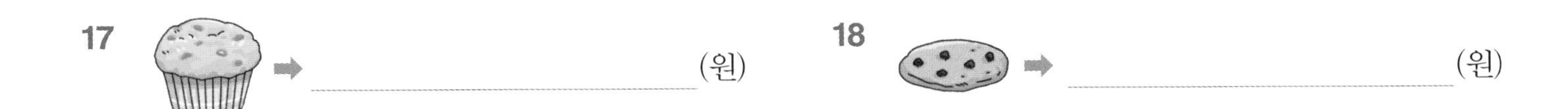

17 ➡ ________ (원)

18 ➡ ________ (원)

생일엔 2배 적립이니까 생일날 머핀을 1개 사면 포인트로 ________ 원을 적립받을 수 있어요.

05 걸린 시간에 대한 간 거리의 비율

⊡ 걸린 시간에 대한 간 거리의 비율을 구하기

200 km를 가는 데 4시간이 걸렸을 때 걸린 시간에 대한 간 거리의 비율

➡ $\frac{200}{4}$ $(=50)$

기준량은 걸린 시간이고
비교하는 양은
간 거리입니다.

✲ 걸린 시간에 대한 간 거리의 비율을 구하시오.

1

간 거리	걸린 시간
540 km	2시간

➡

2

간 거리	걸린 시간
440 km	2시간

➡

3

간 거리	걸린 시간
260 km	4시간

➡

4

간 거리	걸린 시간
960 km	16시간

➡

5

간 거리	걸린 시간
480 km	12시간

➡

6

간 거리	걸린 시간
573 km	3시간

➡

7

간 거리	걸린 시간
360 km	15시간

➡

8

간 거리	걸린 시간
1200 km	15시간

➡

✲ 걸린 시간에 대한 간 거리의 비율을 구하시오.

9

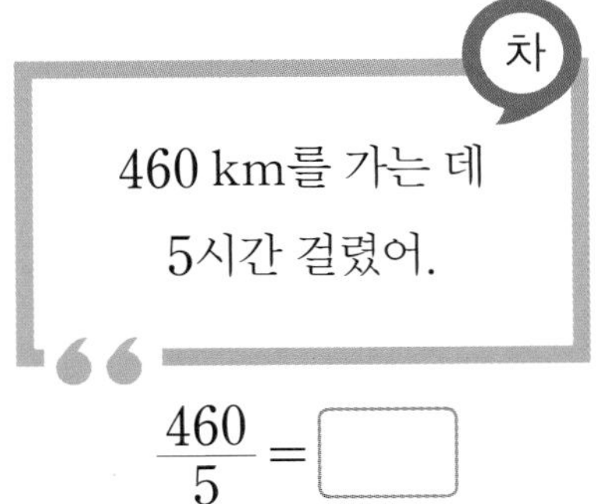

$\frac{460}{5}=\square$

10

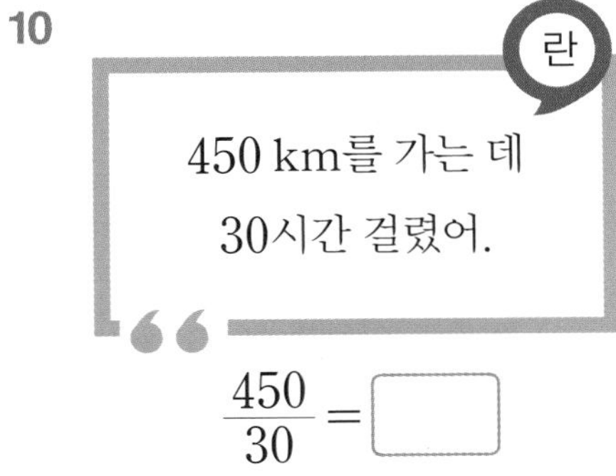

$\frac{450}{30}=\square$

11

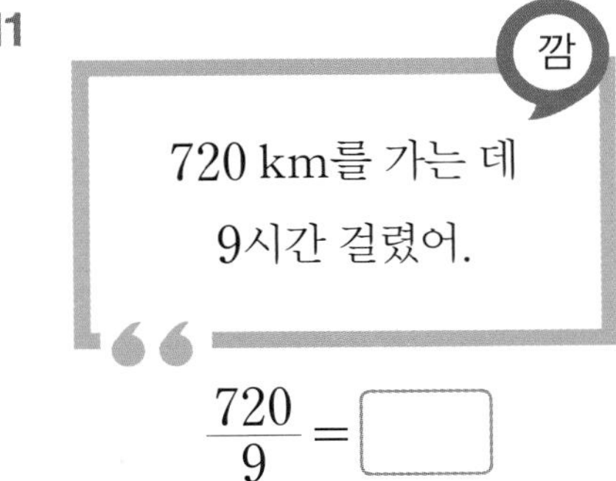

$\frac{720}{9}=\square$

12

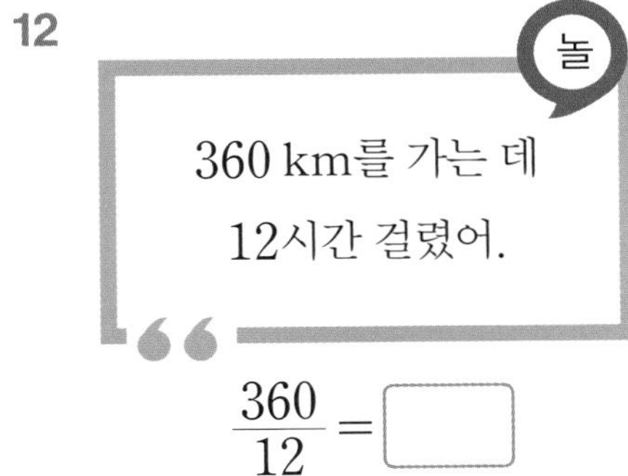

$\frac{360}{12}=\square$

13

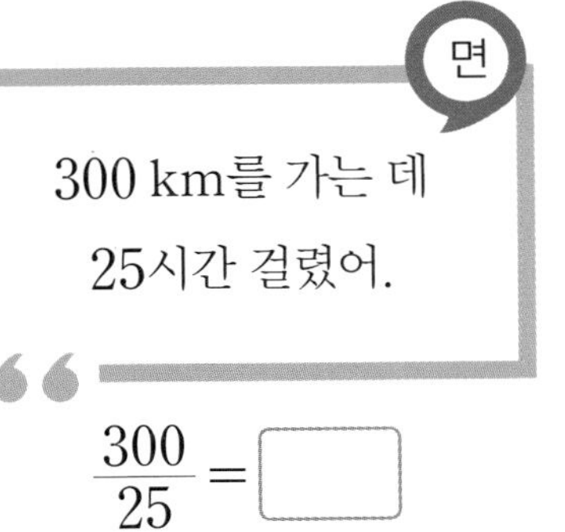

$\frac{152}{2}=\square$

14

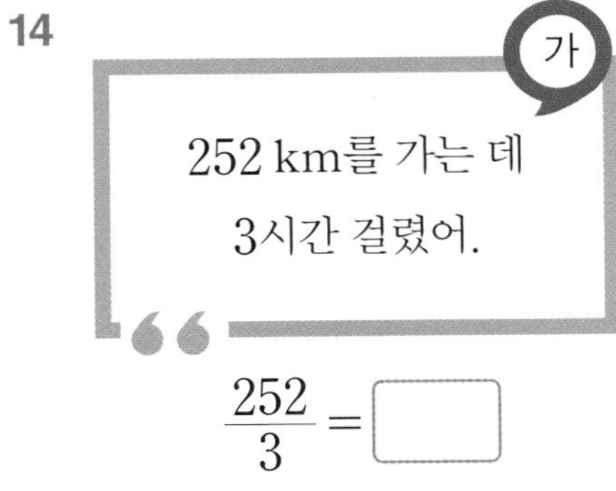

$\frac{252}{3}=\square$

15

$\frac{300}{25}=\square$

16

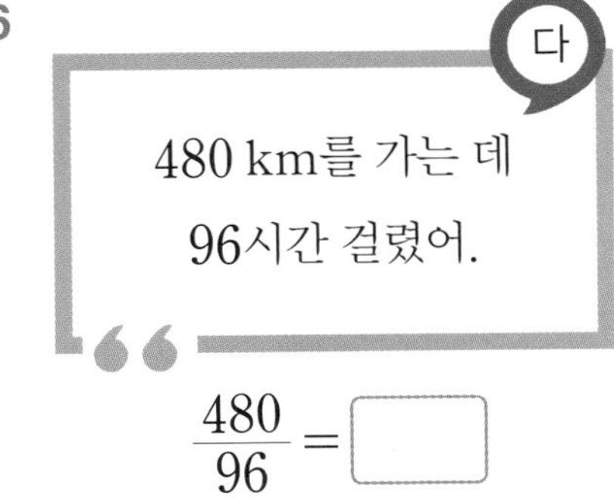

$\frac{480}{96}=\square$

계산 결과에 해당하는 글자를 써넣어 만든 수수께끼의 답은 무엇일까요?

수수께끼

92	84	80	76	30	15	5	12

?

06 넓이에 대한 인구의 비율

넓이에 대한 인구의 비율을 구하기

$2\,km^2$에 인구가 150명일 때 넓이에 대한 인구의 비율

➡ $\frac{150}{2}(=75)$

기준량은 넓이이고
비교하는 양은 인구입니다.

✲ 넓이에 대한 인구의 비율을 구하여 자연수로 나타내시오.

1

넓이 (km^2)	인구 (명)
32	896

➡ ______

2

넓이 (km^2)	인구 (명)
12	6240

➡ ______

3

넓이 (km^2)	인구 (명)
25	4200

➡ ______

4

넓이 (km^2)	인구 (명)
160	12800

➡ ______

5

넓이 (km^2)	인구 (명)
142	17750

➡ ______

6

넓이 (km^2)	인구 (명)
250	22500

➡ ______

7

넓이 (km^2)	인구 (명)
180	23400

➡ ______

8

넓이 (km^2)	인구 (명)
210	31500

➡ ______

✲ 어느 해 세계 여러 도시의 인구와 넓이를 나타낸 것입니다. 각 도시의 넓이에 대한 인구의 비율을 구하여 자연수로 나타내시오.

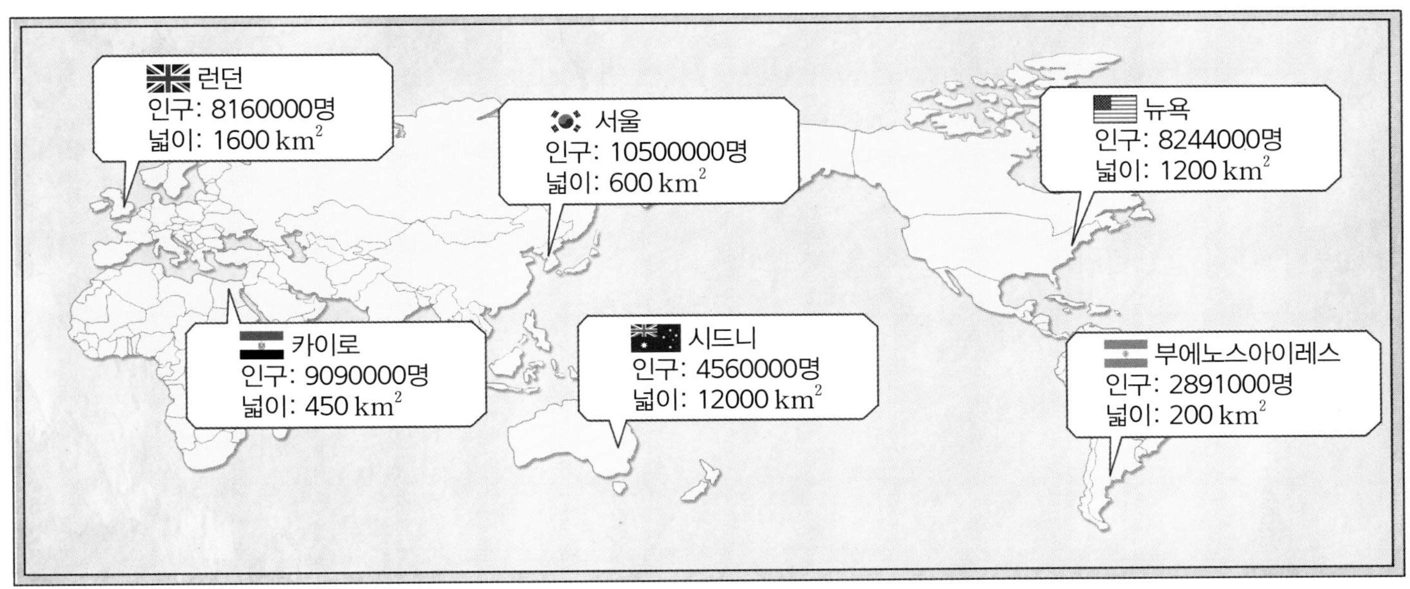

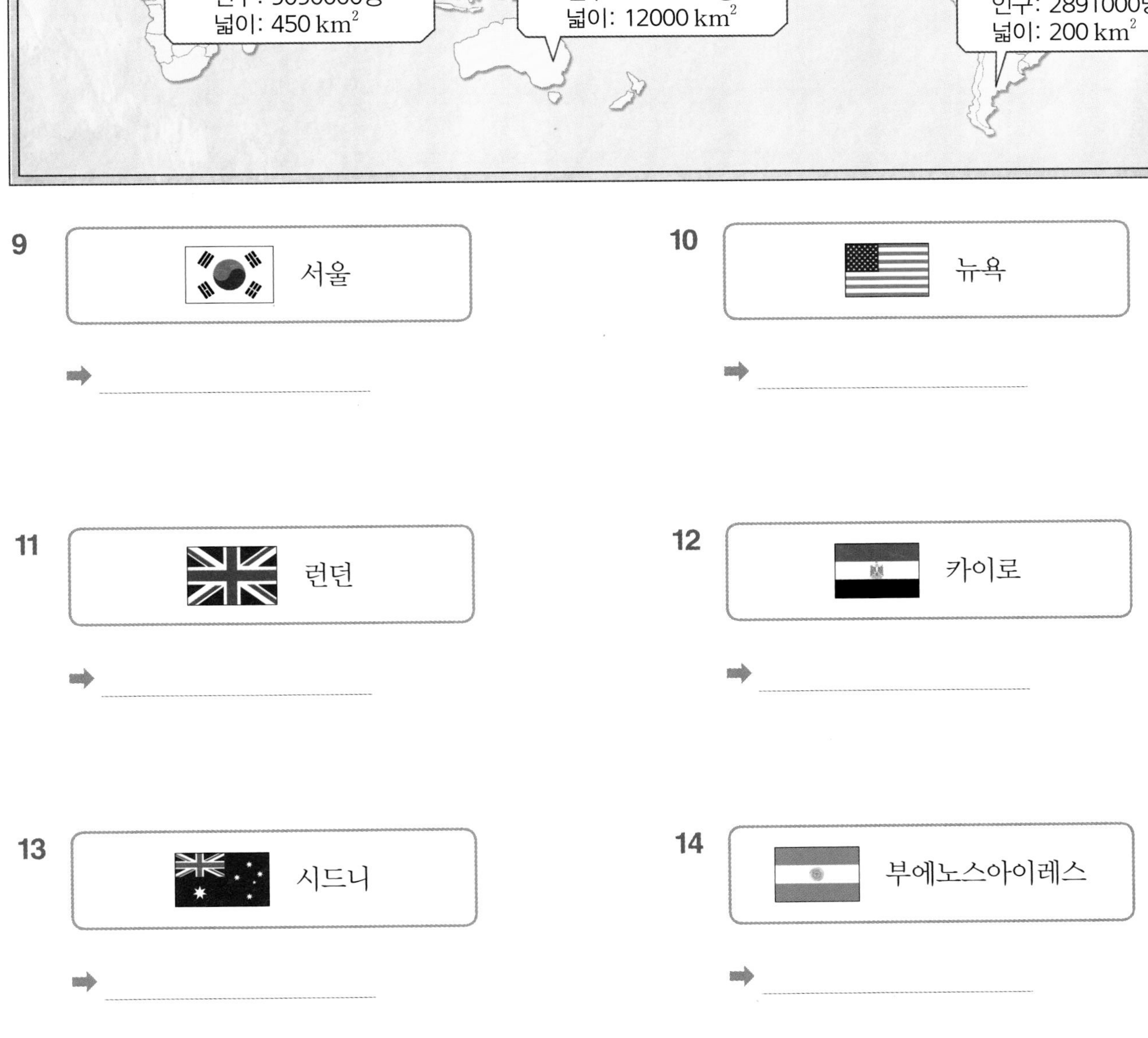

9 서울

➡ ____________

10 뉴욕

➡ ____________

11 런던

➡ ____________

12 카이로

➡ ____________

13 시드니

➡ ____________

14 부에노스아이레스

➡ ____________

07 비율을 백분율로 나타내기

백분율로 나타내기

└→ 기준량을 100으로 할 때의 비율

• $\frac{1}{2}$을 백분율로 나타내기

$\frac{1}{2} \times 100 = 50$ ➡ 50 %

└→ 계산한 값에 %를 붙여요.

• 0.5를 백분율로 나타내기

$0.5 \times 100 = 50$ ➡ 50 %

백분율은 비율에 100을 곱해서 나온 값에 기호 %를 붙이면 돼요.

쓰기 %　**읽기** 퍼센트

✲ 비율을 백분율로 나타내시오.

1 $\frac{3}{4}$ ➡ (　　　　　　　　)

2 0.3 ➡ (　　　　　　　　)

3 $\frac{7}{10}$ ➡ (　　　　　　　　)

4 0.42 ➡ (　　　　　　　　)

5 $\frac{11}{25}$ ➡ (　　　　　　　　)

6 0.15 ➡ (　　　　　　　　)

7 $\frac{13}{20}$ ➡ (　　　　　　　　)

8 0.09 ➡ (　　　　　　　　)

9 $\frac{39}{50}$ ➡ (　　　　　　　　)

10 0.125 ➡ (　　　　　　　　)

✲ 인형 가게에서 인형을 할인하여 판매하고 있습니다. 각 인형은 몇 %를 할인하여 판매하는지 구하시오.

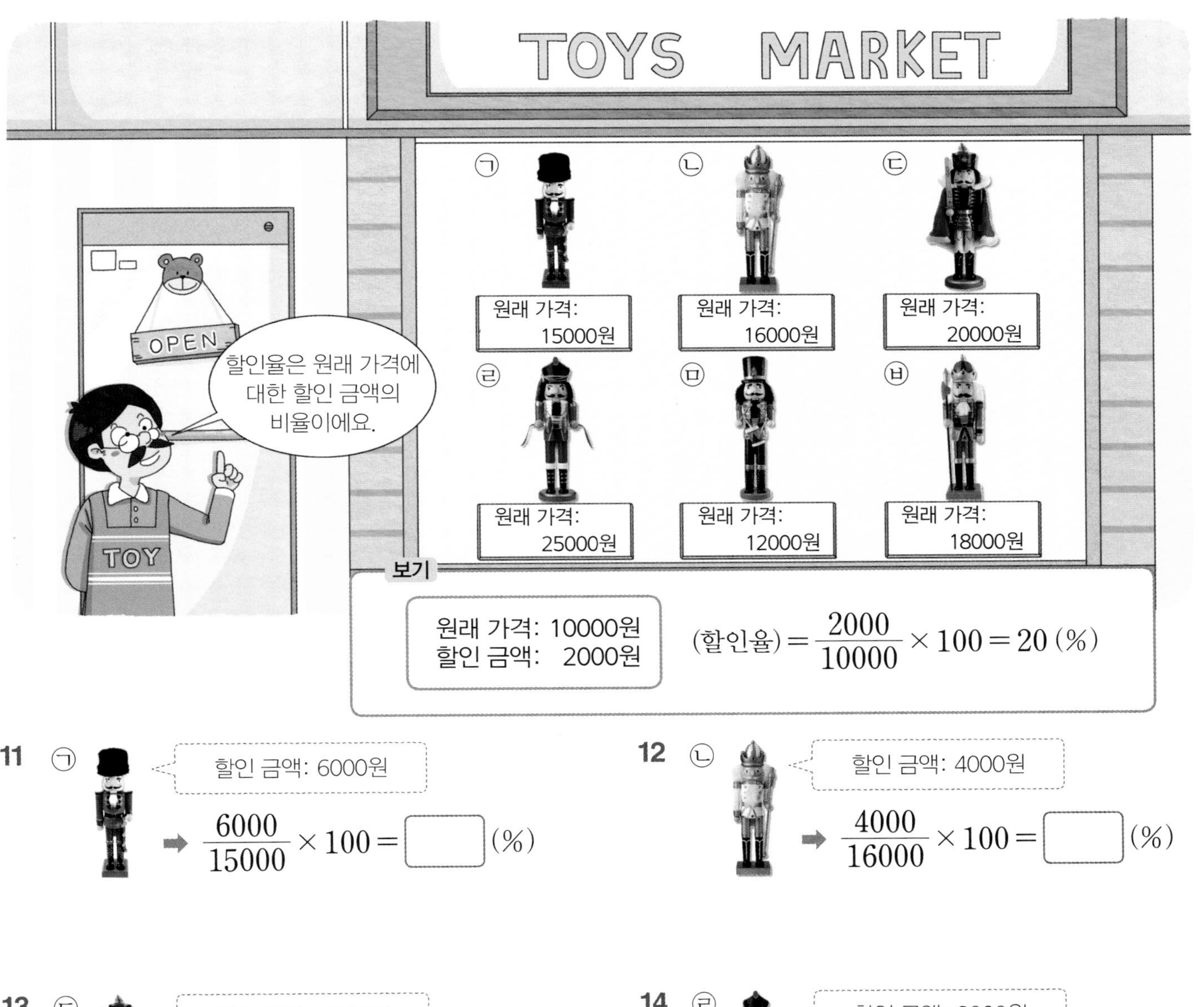

보기

원래 가격: 10000원
할인 금액: 2000원

$(\text{할인율}) = \dfrac{2000}{10000} \times 100 = 20\ (\%)$

11 ㉠ 할인 금액: 6000원

➡ $\dfrac{6000}{15000} \times 100 = \square\ (\%)$

12 ㉡ 할인 금액: 4000원

➡ $\dfrac{4000}{16000} \times 100 = \square\ (\%)$

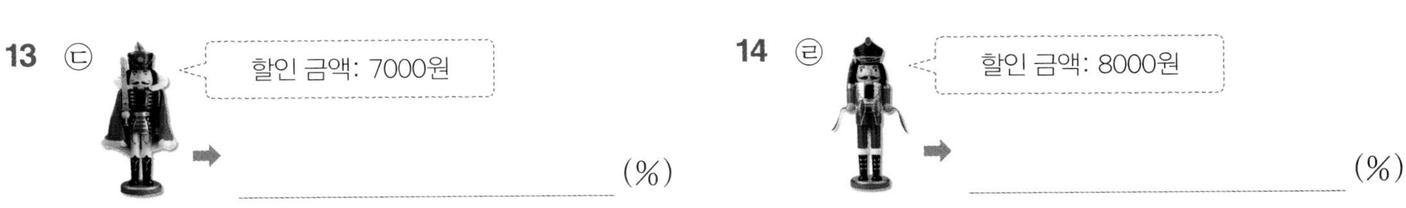

13 ㉢ 할인 금액: 7000원

➡ ______ (%)

14 ㉣ 할인 금액: 8000원

➡ ______ (%)

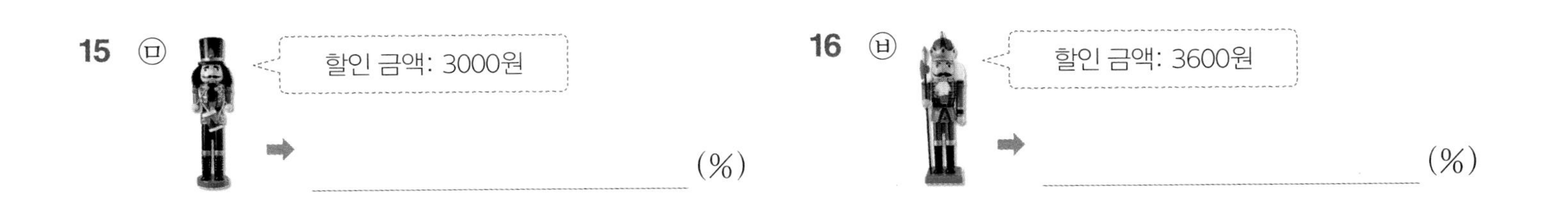

15 ㉤ 할인 금액: 3000원

➡ ______ (%)

16 ㉥ 할인 금액: 3600원

➡ ______ (%)

백분율을 분수로 나타내기

25 %를 분수로 나타내기

$$25\ \% \Rightarrow \frac{25}{100} = \frac{1}{4}$$

기약분수로 나타낼 수 있어요.

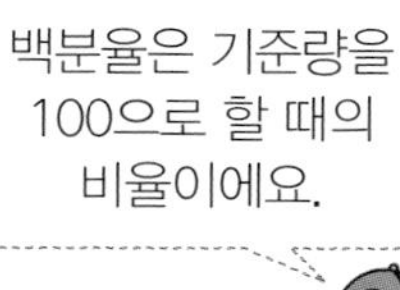

백분율을 기약분수로 나타내시오.

1 2 % ➡ (   )

2 9 % ➡ (   )

3 16 % ➡ (   )

4 22 % ➡ (   )

5 36 % ➡ (   )

6 64 % ➡ (   )

7 48 % ➡ (   )

8 57 % ➡ (   )

9 63 % ➡ (   )

10 87 % ➡ (   )

✲ 백분율을 분수로 나타낸 것입니다. 잘못 나타낸 것을 모두 찾아 ×표 하시오.

11

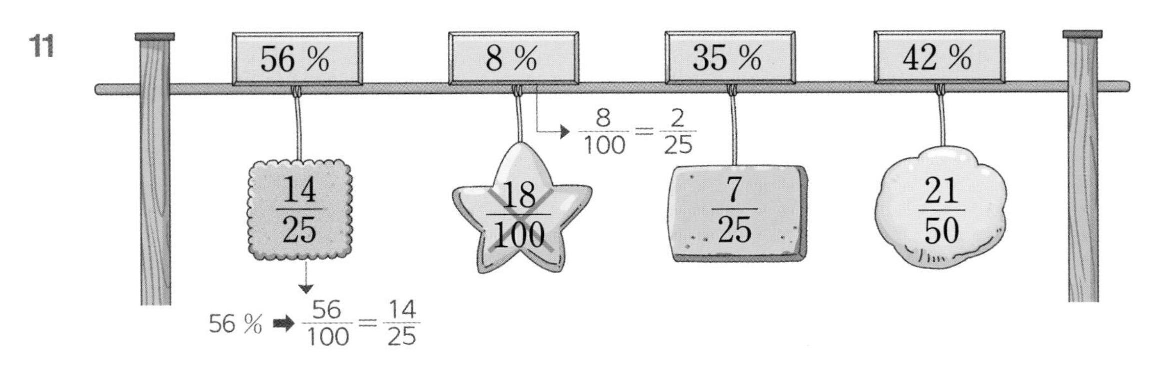

12

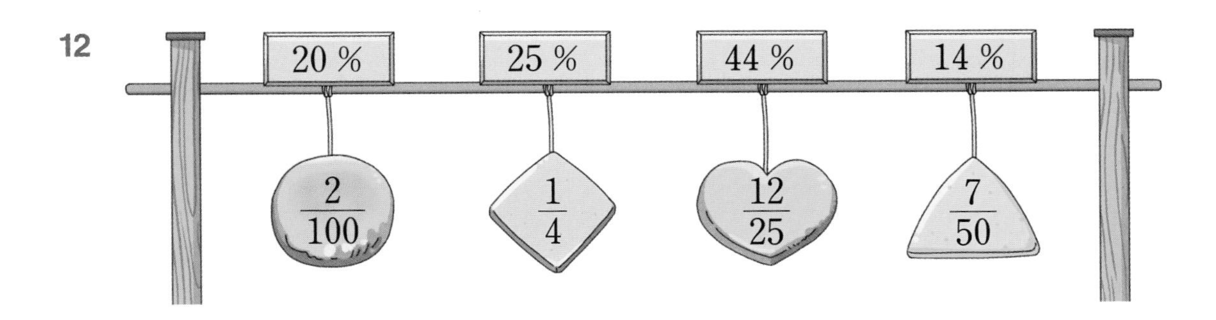

13

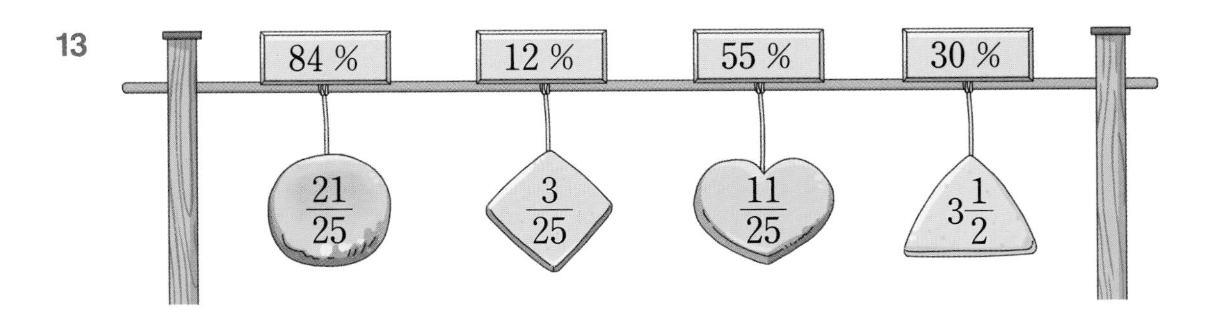

14

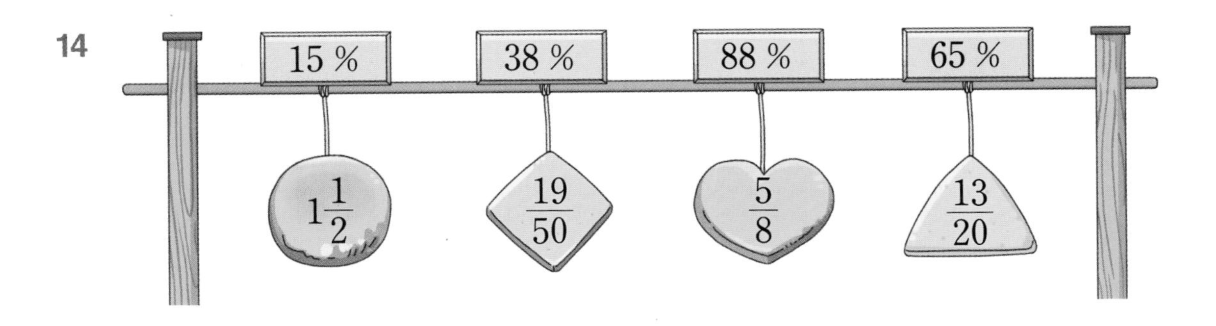

09 백분율을 소수로 나타내기

25 %를 소수로 나타내기

- $25\ \% \Rightarrow \frac{25}{100} = 0.25$ → 백분율은 기준량을 100으로 했을 때의 비율이므로 분모가 100인 분수로 먼저 나타내고 소수로 바꾸어요.
- $25.3\ \% \Rightarrow 0.253$ → 백분율에서 %를 빼고 소수점을 왼쪽으로 두 자리 옮겨요. 25.3 % ➡ 25.3 ➡ 0.253

분모가 100인 분수는 소수 두 자리 수로 나타낼 수 있어요.

✲ 백분율을 소수로 나타내시오.

1 14 % ➡ (   )

2 29 % ➡ (   )

3 8 % ➡ (   )

4 56 % ➡ (   )

5 21.7 % ➡ (   )

6 42.5 % ➡ (   )

7 34 % ➡ (   )

8 67.3 % ➡ (   )

9 76 % ➡ (   )

10 83.1 % ➡ (   )

날짜 :　　월　　일
부모님 확인

✲ 백분율을 소수로 나타내시오.

11
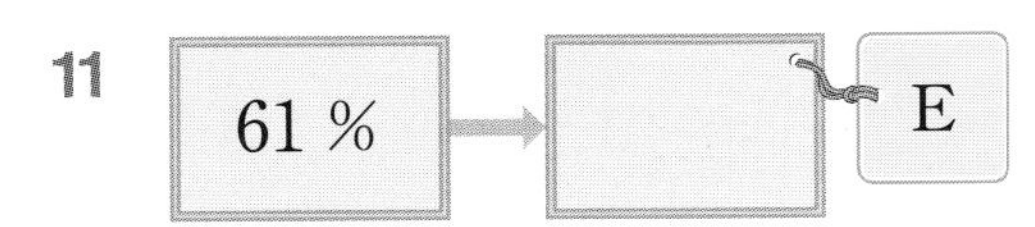

12
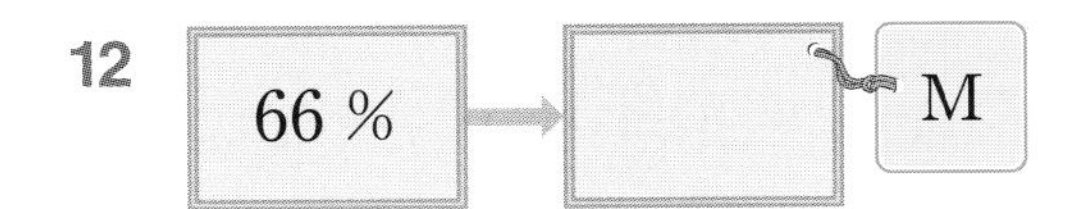

13
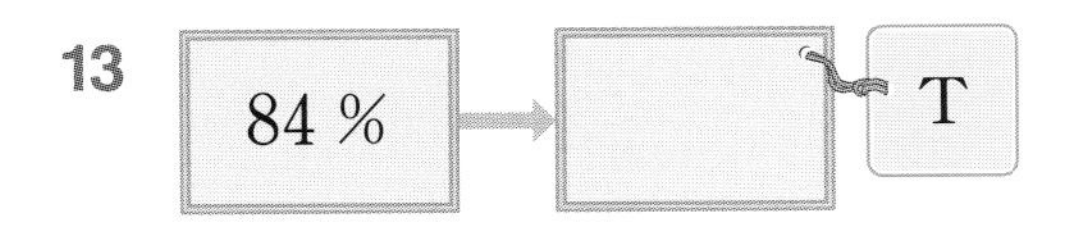

14
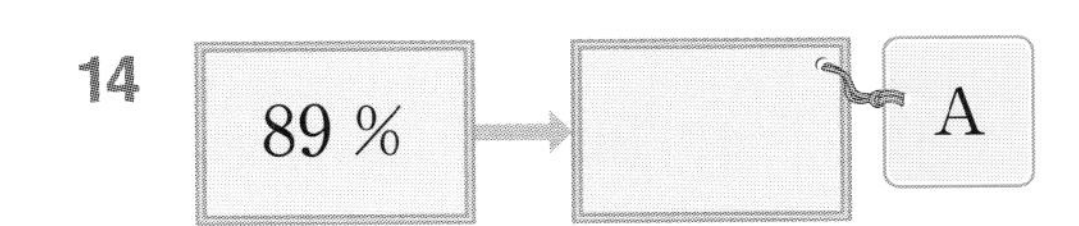

15
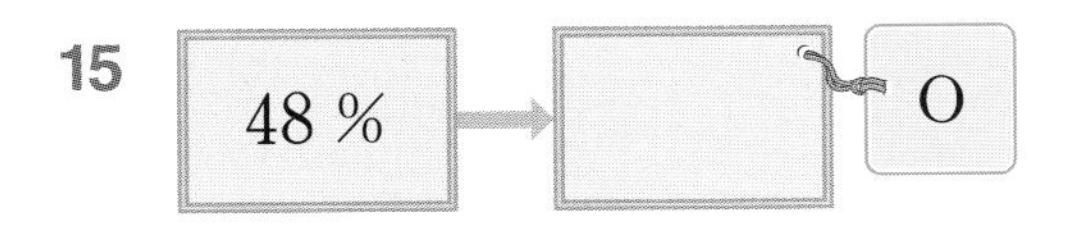

16
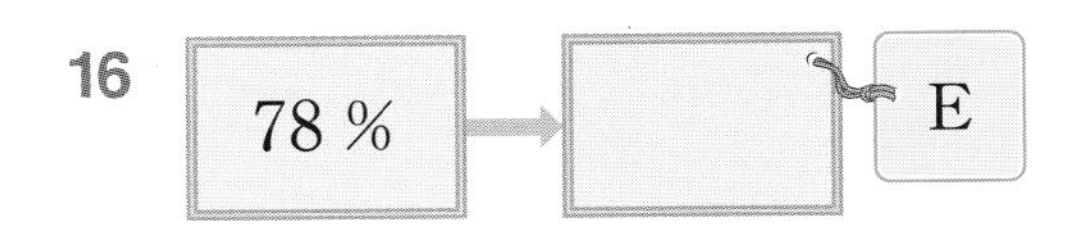

17
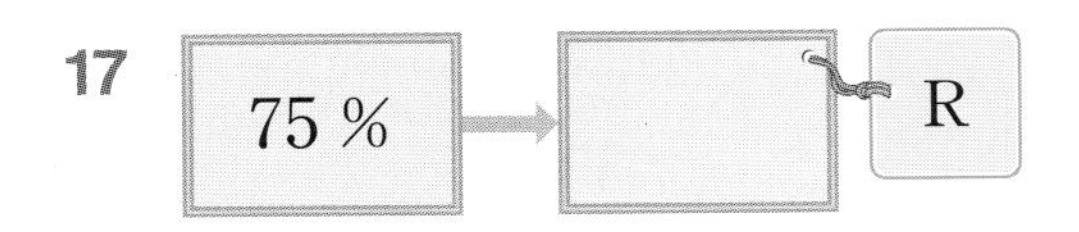

18
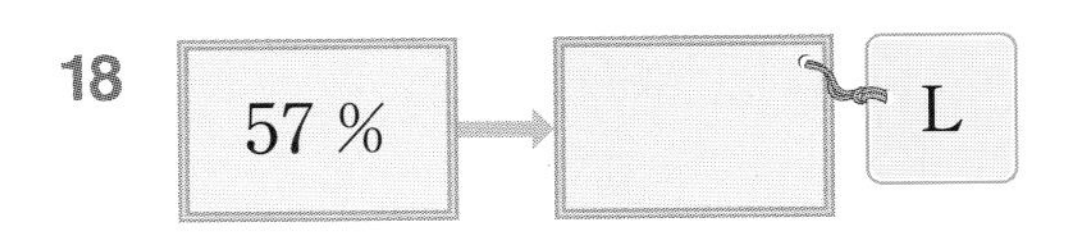

19
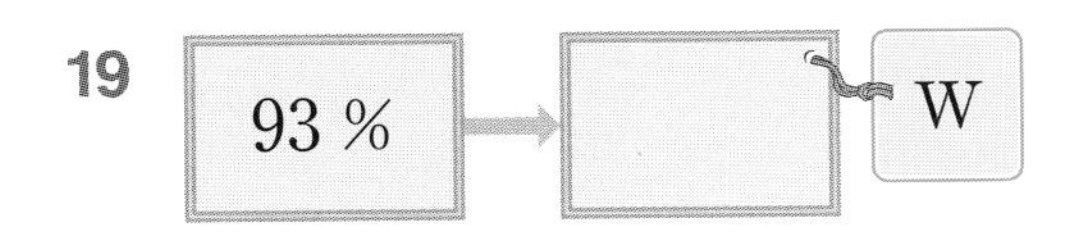

20
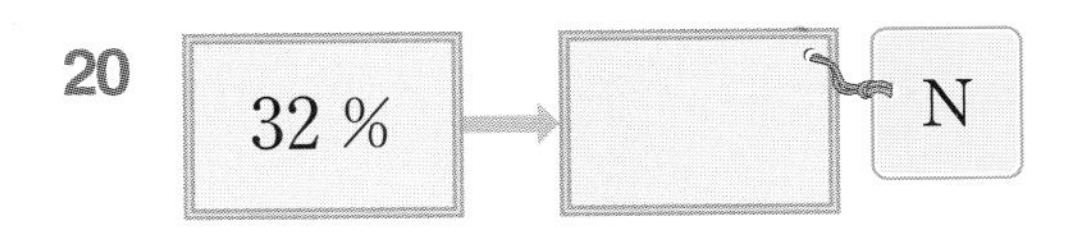

수박은 영어로 무엇일까요?
□ 안의 수가 큰 것부터 빈칸에
알파벳을 써넣으면 알 수 있어요.

10 생활 속에서 백분율이 사용되는 경우

소금물 양에 대한 소금 양의 비율을 %로 나타내기

소금 10 g을 녹여 소금물 200 g을 만들었을 때

소금물 양에 대한 소금 양의 비율을 %로 나타내기

$$\frac{10}{200} = 10 \div 200 = 0.05 \Rightarrow 5\ \%$$

(분자: 소금 양, 분모: 소금물 양)

소금물은 소금과 물을 섞어 만든 것이니까 (소금물의 양) = (물의 양) + (소금의 양) 이에요.

소금물 양에 대한 소금 양의 비율을 %로 나타내시오.

1

소금(g)	소금물(g)
7	140

➡ ______ %

2

소금(g)	소금물(g)
9	150

➡ ______ %

3

소금(g)	소금물(g)
12	120

➡ ______ %

4

소금(g)	소금물(g)
24	200

➡ ______ %

5

소금(g)	소금물(g)
45	300

➡ ______ %

6

소금(g)	소금물(g)
60	500

➡ ______ %

날짜 : 월 일
부모님 확인

✲ 수현이가 여러 가지 과일청을 물과 섞어 과일차를 만들었습니다. 과일차 양에 대한 과일청 양의 비율을 %로 나타내시오.

7

키위청 80 g
키위차 200 g

➡ ______ %

8

오렌지청 60 g
오렌지차 240 g

➡ ______ %

9

체리청 63 g
체리차 210 g

➡ ______ %

10

딸기청 98 g
딸기차 280 g

➡ ______ %

11

귤청 64 g
귤차 320 g

➡ ______ %

12

블루베리청 49 g
블루베리차 350 g

➡ ______ %

13

레몬청 180 g
레몬차 400 g

➡ ______ %

14

복숭아청 125 g
복숭아차 500 g

➡ ______ %

수현이가 만든 과일차 중에서 가장 진한 것은
어떤 차일까요?

11 생활 속에서 비율이 사용되는 여러 가지 경우

야구선수의 타율 (→ 전체 타수에 대한 안타 수의 비율)

- 야구선수 A가 작년에 450타수를 기록하고 135개의 안타를 쳤을 때 이 선수의 타율

➡ $\frac{135}{450}(=0.3)$

지도에서의 축척 (→ 실제 거리에 대한 지도에서의 거리의 비율)

- 실제 거리 800 m(=80000 cm)를 지도에서 4 cm로 그렸을 때 실제 거리에 대한 지도에서의 거리의 비율

➡ $\frac{4}{80000}\left(=\frac{1}{20000}\right)$

✲ 야구선수의 타율을 소수로 나타내시오.

1 280타수를 기록하고 91개의 안타를 쳤어요.

( )

2 400타수를 기록하고 120개의 안타를 쳤어요.

( )

3 320타수를 기록하고 120개의 안타를 쳤어요.

( )

4 350타수를 기록하고 91개의 안타를 쳤어요.

( )

✲ 실제 거리에 대한 지도에서의 거리의 비율을 분수로 나타내시오.

5 실제 거리 800 m
지도에서의 거리 5 cm

( )

6 실제 거리 900 m
지도에서의 거리 3 cm

( )

7 실제 거리 15 km
지도에서의 거리 3 cm

( )

8 실제 거리 12 km
지도에서의 거리 2 cm

( )

날짜 : 월 일

부모님 확인

각 야구선수의 타율을 소수로 나타내시오.

9

400타수를 기록하고 150개의 안타를 쳤어요.

10

200타수를 기록하고 65개의 안타를 쳤어요.

11

400타수를 기록하고 100개의 안타를 쳤어요.

12

200타수를 기록하고 52개의 안타를 쳤어요.

13

320타수를 기록하고 104개의 안타를 쳤어요.

14

300타수를 기록하고 87개의 안타를 쳤어요.

15

400타수를 기록하고 124개의 안타를 쳤어요.

16

350타수를 기록하고 98개의 안타를 쳤어요.

3루수의 타율이 가장 낮다고 합니다. 3루수는 누구일까요?

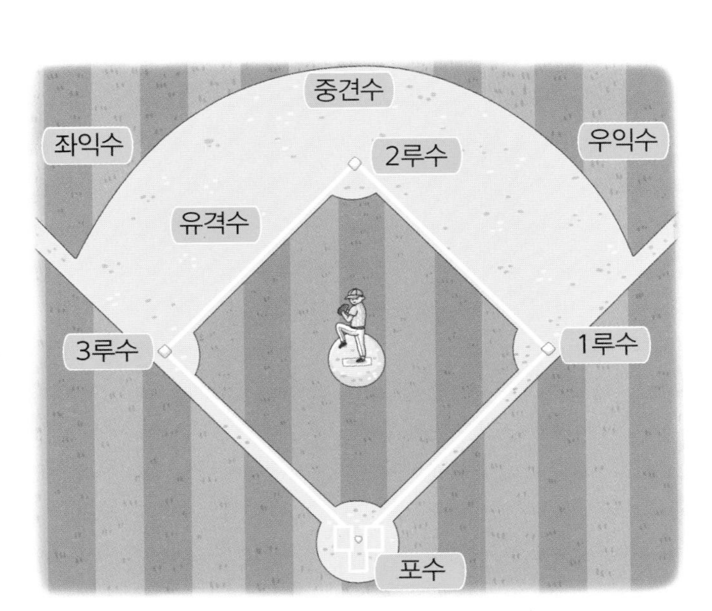

12 집중 연산 A

✲ 비율을 기약분수로 나타내어 ☐ 안에 써넣고, 소수로 나타내어 ◯ 안에 써넣으시오.

1

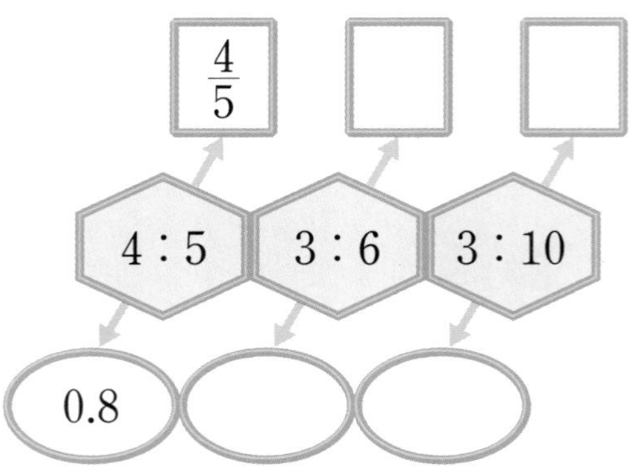

2

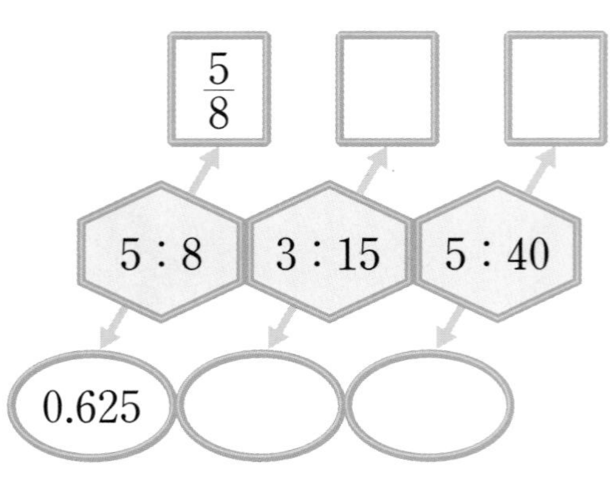

3

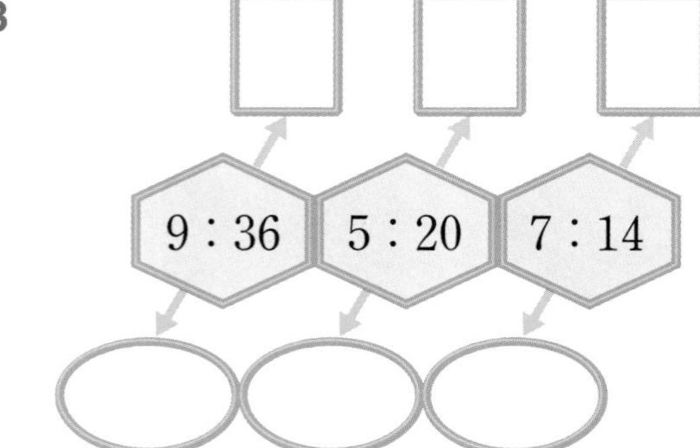

4

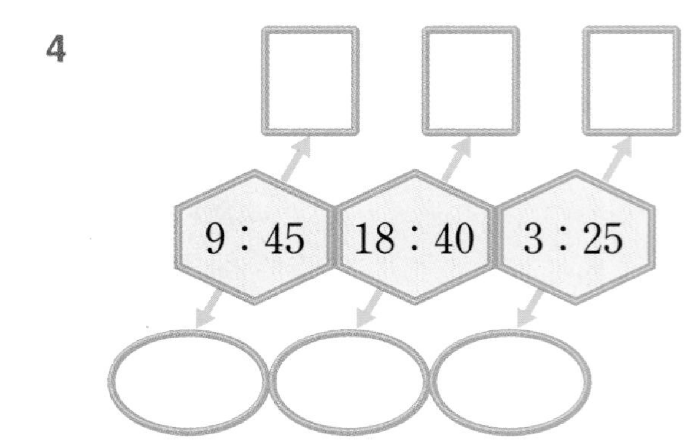

5

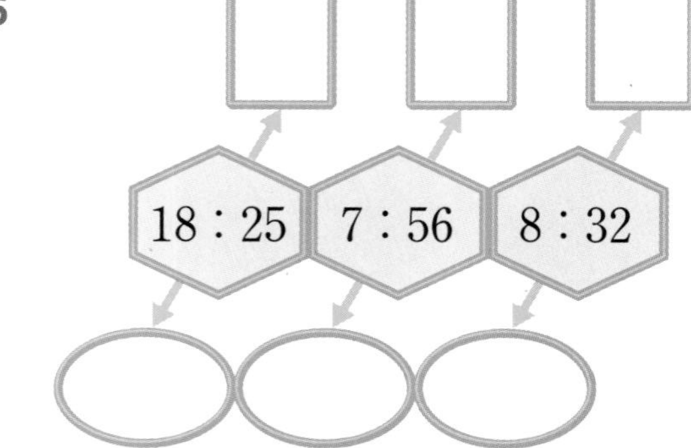

6

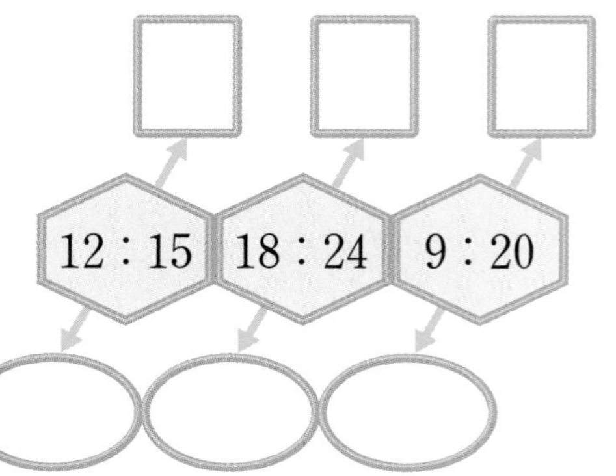

✲ 분수와 소수로 나타낸 비율을 백분율로 나타내시오.

7

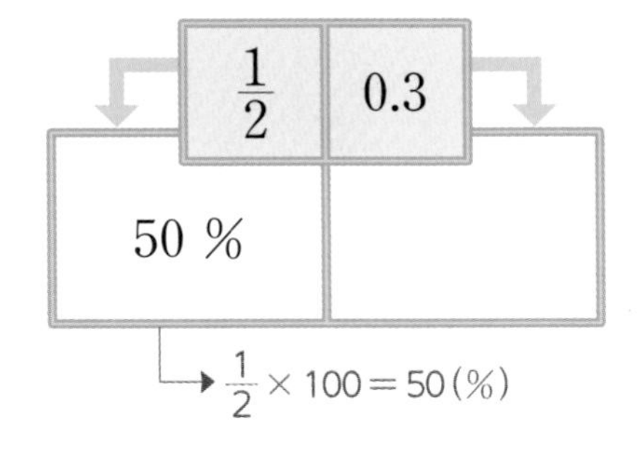

8

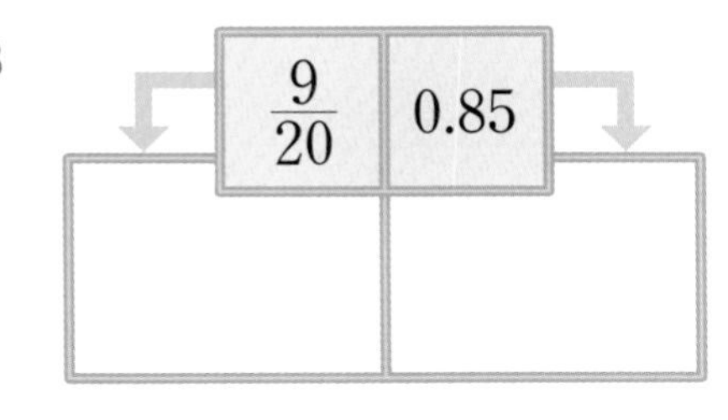

9

$\frac{1}{4}$ 0.16

10

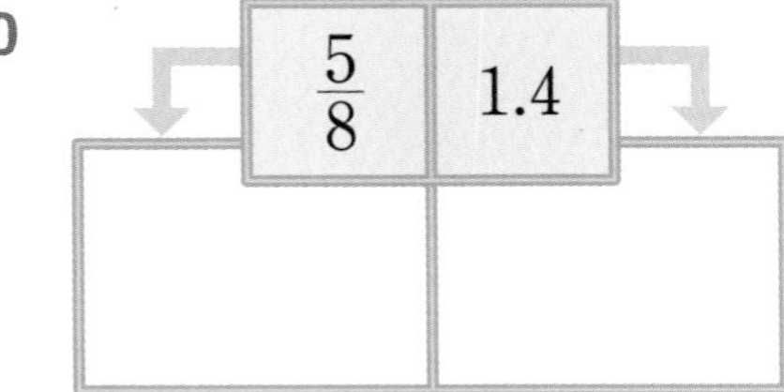

11

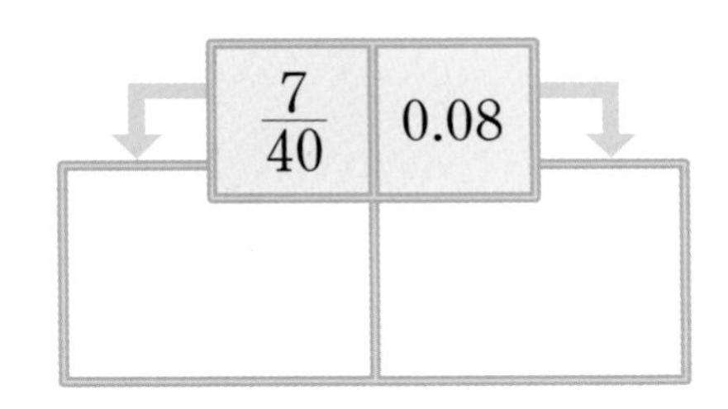

12

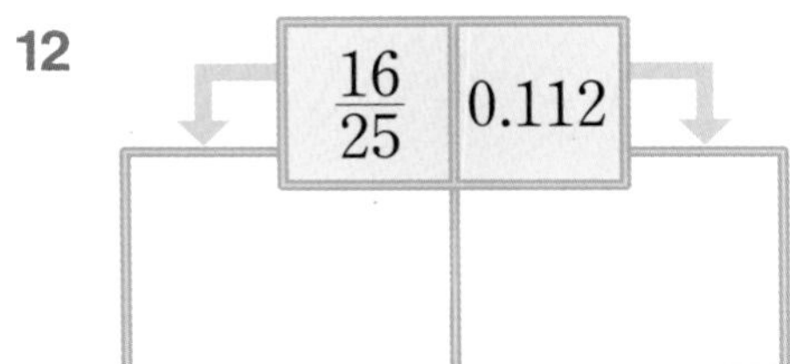

✲ 백분율을 소수로 나타내어 ◯ 안에 써넣고, 기약분수로 나타내어 ◇ 안에 써넣으시오.

13

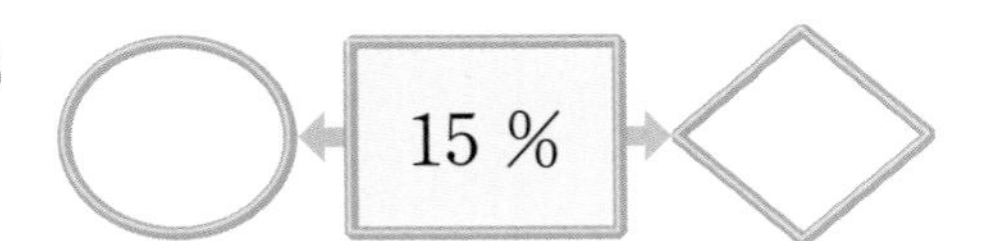

14

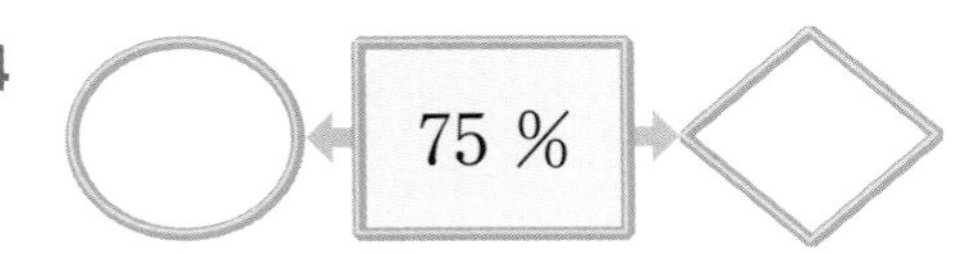

15

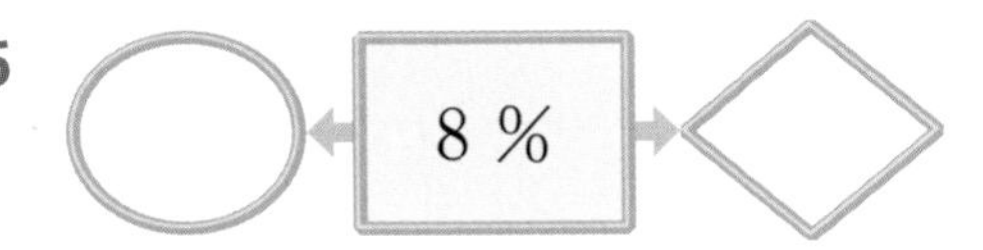

16

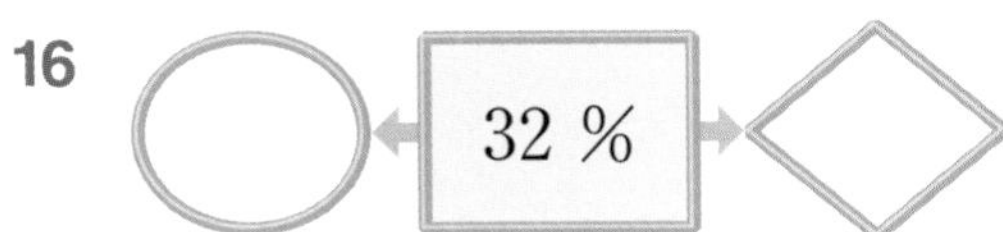

17

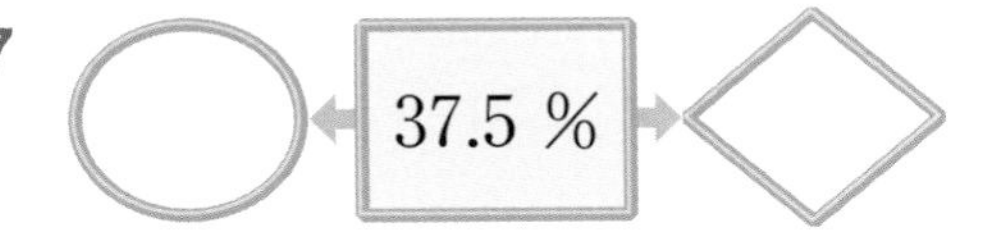

18

17.5 %

13 집중 연산 B

✲ 비율을 분수로 나타내시오.

1 7 : 8

➡ (   )

2 11 : 14

➡ (   )

3 15에 대한 8의 비

➡ (   )

4 11의 18에 대한 비

➡ (   )

5 16과 23의 비

➡ (   )

6 13과 14의 비

➡ (   )

✲ 비율을 소수로 나타내시오.

7 6 : 12

➡ (   )

8 28 : 16

➡ (   )

9 10에 대한 15의 비

➡ (   )

10 20의 8에 대한 비

➡ (   )

11 18과 25의 비

➡ (   )

12 15와 30의 비

➡ (   )

날짜 : 월 일

부모님 확인

✲ 분수와 소수로 나타낸 비율을 백분율로 나타내시오.

13 $\frac{13}{20}$ ➡ ( )

14 0.09 ➡ ( )

15 $\frac{7}{25}$ ➡ ( )

16 0.47 ➡ ( )

17 $\frac{9}{40}$ ➡ ( )

18 0.284 ➡ ( )

✲ 백분율을 기약분수와 소수로 각각 나타내시오.

19 6 %
분수 ( )
소수 ( )

20 14 %
분수 ( )
소수 ( )

21 23 %
분수 ( )
소수 ( )

22 29 %
분수 ( )
소수 ( )

23 47 %
분수 ( )
소수 ( )

24 24.5 %
분수 ( )
소수 ( )

8 직육면체의 부피와 겉넓이

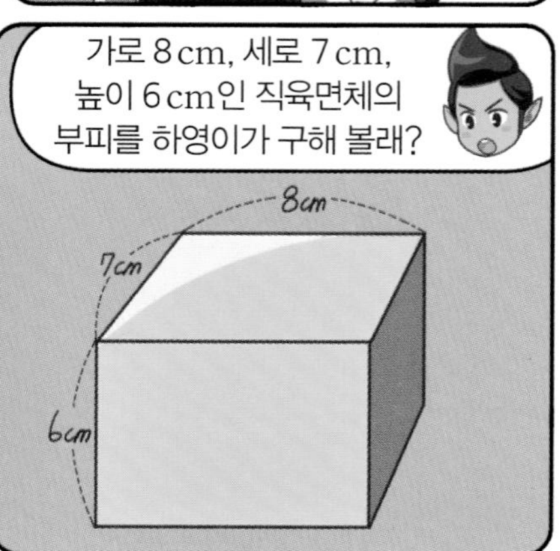

학습 내용

- 직육면체의 부피 구하기
- 정육면체의 부피 구하기
- 여러 가지 입체도형의 부피 구하기
- 직육면체의 겉넓이 구하기
- 정육면체의 겉넓이 구하기

직육면체의 부피 (1)

직육면체의 부피 구하기

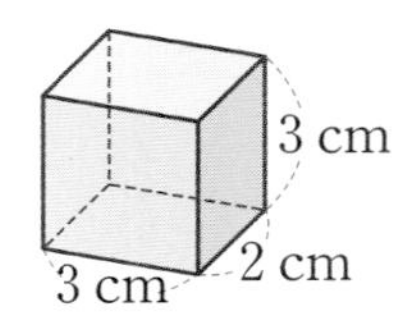

(직육면체의 부피)

$=$ (가로) $\times$ (세로) $\times$ (높이)

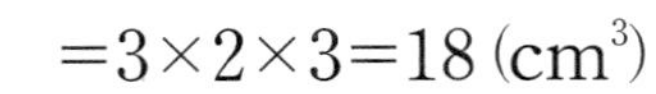

$=3\times2\times3=18\,(\mathrm{cm}^3)$

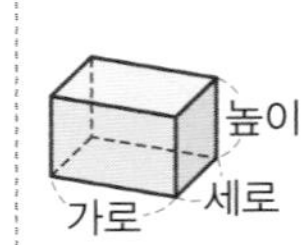

직육면체의 가로, 세로, 높이를 알아야 부피를 구할 수 있어요.

직육면체의 부피를 구하시오.

1

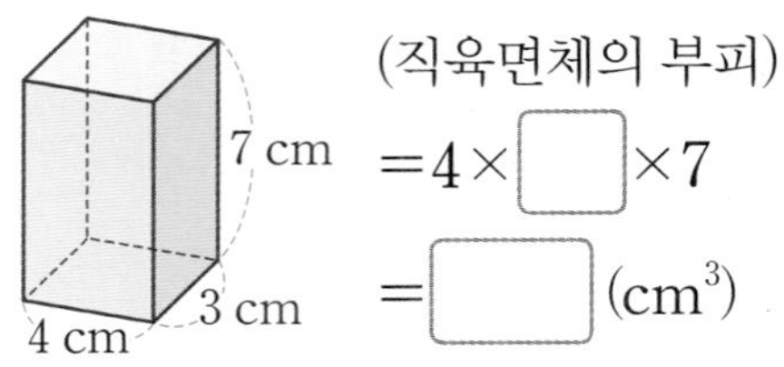

(직육면체의 부피)

$=4\times\square\times7$

$=\square\,(\mathrm{cm}^3)$

2

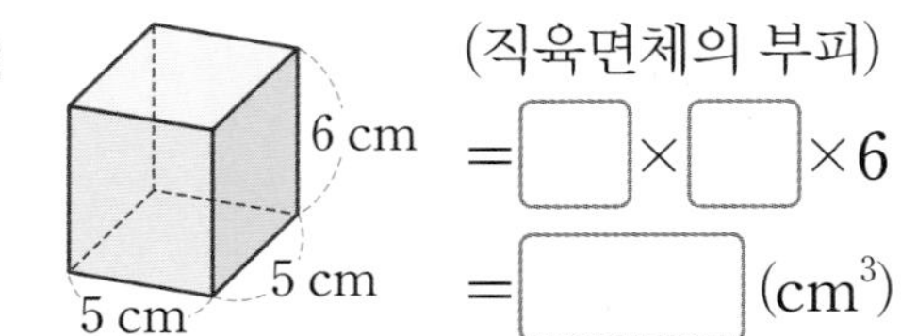

(직육면체의 부피)

$=\square\times\square\times6$

$=\square\,(\mathrm{cm}^3)$

3

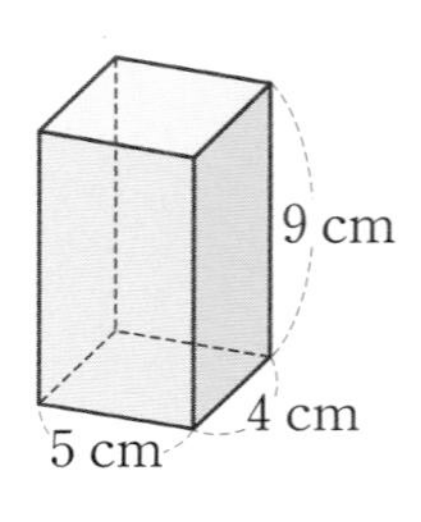

________ cm^3

4

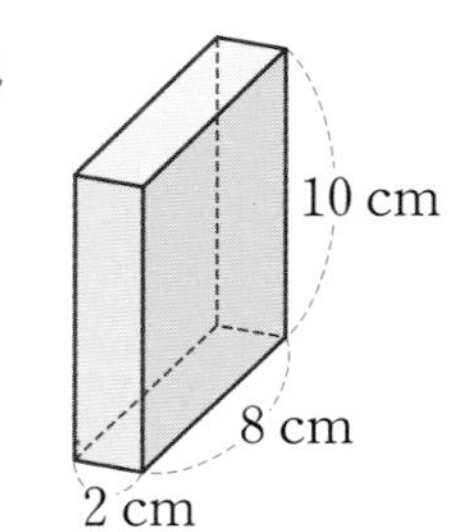

________ cm^3

5

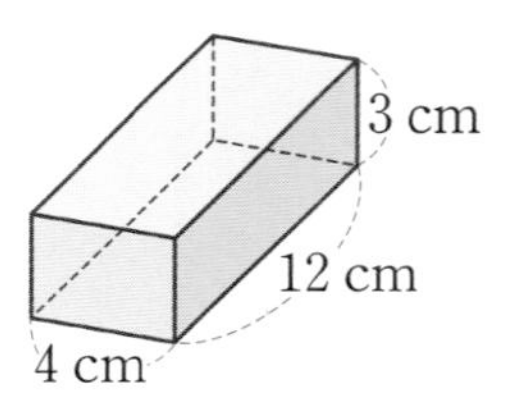

________ cm^3

6

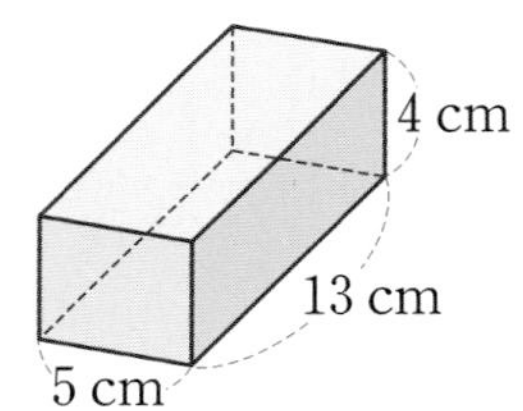

________ cm^3

7

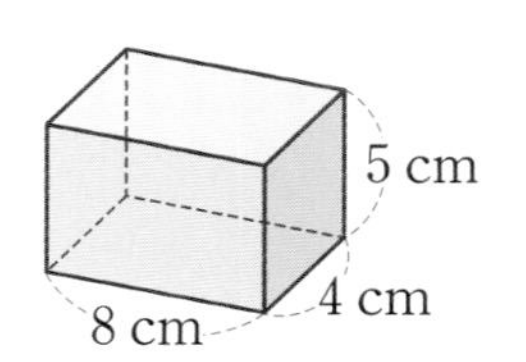

________ cm^3

8

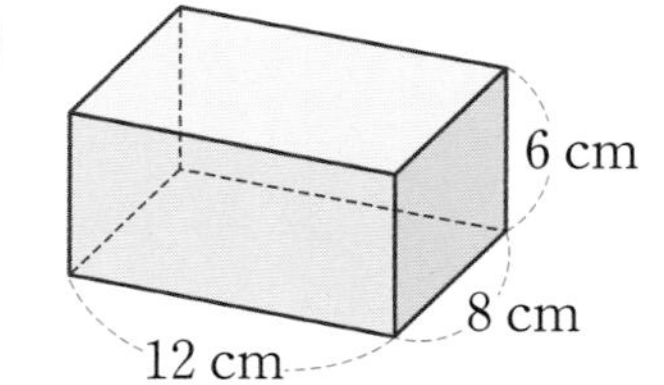

________ cm^3

날짜 : 월 일

부모님 확인

✲ 인아는 어머니와 함께 여러 종류의 직육면체 모양 비누를 만들었습니다. 만든 비누의 부피를 구하시오.

9

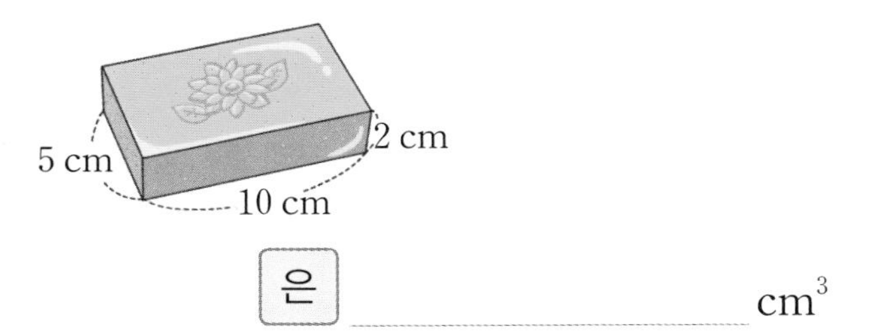

은 ________ cm^3

10

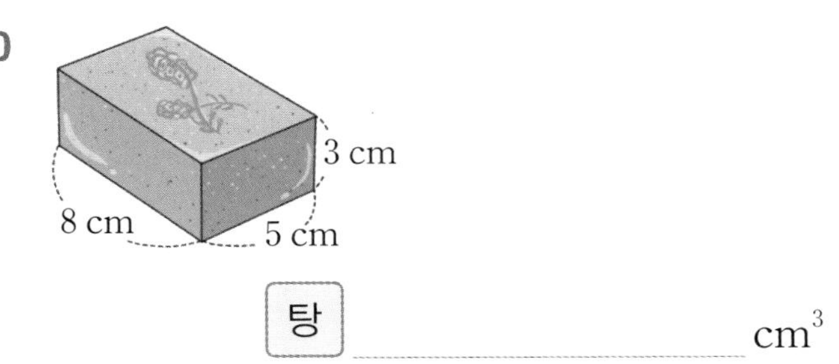

탕 ________ cm^3

11

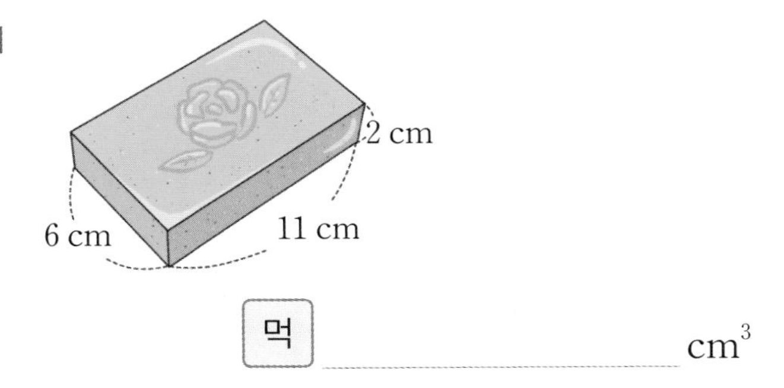

먹 ________ cm^3

12

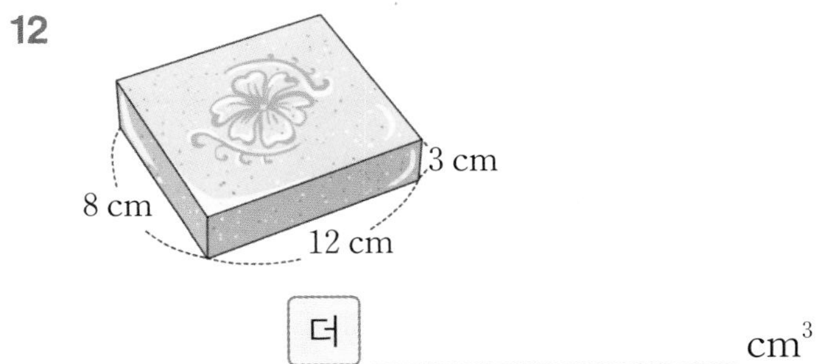

더 ________ cm^3

13

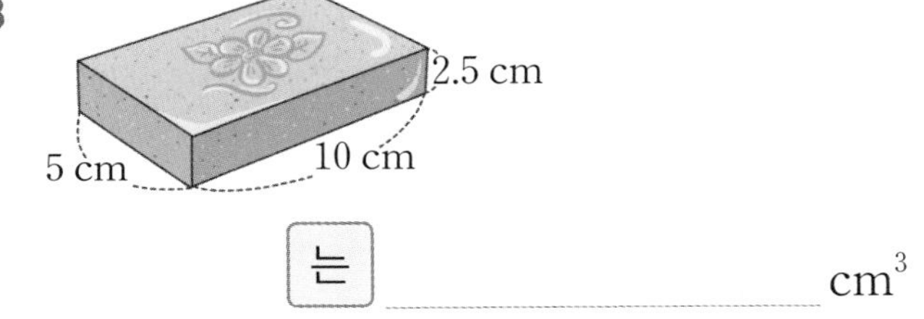

는 ________ cm^3

14

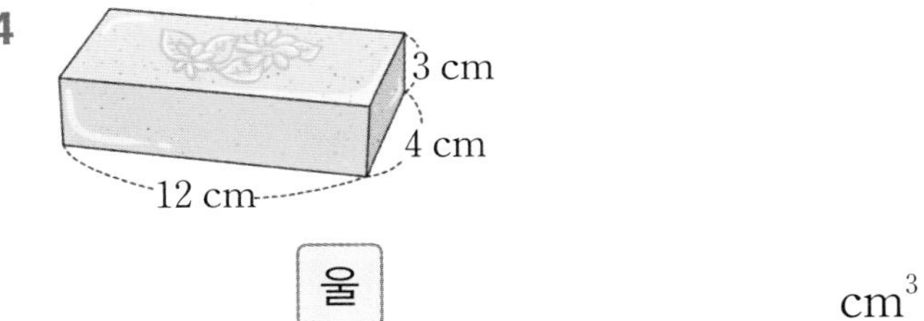

울 ________ cm^3

15

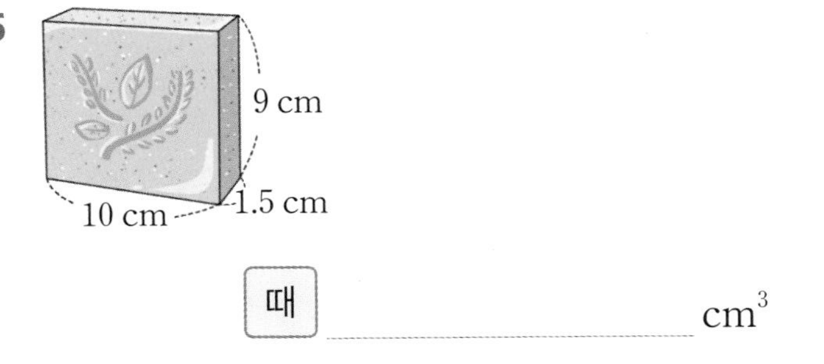

때 ________ cm^3

계산 결과가 큰 순서대로 글자를 써넣어 만든 수수께끼의 답은 무엇일까요?

수수께끼

?

02 직육면체의 부피 (2)

직육면체의 부피는 몇 m^3인지 구하기

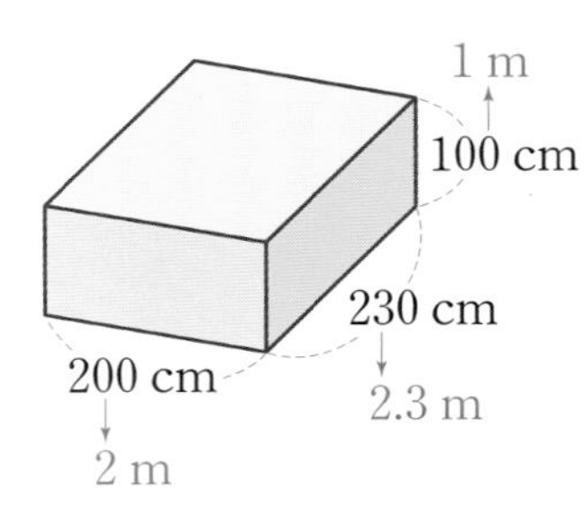

$$(\text{직육면체의 부피})=2\times2.3\times1$$
$$=4.6\ (m^3)$$

100 cm=1 m 임을 이용해서 가로, 세로, 높이를 m로 바꿔 보세요.

직육면체의 부피를 구하시오.

1

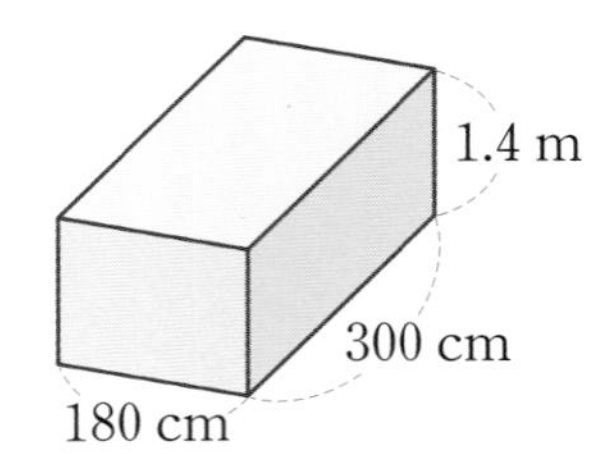

______ m^3

2

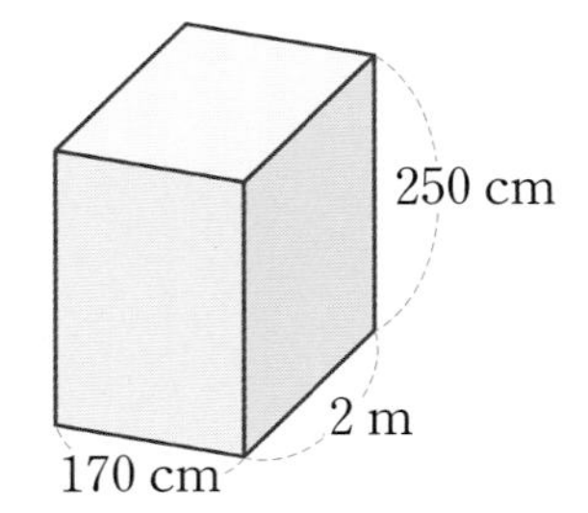

______ m^3

3

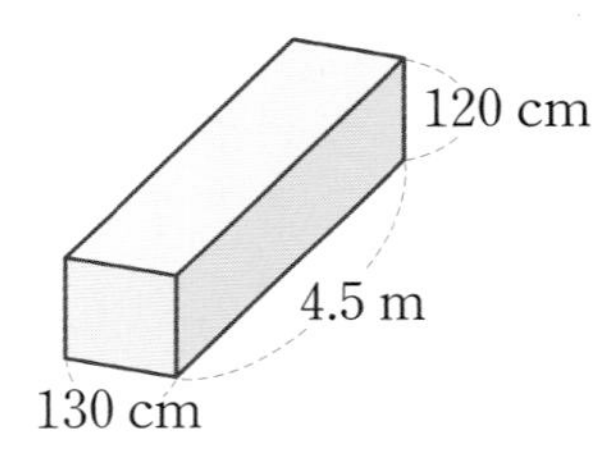

______ m^3

4

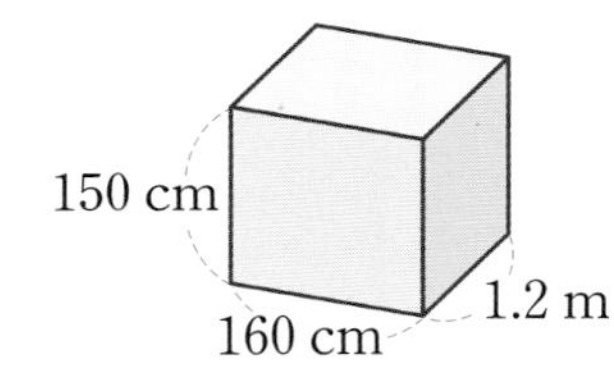

______ m^3

5

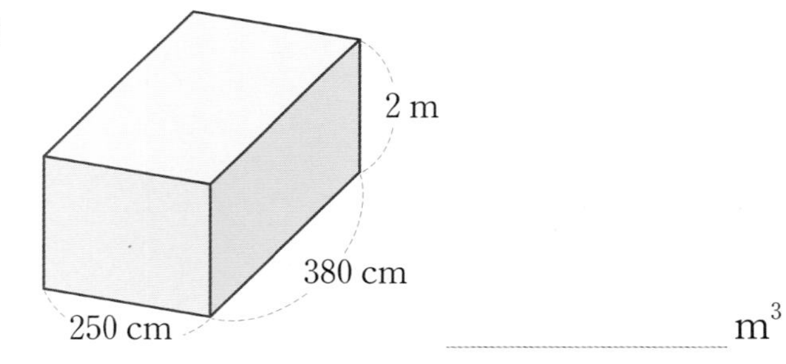

______ m^3

6

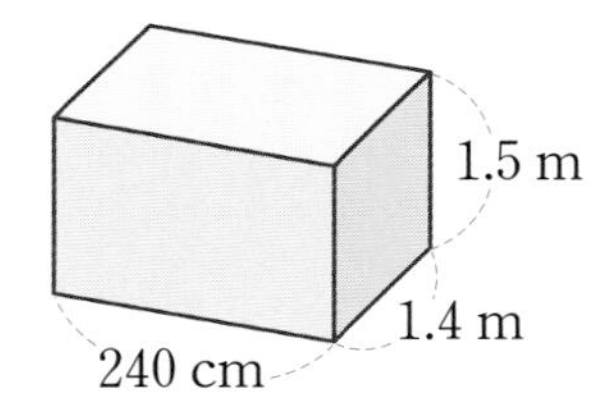

______ m^3

7

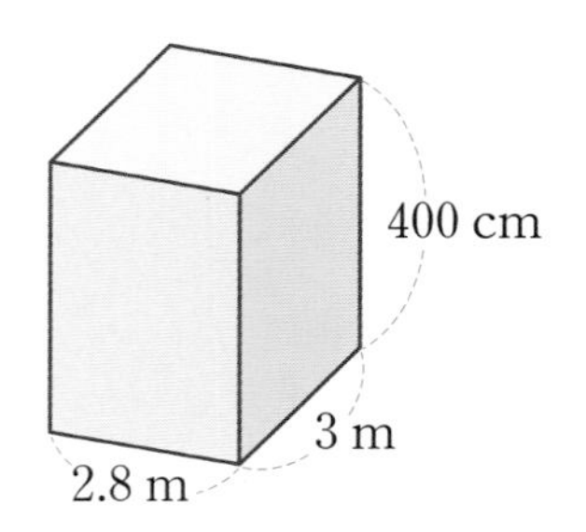

______ m^3

8

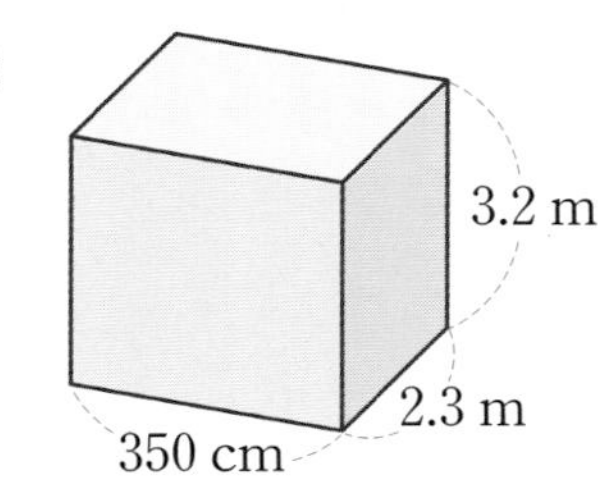

______ m^3

✲ 친구들이 들고 있는 알파벳이 적힌 직육면체의 부피를 구하시오.

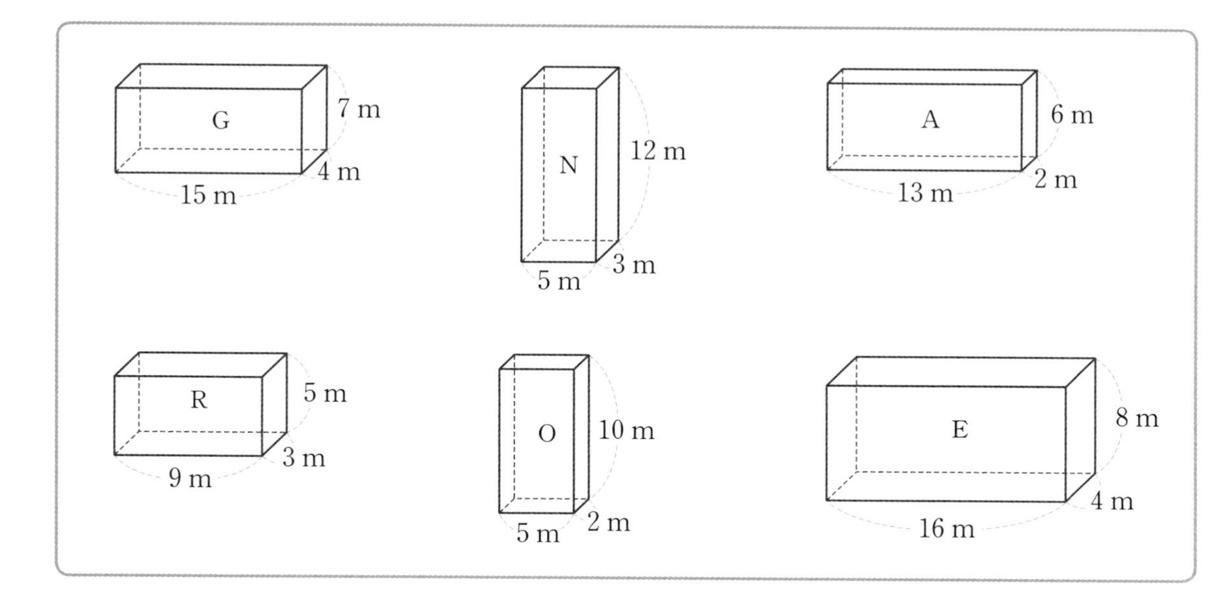

9

G

______ m^3

10

N

______ m^3

11

A

______ m^3

12

R

______ m^3

13

______ m^3

14

______ m^3

오렌지는 영어로 무엇일까요? 부피가 작은 순서대로
빈칸에 알파벳을 써넣으면 알 수 있어요.

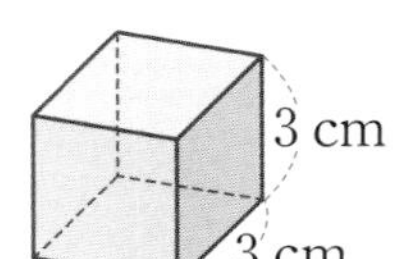

정육면체의 부피 (1)

정육면체의 부피 구하기

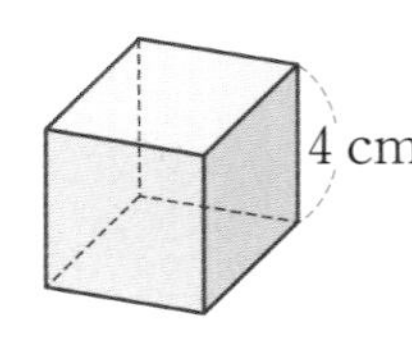

(정육면체의 부피)

=(한 모서리의 길이)×(한 모서리의 길이)×(한 모서리의 길이)

$=3\times3\times3=27\ (cm^3)$

정육면체의 부피를 구하시오.

1

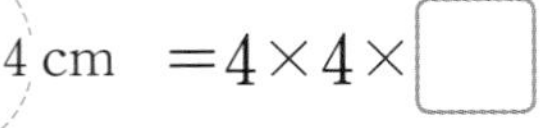

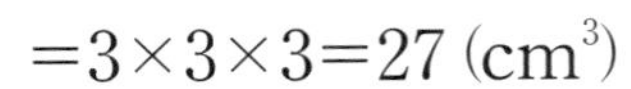

(정육면체의 부피)

$=4\times4\times\square$

$=\square\ (cm^3)$

4 cm

2

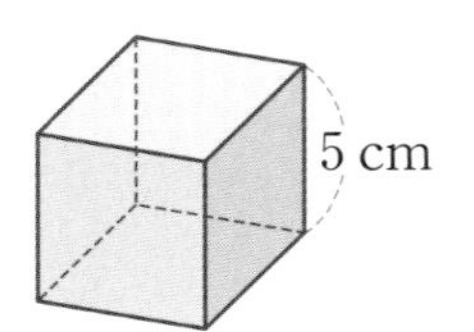

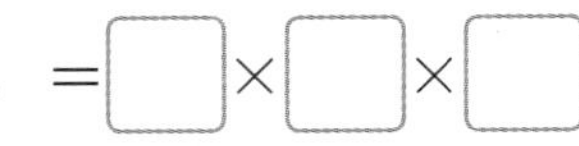

(정육면체의 부피)

$=\square\times\square\times\square$

$=\square\ (cm^3)$

3

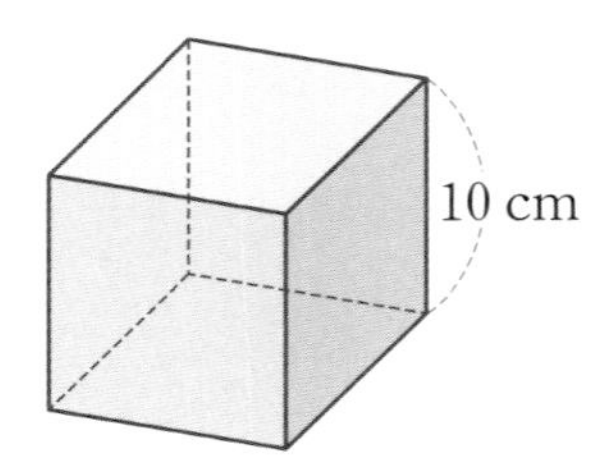

________ cm^3

4

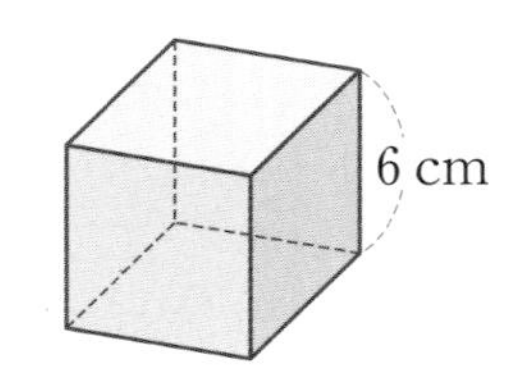

________ cm^3

5

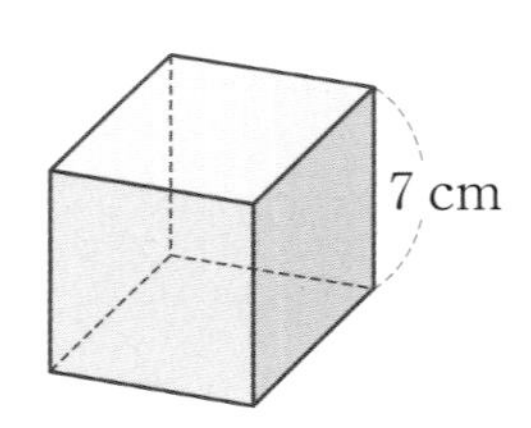

________ cm^3

6

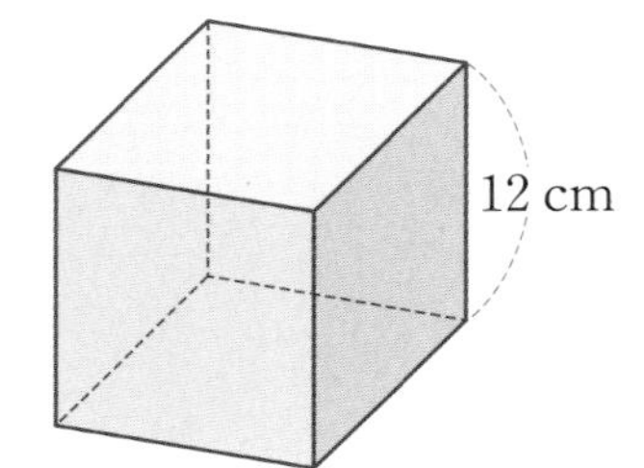

________ cm^3

7

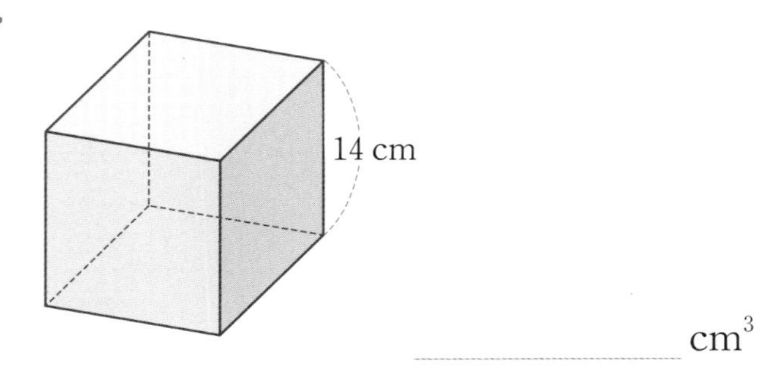

________ cm^3

8

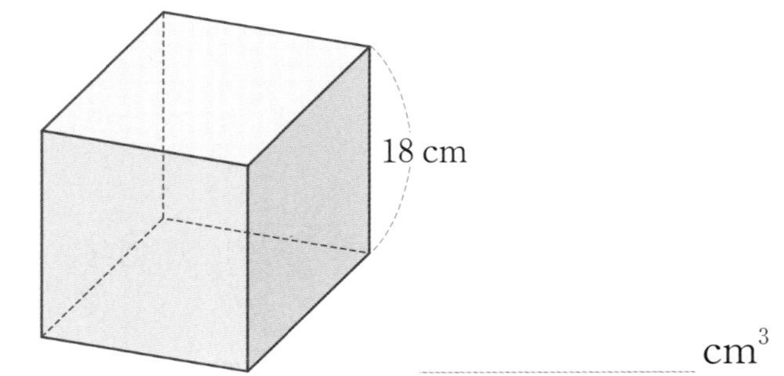

________ cm^3

날짜 : 월 일

부모님 확인

✲ 친구들이 사려고 하는 정육면체 모양의 조각 케이크 부피를 구하시오.

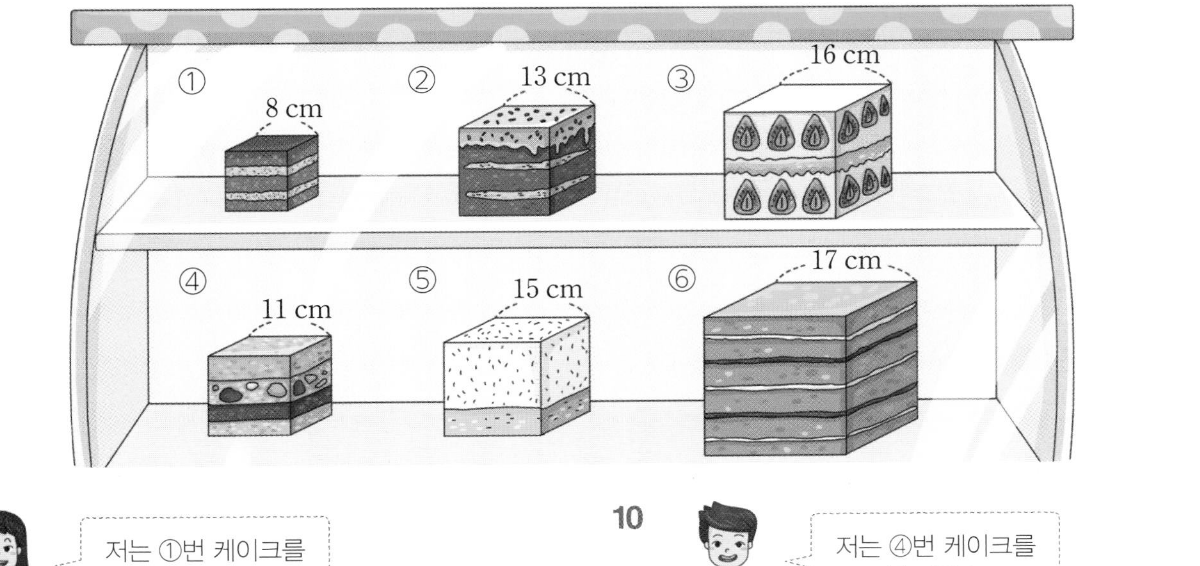

9 ______ cm^3

10 ______ cm^3

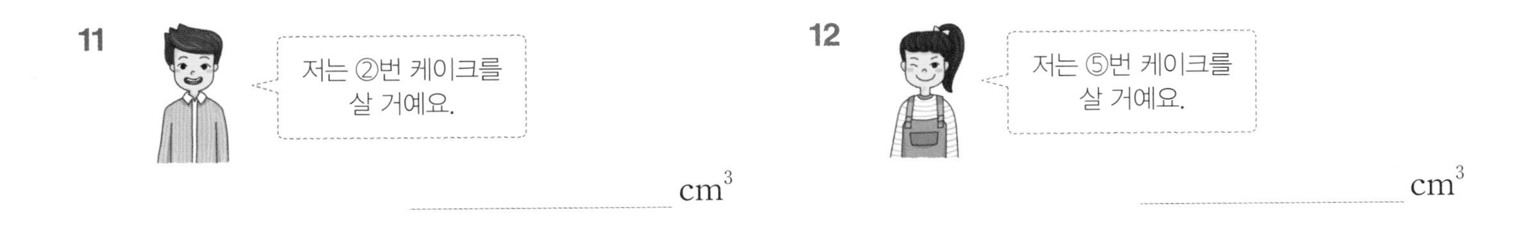

11 ______ cm^3

12 ______ cm^3

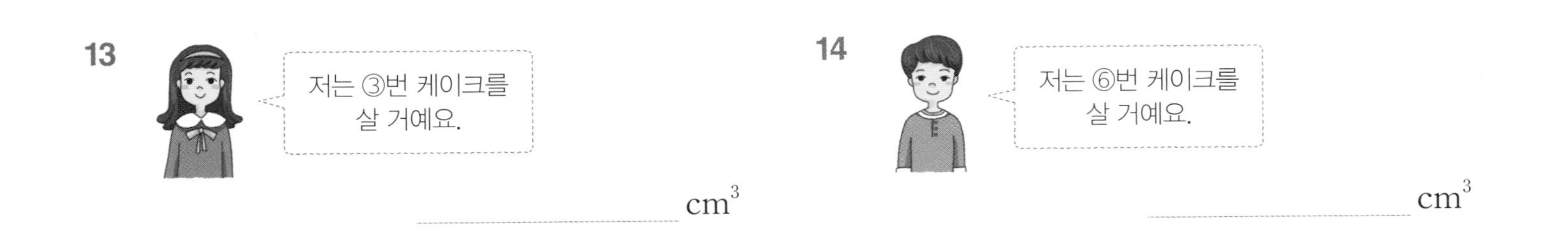

13 ______ cm^3

14 ______ cm^3

정육면체의 부피 (2)

정육면체의 부피는 몇 m^3인지 구하기

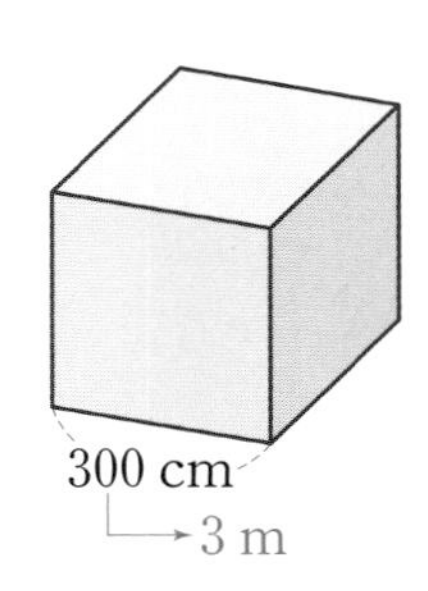

300 cm → 3 m

(정육면체의 부피)$=3\times3\times3=27$ (m^3)

$300\times300\times300=27000000$ (cm^3)
➡ 27 m^3로 구해도 돼요.

정육면체의 부피를 구하시오.

1

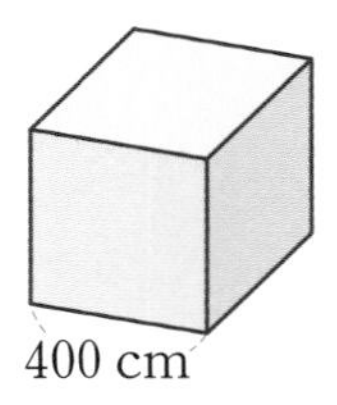

400 cm

______ m^3

2

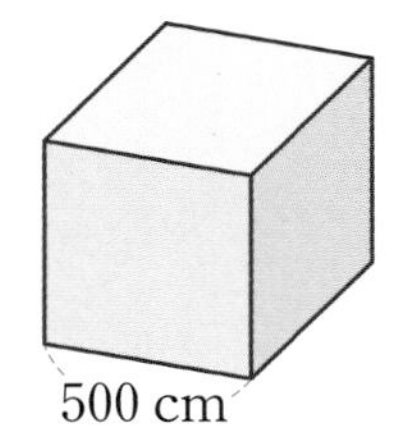

500 cm

______ m^3

3

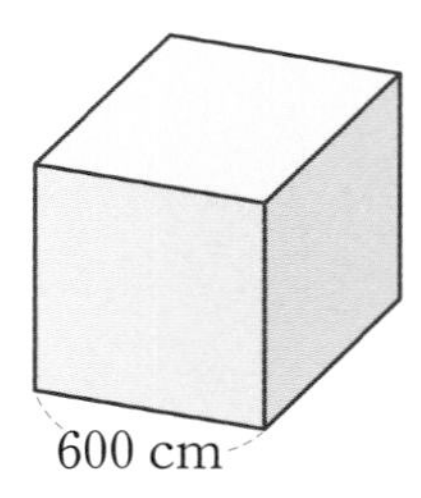

600 cm

______ m^3

4

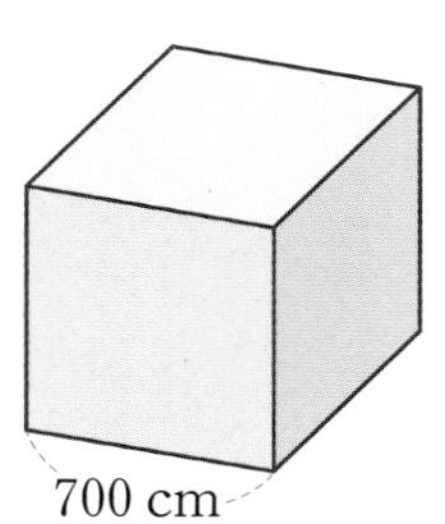

700 cm

______ m^3

5

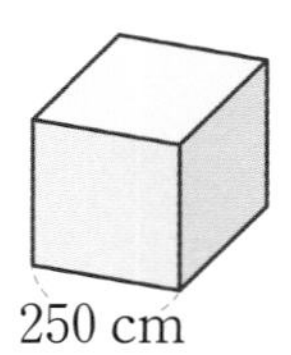

250 cm

______ m^3

6

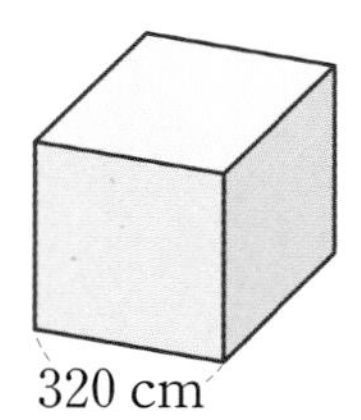

320 cm

______ m^3

7

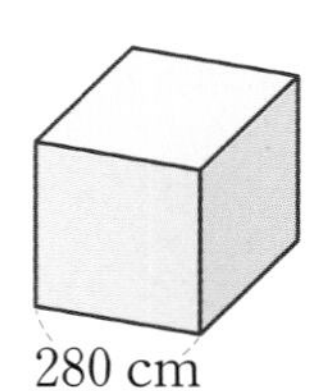

280 cm

______ m^3

8

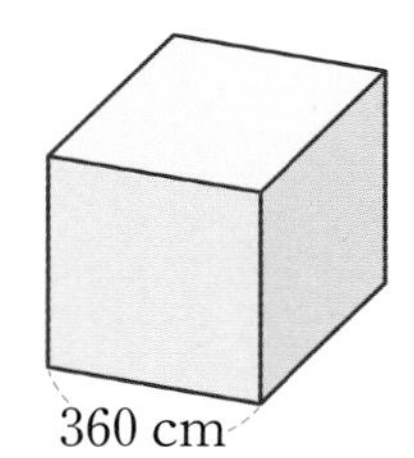

360 cm

______ m^3

✲ 정육면체의 부피를 구하시오.

9

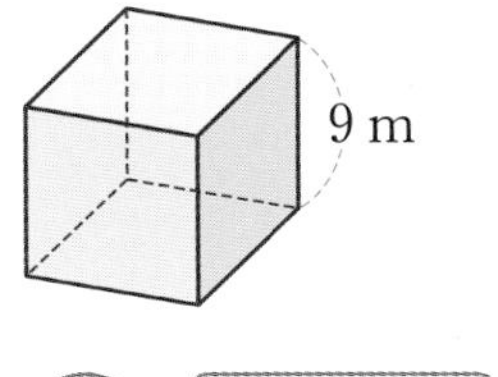

박 [　　　] m^3

10

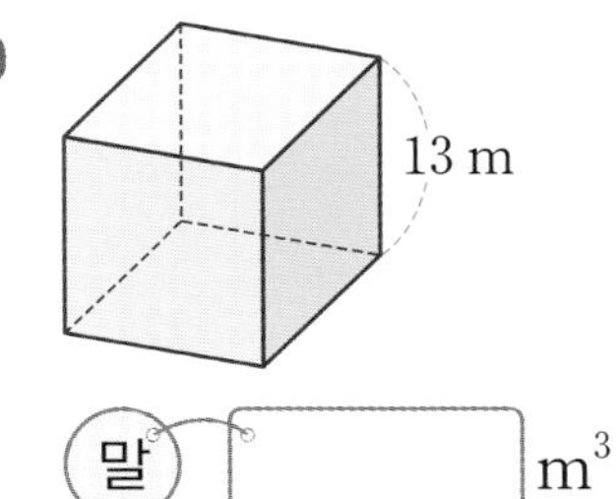

말 [　　　] m^3

11

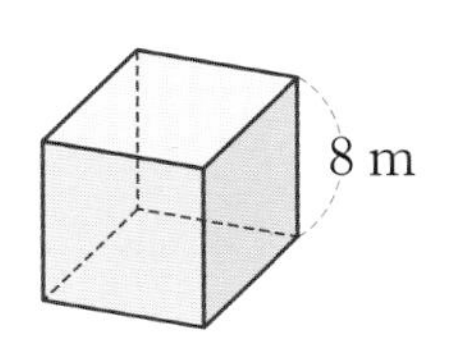

기 [　　　] m^3

12

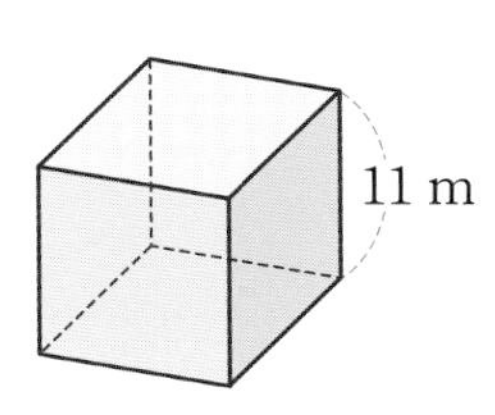

뚝 [　　　] m^3

13

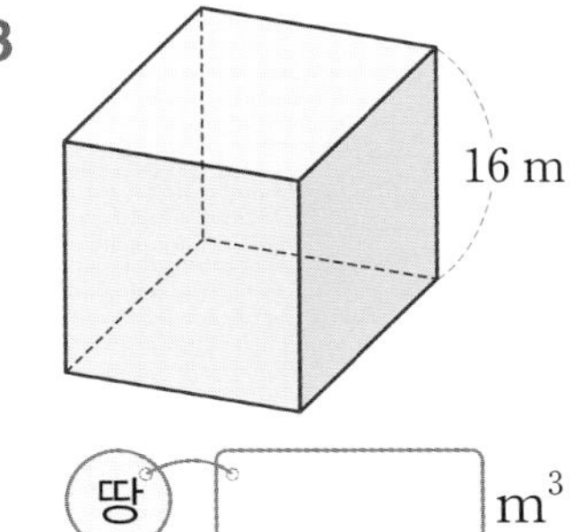

땅 [　　　] m^3

14

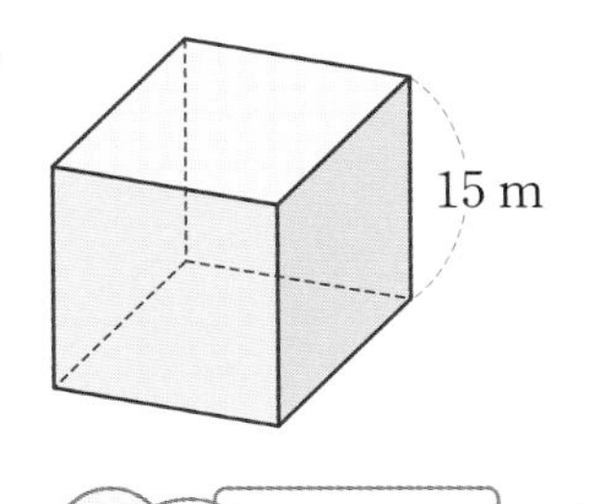

에 [　　　] m^3

15

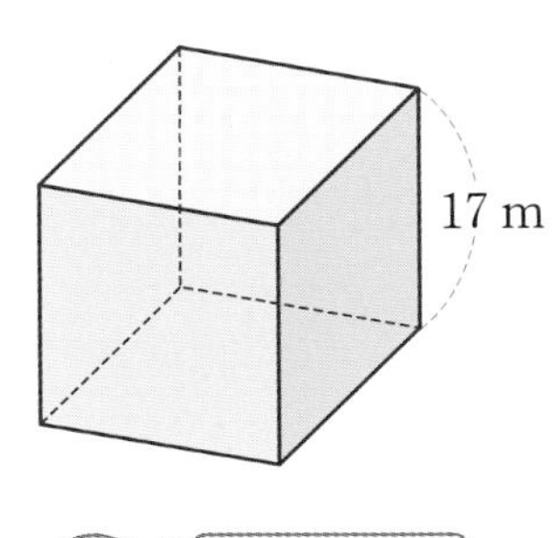

른 [　　　] m^3

16

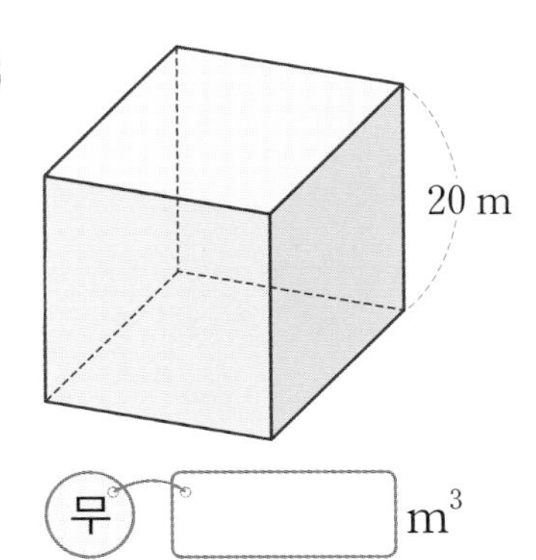

무 [　　　] m^3

무척 하기 쉬운 일을 비유적으로 이르는 말로, 힘 있는 자가 약한 자를 억누르는 것을 비유하여 사용하기도 해요.

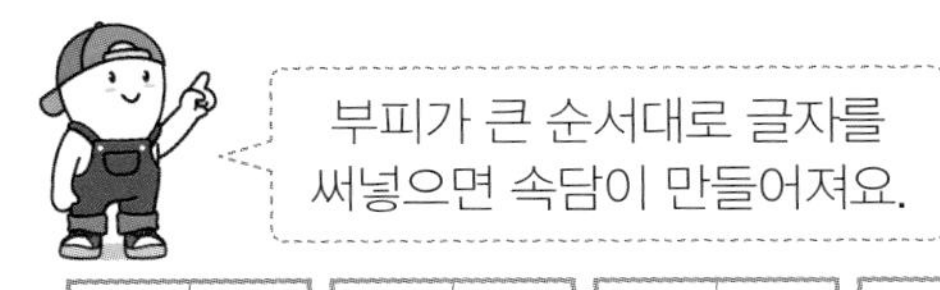

여러 가지 입체도형의 부피

직육면체로 이루어진 입체도형의 부피 구하기

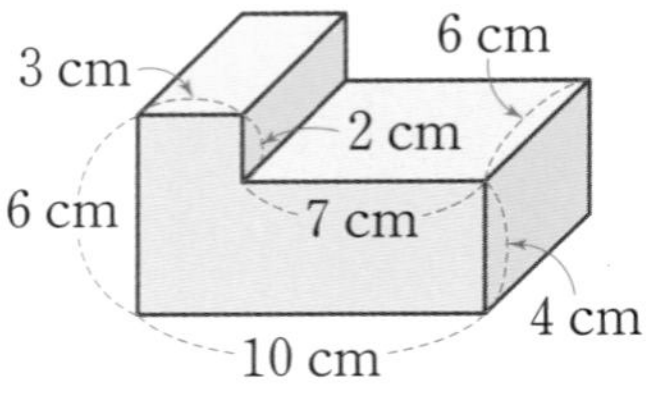

방법 1 큰 직육면체의 부피에서 작은 직육면체의 부피를 빼기

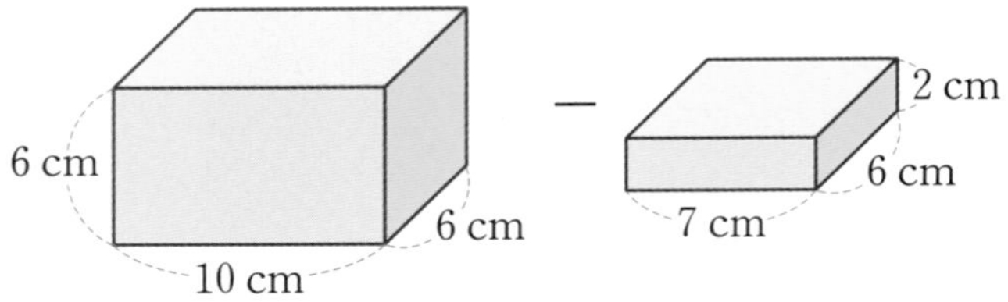

$10 \times 6 \times 6 - 7 \times 6 \times 2 = 360 - 84 = 276\ (\text{cm}^3)$

방법 2 직육면체 2개의 부피를 따로 구하여 더하기

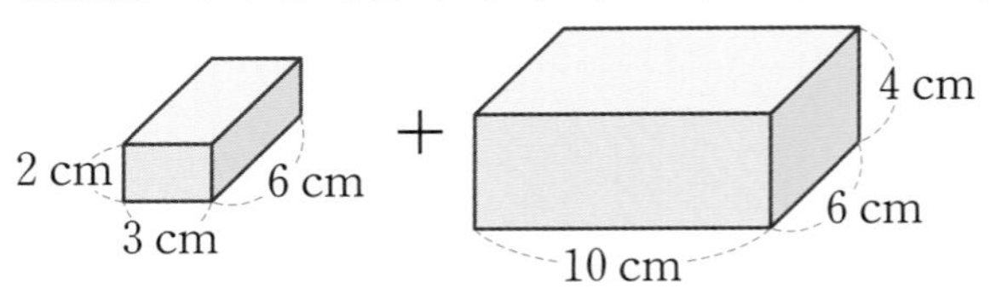

$3 \times 6 \times 2 + 10 \times 6 \times 4 = 36 + 240 = 276\ (\text{cm}^3)$

직육면체로 이루어진 입체도형의 부피를 구하시오.

1

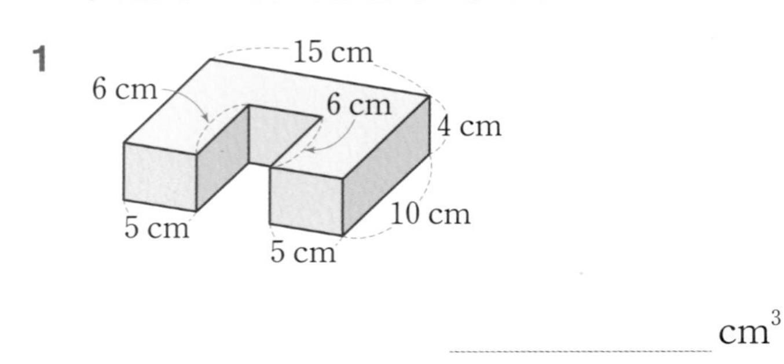

_______ cm^3

2

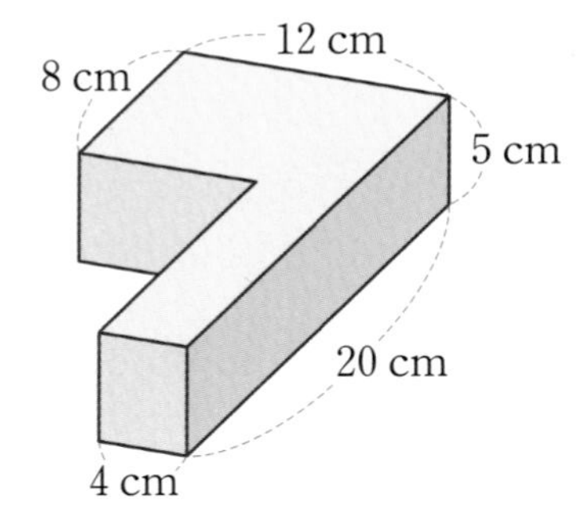

_______ cm^3

3

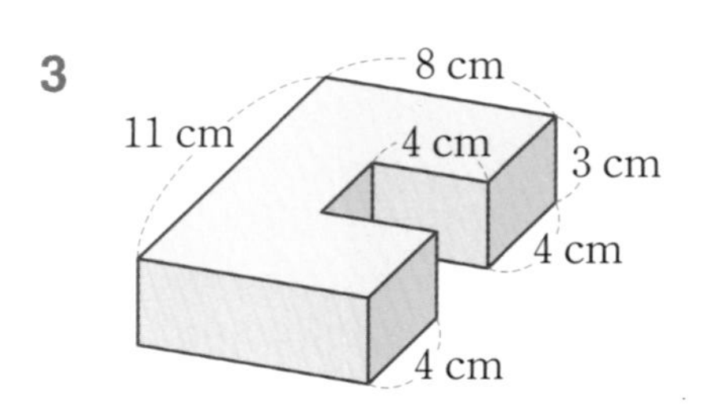

_______ cm^3

4

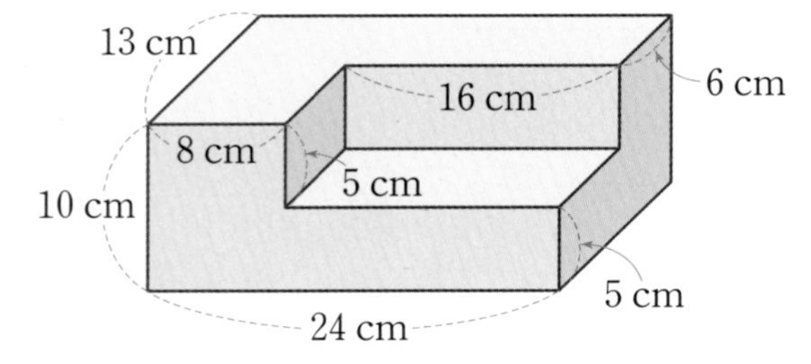

_______ cm^3

날짜 : 월 일

부모님 확인

✲ 직육면체로 이루어진 입체도형의 부피를 구하시오.

5

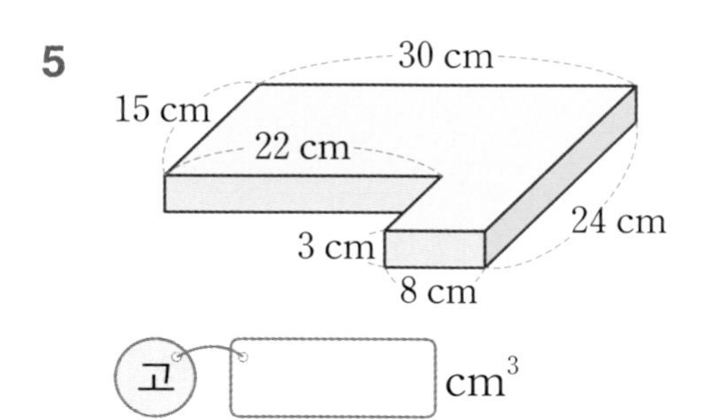

고 $\square$ cm^3

6

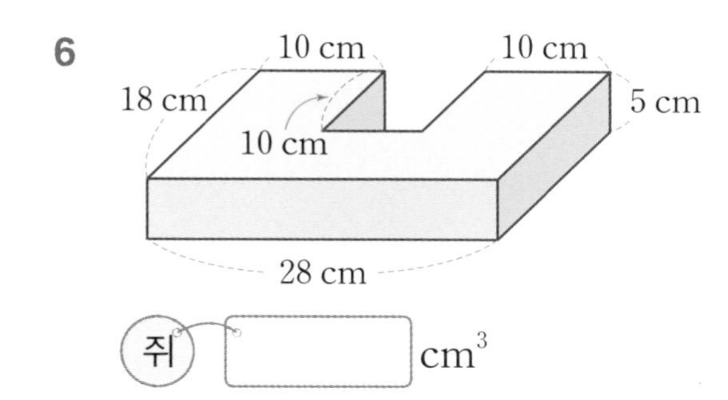

쥐 $\square$ cm^3

7

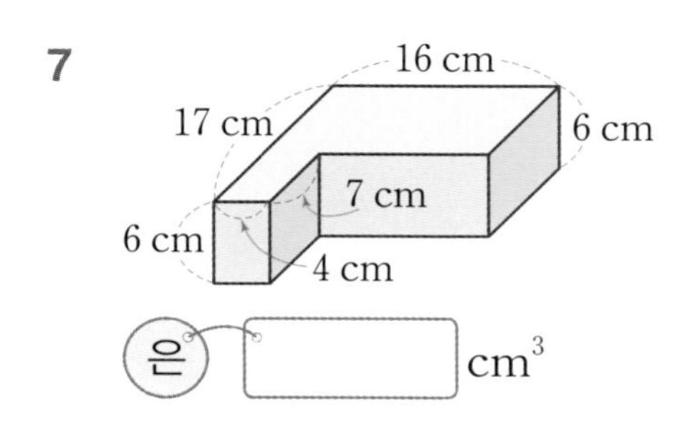

은 $\square$ cm^3

8

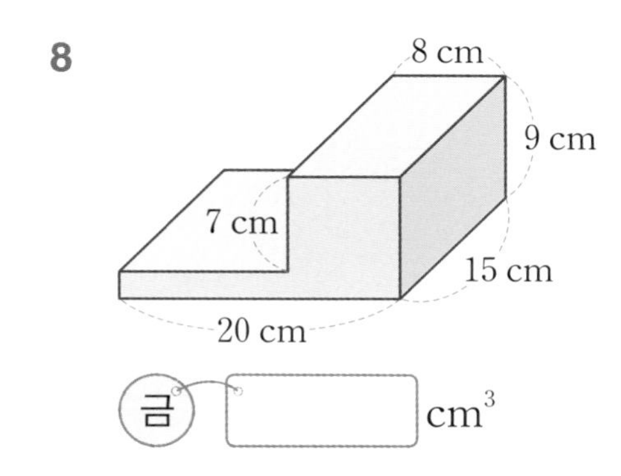

금 $\square$ cm^3

9

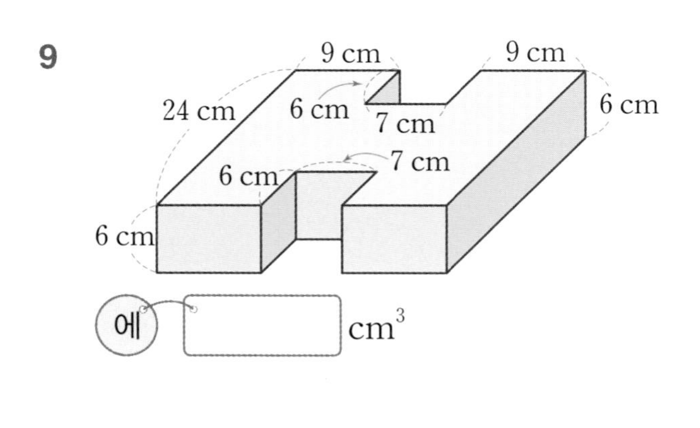

에 $\square$ cm^3

10

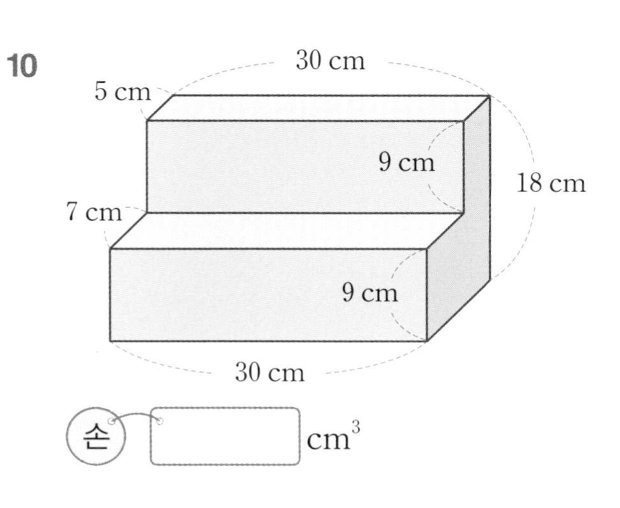

손 $\square$ cm^3

입체도형의 부피가 큰 순서대로 빈칸에 글자를 써넣어 만든 수수께끼의 답을 맞혀 보세요.

수수께끼

				다	니	는			?

직육면체의 겉넓이 (1)

직육면체의 겉넓이 구하기

겉넓이 → 물체 겉면의 넓이

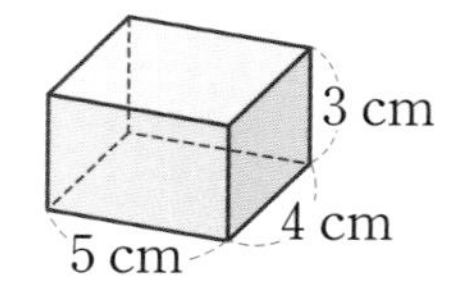

방법 1 **(여섯 면의 넓이의 합)**

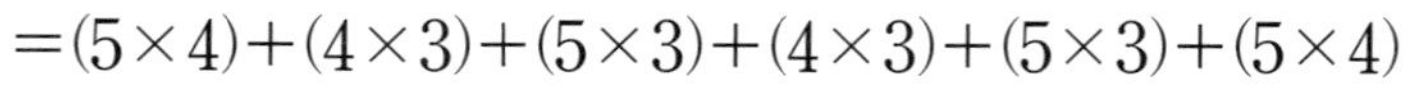

$=(5\times4)+(4\times3)+(5\times3)+(4\times3)+(5\times3)+(5\times4)$

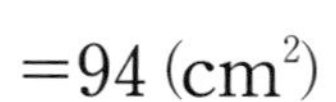

$=94\ (\text{cm}^2)$

방법 2 **(합동인 세 면의 넓이의 합) $\times$ 2**

$=(5\times4+4\times3+5\times3)\times2$

$=94\ (\text{cm}^2)$

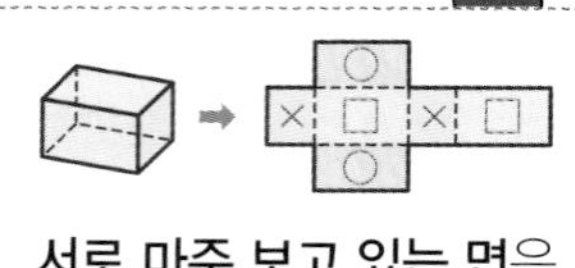

서로 마주 보고 있는 면은 합동이에요.

직육면체의 겉넓이를 구하시오.

1

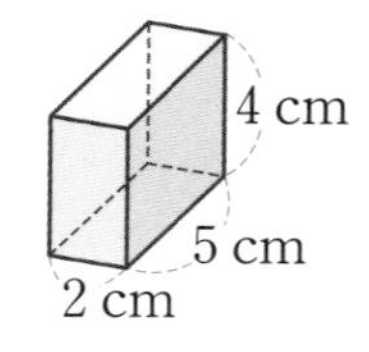

(직육면체의 겉넓이)

$=2\times5+5\times4+2\times4$

$+5\times\square+2\times4+2\times\square$

$=\square\ (\text{cm}^2)$

2

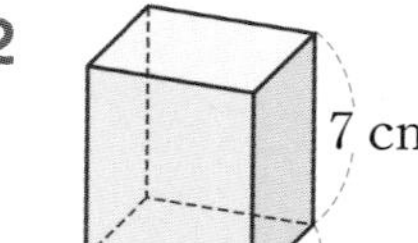

(직육면체의 겉넓이)

$=(6\times3+3\times7+6\times\square)\times2$

$=\square\ (\text{cm}^2)$

3

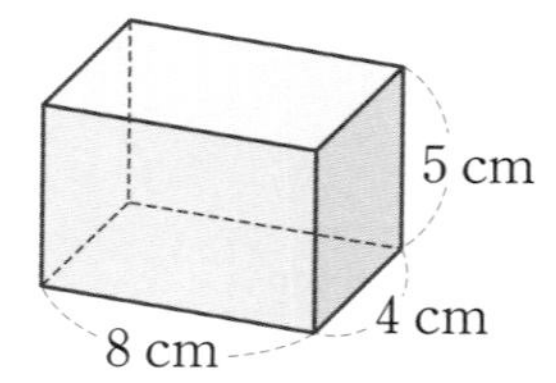

______ cm²

4

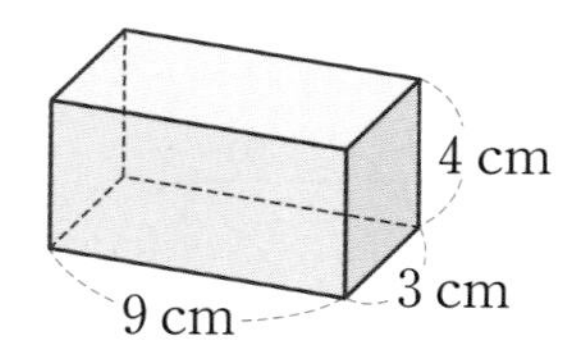

______ cm²

5

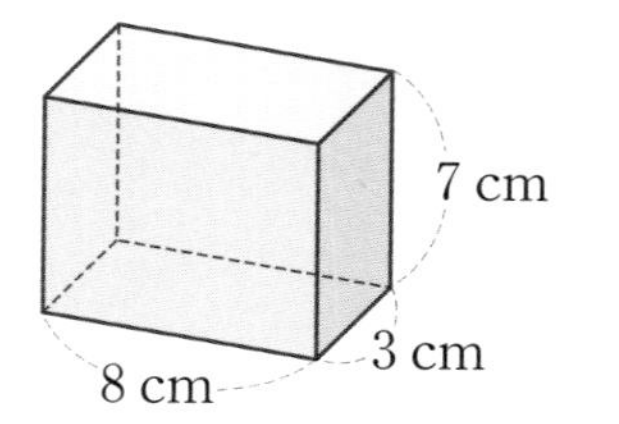

______ cm²

6

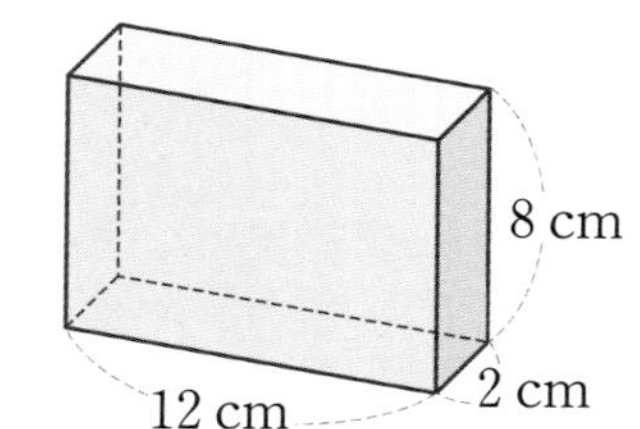

______ cm²

✲ 물류 창고에 있는 직육면체 모양의 택배 상자입니다. 택배원이 배달하는 상자의 겉넓이를 구하시오.

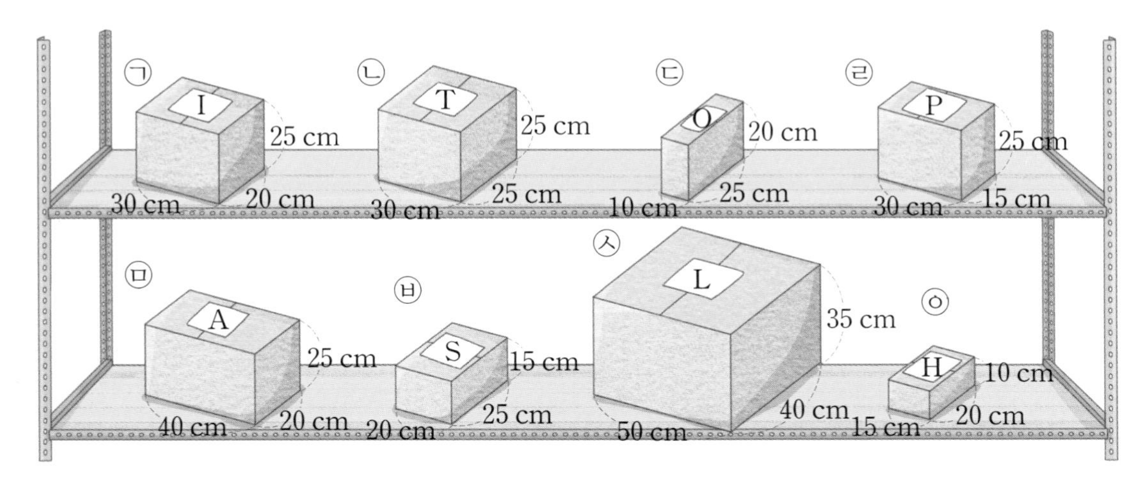

7 ㉠ 상자 ____________ cm²

8 ㉡ 상자 ____________ cm²

9 ㉢ 상자 ____________ cm²

10 ㉣ 상자 ____________ cm²

11 ㉤ 상자 ____________ cm²

12 ㉥ 상자 ____________ cm²

13 ㉦ 상자 ____________ cm²

14 ㉧ 상자 ____________ cm²

계산 결과에 해당하는 상자의 알파벳을 차례로 쓰면 제일 먼저 배달가는 장소를 알 수 있어요.

1300	1900	2350	3150	3700	4250	4600	10300

직육면체의 겉넓이 (2)

직육면체의 겉넓이 구하기

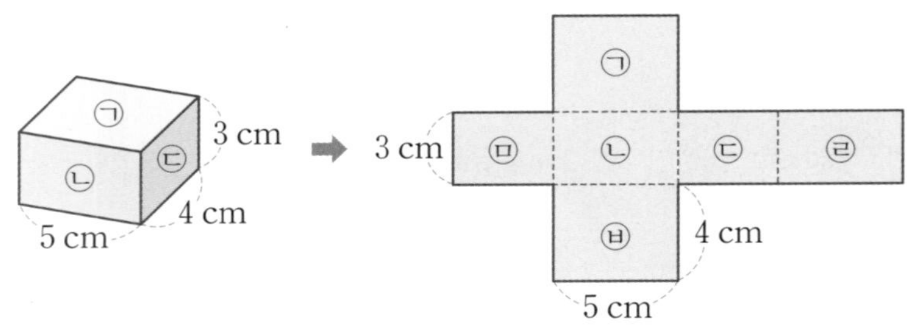

두 밑면의 넓이와 옆면의 넓이를 더하는 방법으로 구해봐요.

(직육면체의 겉넓이)

= (한 밑면의 넓이) × 2 + (옆면의 넓이)

= ㉠ × 2 + (㉤ + ㉡ + ㉢ + ㉣)

$=(5\times4)\times2+(4+5+4+5)\times3=94\ (\text{cm}^2)$

직육면체의 겉넓이를 구하시오.

1

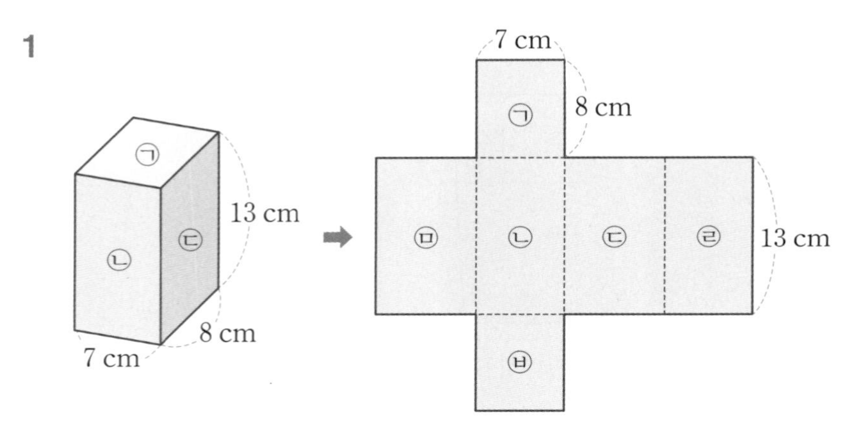

(직육면체의 겉넓이)

= ㉠ × 2 + (㉤ + ㉡ + ㉢ + ㉣) = [ ] × 2 + [ ] = [ ] (cm²)

2

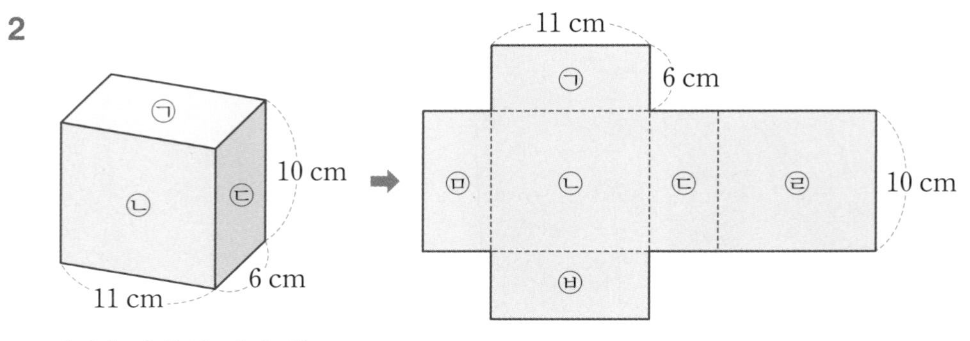

(직육면체의 겉넓이)

= ㉠ × 2 + (㉤ + ㉡ + ㉢ + ㉣) = [ ] × 2 + [ ] = [ ] (cm²)

✲ 직육면체의 겉넓이를 구하시오.

3

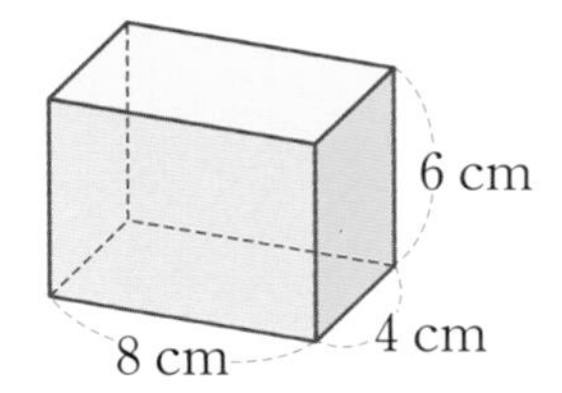

cm²

4

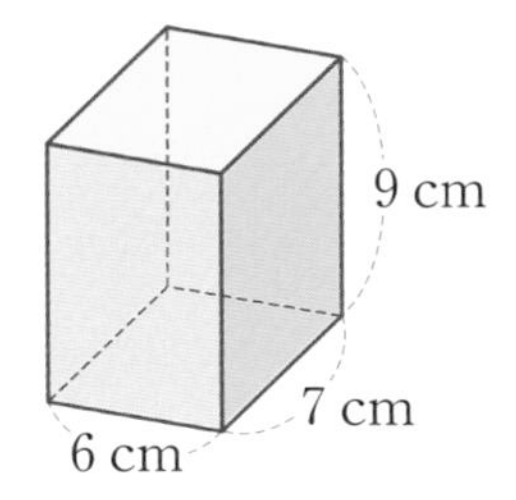

cm²

5

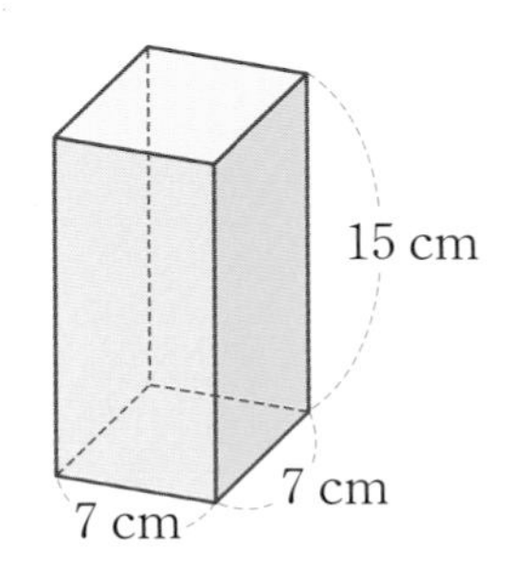

cm²

6

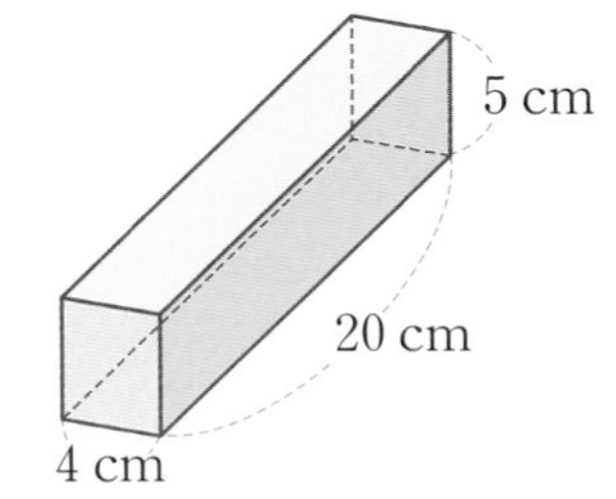

cm²

7

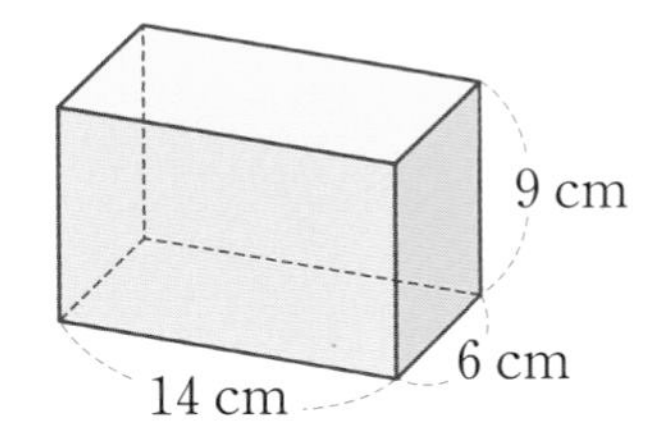

cm²

8

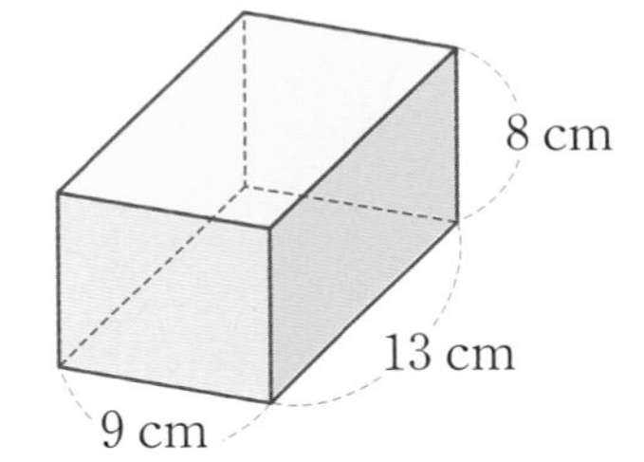

cm²

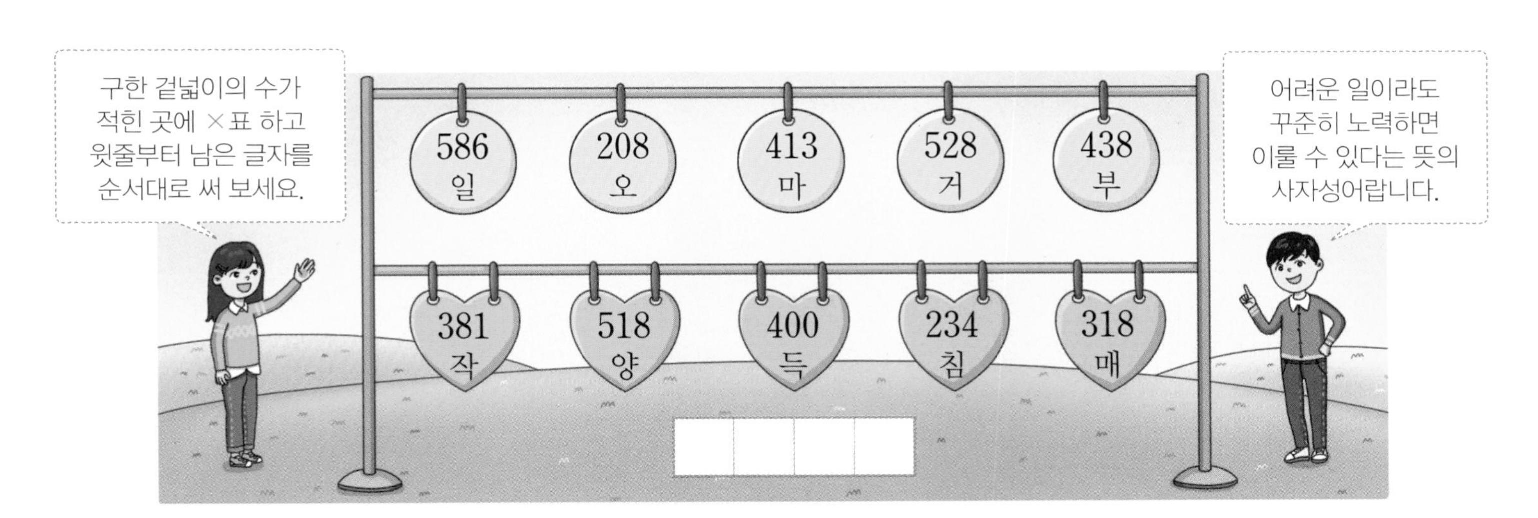

08 정육면체의 겉넓이

정육면체의 겉넓이 구하기

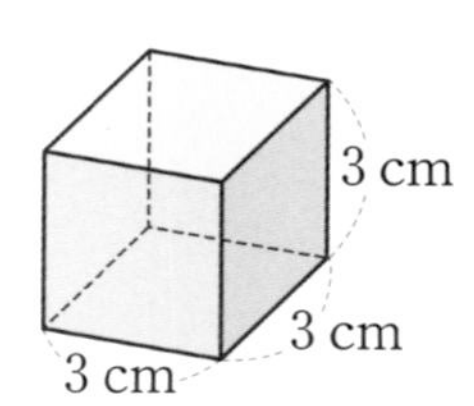

방법 1 (여섯 면의 넓이의 합)
$=3\times3+3\times3+3\times3+3\times3+3\times3+3\times3$
$=54\ (\text{cm}^2)$

방법 2 (한 면의 넓이)$\times 6$ → 정사각형의 넓이
$=3\times3\times6=54\ (\text{cm}^2)$ → 한 면의 넓이

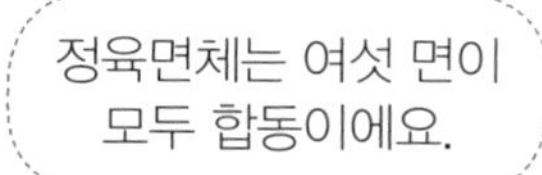

정육면체의 겉넓이를 구하시오.

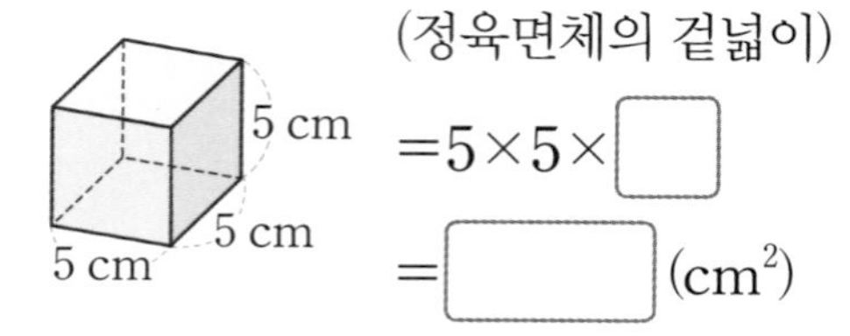

1 (정육면체의 겉넓이)
$=5\times5\times$ ☐
$=$ ☐ (cm^2)

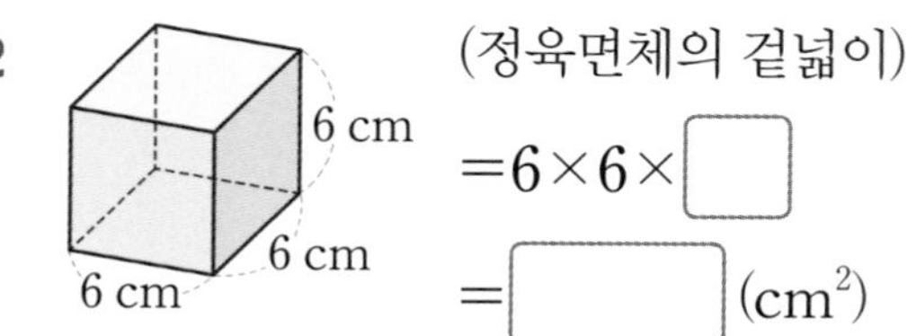

2 (정육면체의 겉넓이)
$=6\times6\times$ ☐
$=$ ☐ (cm^2)

3

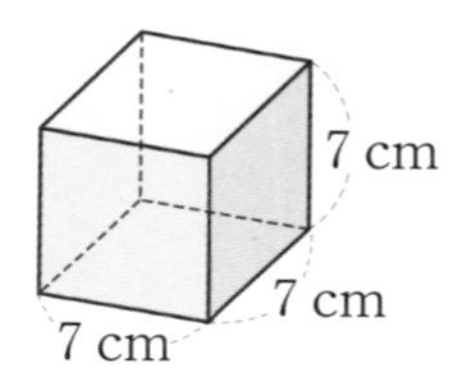

______ cm^2

4

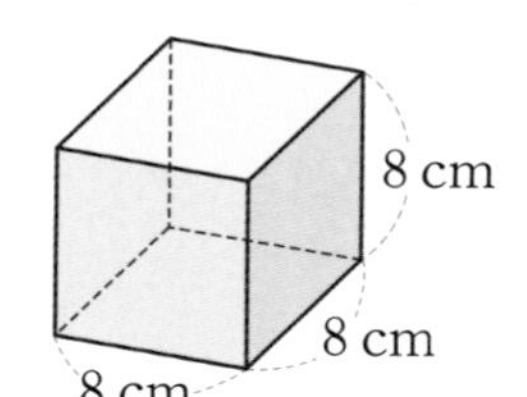

______ cm^2

5

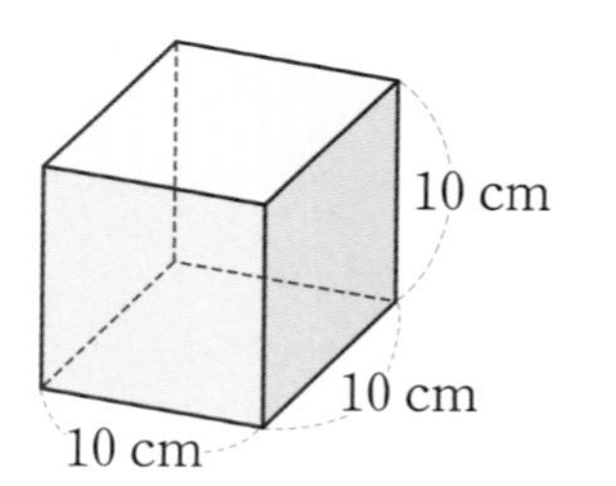

______ cm^2

6

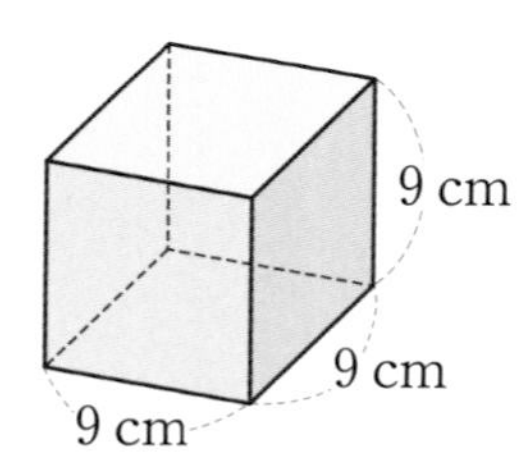

______ cm^2

7

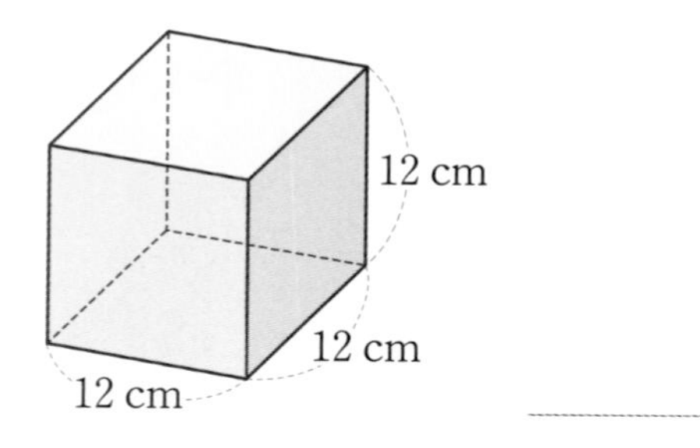

______ cm^2

8

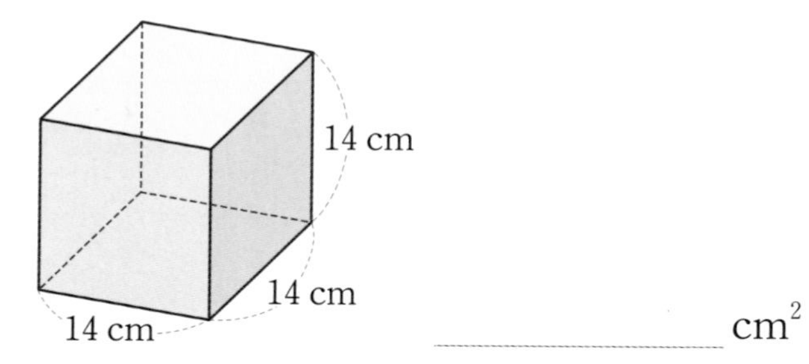

______ cm^2

✲ 수현이와 친구들이 정육면체 모양의 정리함을 만들었습니다. 각자 만든 정리함의 겉넓이를 구하시오.

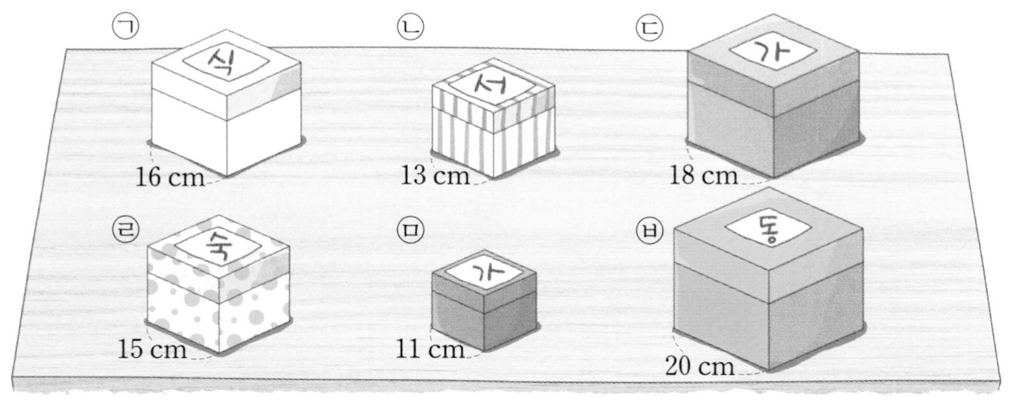

9 

내 정리함이 가장 크고 주황색이야.

_______________ cm^2

10 

내 정리함은 파란색이야.

_______________ cm^2

11 

내 정리함에 쓰인 글자는 '식'이야.

_______________ cm^2

12 

내 정리함은 줄무늬가 있어.

_______________ cm^2

13 

→ 한 모서리의 길이가 짧을수록 작아요.

내 정리함이 가장 작아.

_______________ cm^2

14 소희

내 정리함은 물방울 무늬야.

_______________ cm^2

9번부터 순서대로 정리함에 쓰인 글자를 차례로 써넣으면 고사성어가 돼요.

동쪽 집에서 먹고 서쪽 집에서 잔다는 뜻으로, 자기의 이익을 위해 지조 없이 이리저리 빌붙음을 가리키는 말이에요.

09 집중 연산 A

✲ 직육면체의 부피를 구하시오.

1

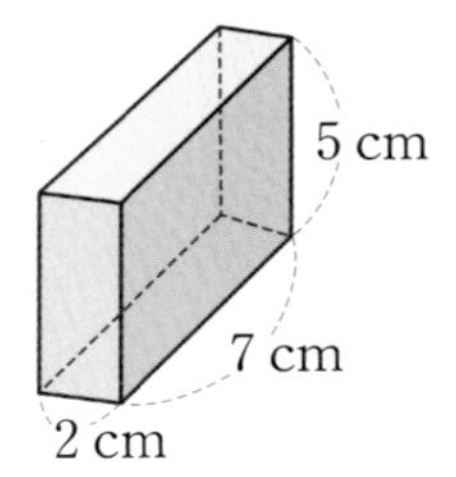

______ cm^3

2

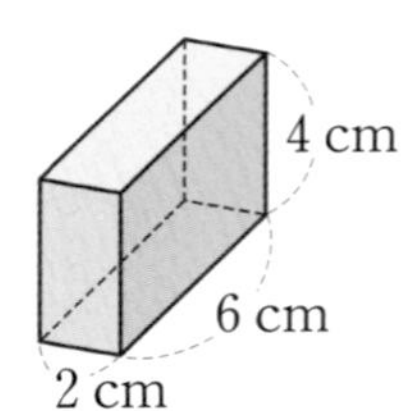

______ cm^3

3

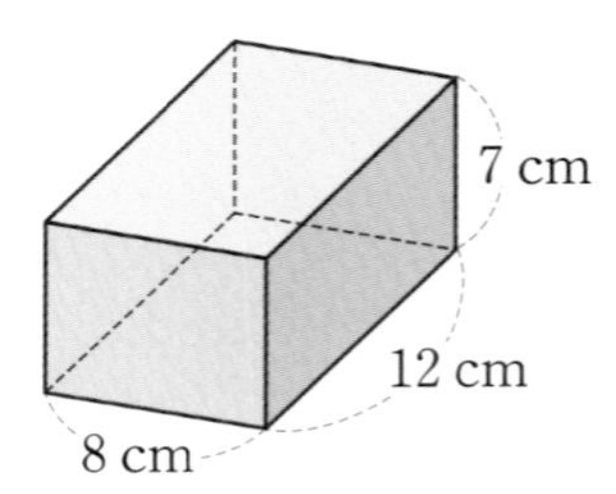

______ cm^3

4

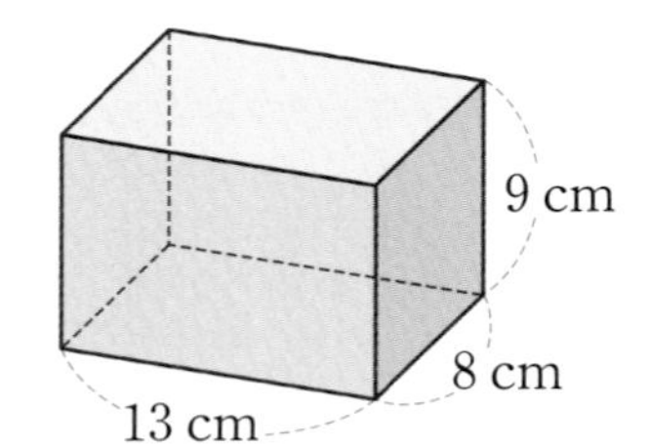

______ cm^3

5

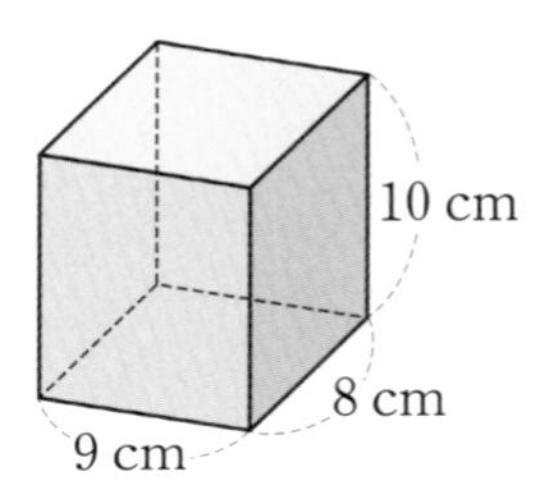

______ cm^3

6

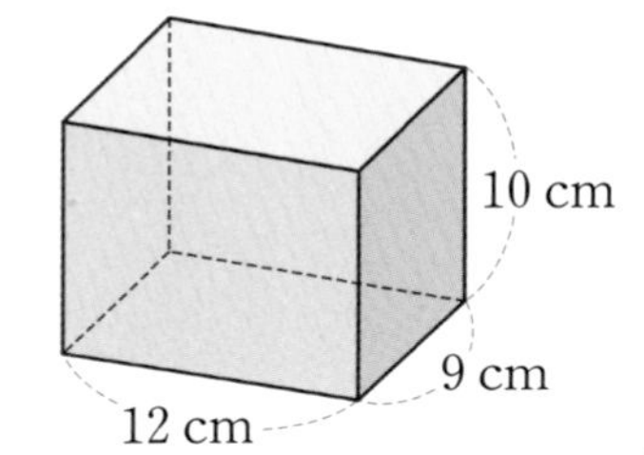

______ cm^3

7

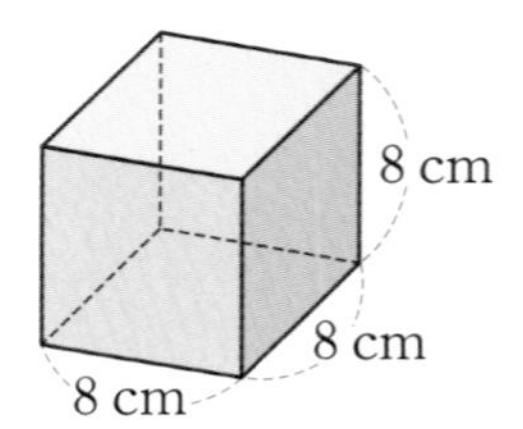

______ cm^3

8

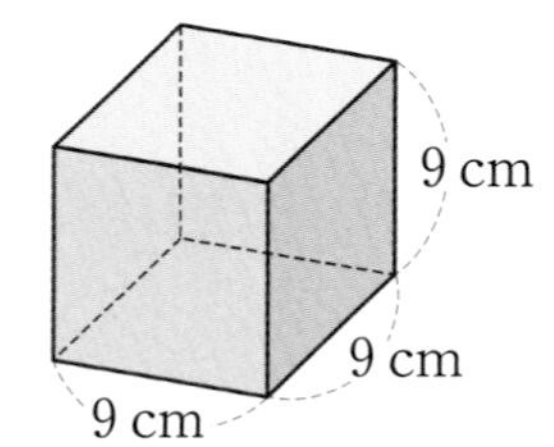

______ cm^3

9

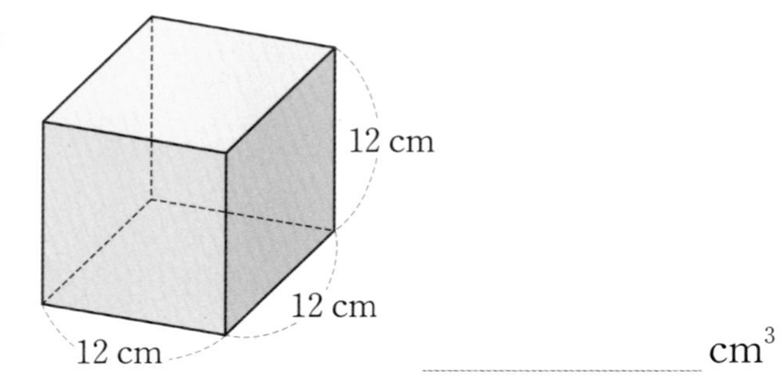

______ cm^3

10

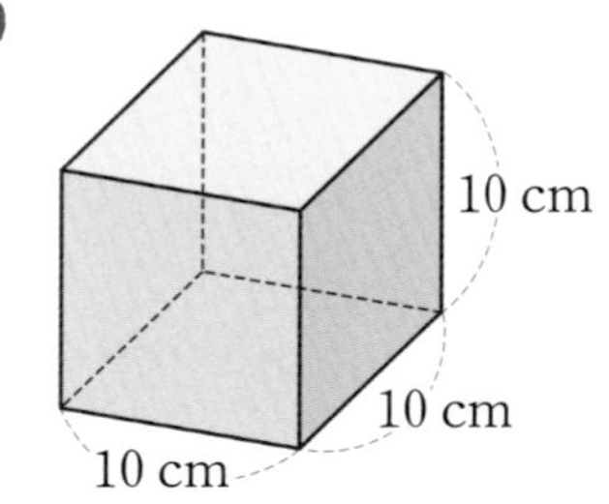

______ cm^3

날짜 : 월 일

부모님 확인

직육면체의 겉넓이를 구하시오.

11

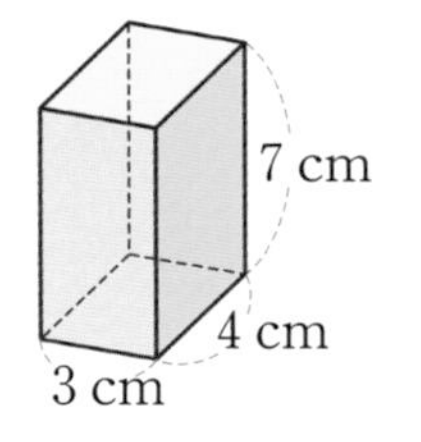

______ cm^2

12

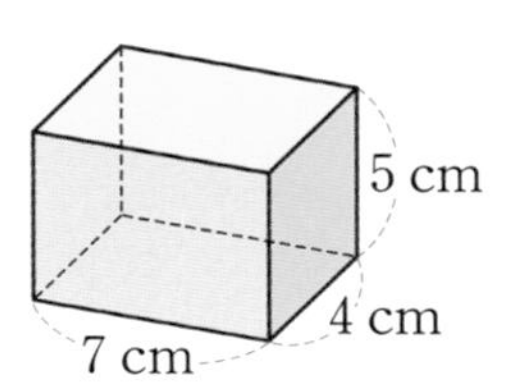

______ cm^2

13

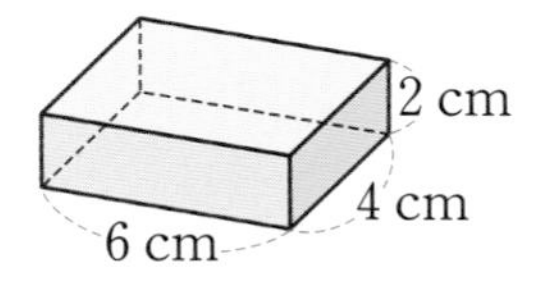

______ cm^2

14

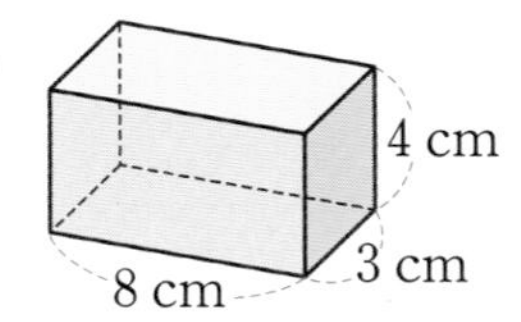

______ cm^2

15

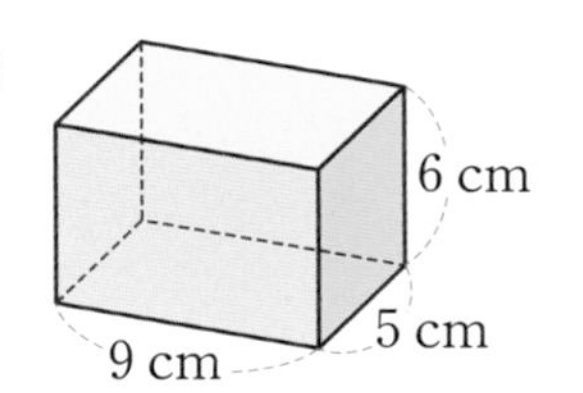

______ cm^2

16

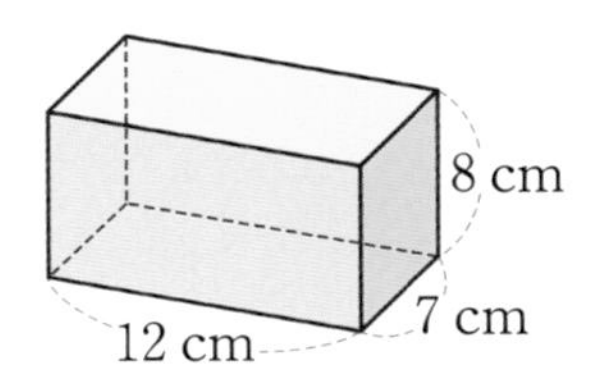

______ cm^2

17

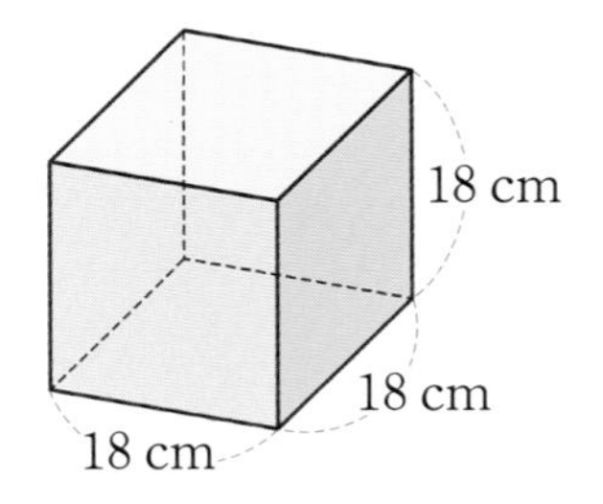

______ cm^2

18

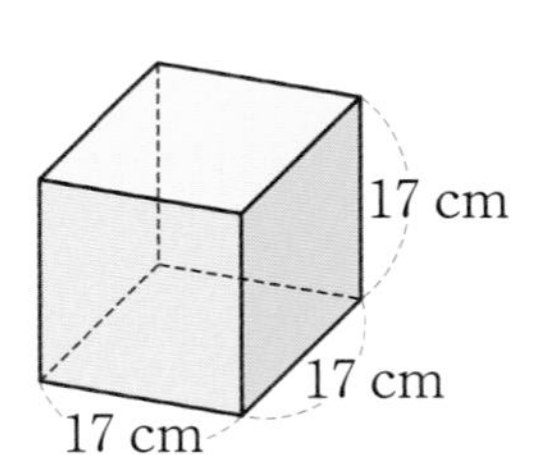

______ cm^2

19

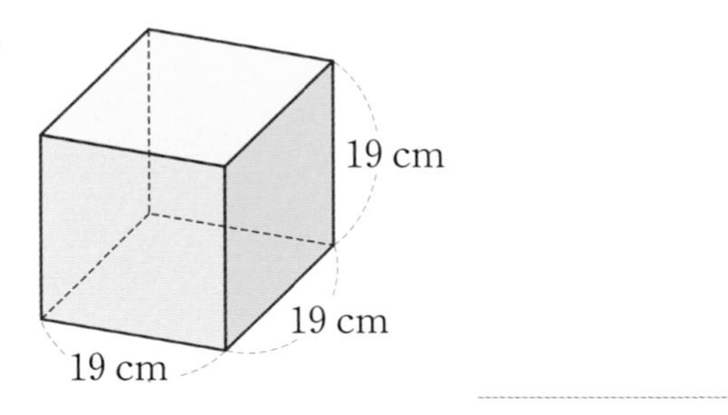

______ cm^2

20

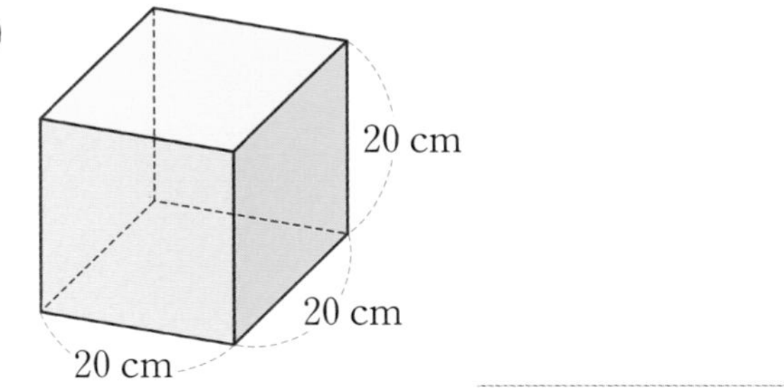

______ cm^2

집중 연산 B

직육면체의 겉넓이와 부피를 구하시오.

1

가로 (cm)	세로 (cm)	높이 (cm)	겉넓이 (cm^2)	부피 (cm^3)
8	9	10		
11	12	5		

2

가로 (cm)	세로 (cm)	높이 (cm)	겉넓이 (cm^2)	부피 (cm^3)
13	10	8		
10	9	6		

3

가로 (cm)	세로 (cm)	높이 (cm)	겉넓이 (cm^2)	부피 (cm^3)
6	8	9		
5	12	10		

4

가로 (cm)	세로 (cm)	높이 (cm)	겉넓이 (cm^2)	부피 (cm^3)
8	5	8		
9	10	10		

5

가로 (cm)	세로 (cm)	높이 (cm)	겉넓이 (cm^2)	부피 (cm^3)
12	6	10		
11	15	4		

6

가로 (cm)	세로 (cm)	높이 (cm)	겉넓이 (cm^2)	부피 (cm^3)
8	7	12		
15	12	6		

7

가로 (cm)	세로 (cm)	높이 (cm)	겉넓이 (cm^2)	부피 (cm^3)
16	12	8		
20	15	10		

8

가로 (cm)	세로 (cm)	높이 (cm)	겉넓이 (cm^2)	부피 (cm^3)
18	10	9		
12	15	10		

정답 및 풀이

1 분수의 나눗셈 (1)

01 1÷(자연수) 8~9쪽

1. 예 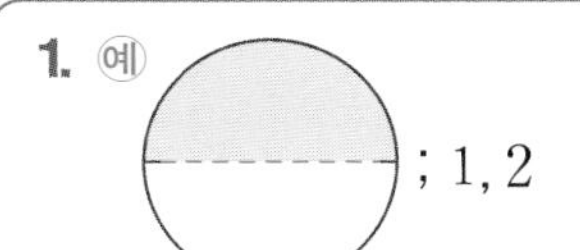 ; 1, 2

2. 예 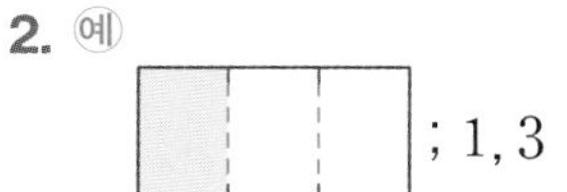 ; 1, 3

3. 예 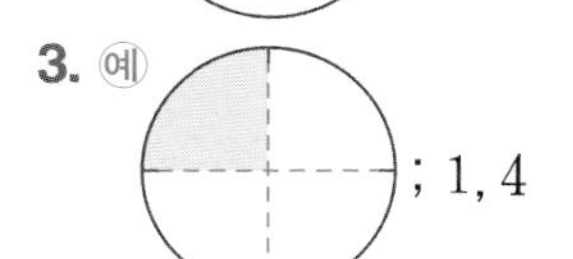 ; 1, 4

4. 예 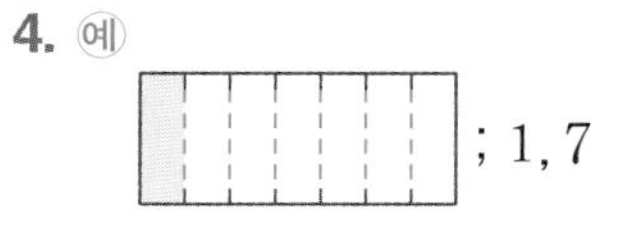 ; 1, 7

5. 예 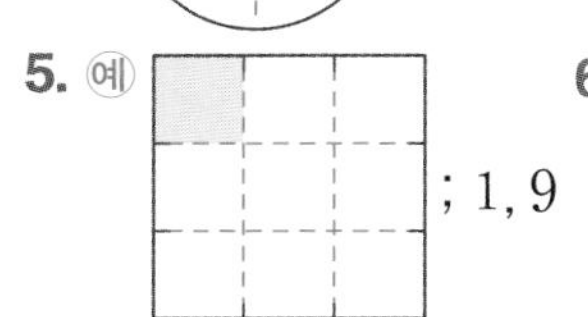 ; 1, 9

6. 예 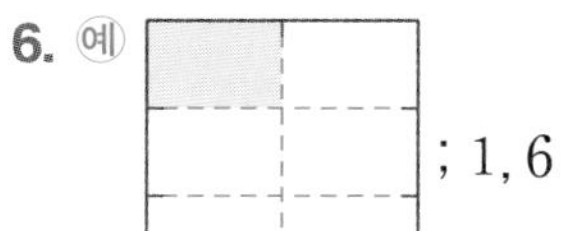 ; 1, 6

7. $\frac{1}{10}$ 8. $\frac{1}{11}$ 9. $\frac{1}{8}$

10. $\frac{1}{13}$ 11. $\frac{1}{12}$ 12. $\frac{1}{15}$

13. $\frac{1}{14}$ 14. $\frac{1}{17}$ 15. $\frac{1}{16}$

16. $\frac{1}{18}$

수수께끼 잠을 못 자는 신데렐라는 ; 모짜렐라

02 몫이 1보다 작은 (자연수)÷(자연수) 10~11쪽

1. 2 2. 4, 1 3. $\frac{5}{8}$

4. $\frac{9}{11}$ 5. $\frac{15}{19}$ 6. $\frac{8}{13}$

7. $\frac{17}{21}$ 8. $\frac{6}{17}$ 9. $\frac{5}{11}$

10. $\frac{23}{25}$ 11. $\frac{2}{9}$ 12. $\frac{3}{14}$

13. $\frac{4}{7}$ 14. $\frac{5}{12}$ 15. $\frac{3}{7}$

16. $\frac{1}{3}$ 17. $\frac{2}{5}$ 18. $\frac{3}{8}$

19. $\frac{5}{6}$ 20. $\frac{11}{17}$ 21. $\frac{12}{17}$

수수께끼 발은 발인데 향기나는 발은 ; 꽃다발

03 몫이 1보다 큰 (자연수)÷(자연수)(1) 12~13쪽

1. $1\frac{1}{3}$ 2. $2\frac{1}{2}$ 3. $1\frac{1}{2}$

4. $1\frac{1}{5}$ 5. $2\frac{1}{3}$ 6. $2\frac{2}{5}$

7. $1\frac{2}{7}$ 8. $1\frac{2}{9}$ 9. $2\frac{2}{3}$

10. $1\frac{2}{5}$ 11. $2\frac{1}{4}$ 12. $1\frac{4}{5}$

13. $3\frac{1}{4}$ 14. $1\frac{5}{6}$ 15. $1\frac{3}{8}$

16. $1\frac{5}{7}$ 17. $2\frac{3}{5}$ 18. $2\frac{3}{4}$

19. $2\frac{1}{7}$ 20. $2\frac{4}{7}$ 21. $2\frac{5}{9}$

22. $2\frac{5}{6}$

13번

04 몫이 1보다 큰 (자연수)÷(자연수)(2) 14~15쪽

1. 5, $2\frac{1}{2}$ 2. 7, $2\frac{1}{3}$ 3. $3\frac{1}{4}$

4. $2\frac{5}{6}$ 5. $1\frac{7}{8}$ 6. $4\frac{2}{3}$

7. $3\frac{4}{9}$ 8. $3\frac{3}{11}$ 9. $2\frac{6}{7}$

10. $2\frac{13}{16}$ 11. $4\frac{4}{5}$ 12. $2\frac{1}{3}$

13. $2\frac{1}{2}$ 14. $2\frac{6}{7}$ 15. $3\frac{7}{8}$

16. $3\frac{5}{9}$ 17. $2\frac{9}{10}$ 18. $4\frac{2}{7}$

19. $3\frac{1}{4}$ 20. $3\frac{2}{3}$

연상퀴즈 조선시대, 과학자, 해시계 ; 장영실

05 분자가 자연수의 배수인 (진분수)÷(자연수) 16~17쪽

1. 8, 4, 2
2. 6, 3, 2
3. 9, 3, 3
4. 6, 2, 3
5. 12, 4, 3, 13
6. 10, 2, 5, 11
7. 15, 3, 5, 16
8. 10, 5, 2, 13
9. 8, 4, $\frac{2}{9}$
10. 12, 4, $\frac{3}{13}$
11. 6, 3, $\frac{2}{7}$
12. 16, 8, $\frac{2}{25}$
13. 15, 5, $\frac{3}{19}$
14. 14, 7, $\frac{2}{15}$
15. 20, 4, $\frac{5}{21}$
16. 21, 3, $\frac{7}{23}$

06 분자가 자연수의 배수가 아닌 (진분수)÷(자연수) 18~19쪽

1. 12, 12, 2, $\frac{1}{9}$
2. 15, 15, 5
3. 30, 30, 6
4. 40, 40, 8
5. 20, 20, 5
6. $\frac{15}{18}\div 3=\frac{15\div 3}{18}=\frac{5}{18}$
7. $\frac{28}{40}\div 4=\frac{28\div 4}{40}=\frac{7}{40}$
8. $\frac{14}{18}\div 2=\frac{14\div 2}{18}=\frac{7}{18}$
9. $\frac{36}{40}\div 4=\frac{36\div 4}{40}=\frac{9}{40}$
10. $\frac{20}{45}\div 5=\frac{20\div 5}{45}=\frac{4}{45}$
11. $\frac{20}{32}\div 4=\frac{20\div 4}{32}=\frac{5}{32}$
12. $\frac{28}{48}\div 4=\frac{28\div 4}{48}=\frac{7}{48}$
13. $\frac{6}{26}\div 2=\frac{6\div 2}{26}=\frac{3}{26}$

07 집중 연산 A 20~21쪽

(위부터)

1. $\frac{4}{45}$, $1\frac{2}{3}$
2. $\frac{3}{13}$, $1\frac{3}{4}$
3. $\frac{4}{21}$, $\frac{2}{17}$
4. $\frac{4}{21}$, $\frac{3}{20}$
5. $\frac{6}{7}$, $\frac{4}{63}$
6. $\frac{1}{15}$, $\frac{2}{39}$
7. $\frac{3}{22}$, $\frac{1}{21}$
8. $\frac{2}{25}$
9. $2\frac{1}{7}$, $1\frac{2}{3}$
10. $\frac{3}{17}$, $\frac{2}{17}$
11. $\frac{2}{21}$, $\frac{4}{21}$
12. $\frac{2}{15}$, $\frac{2}{35}$
13. $\frac{1}{14}$, $\frac{1}{21}$
14. $\frac{2}{9}$, $\frac{4}{45}$
15. $\frac{1}{11}$, $\frac{5}{44}$

08 집중 연산 B 22~23쪽

1. $\frac{1}{11}$
2. $\frac{1}{16}$
3. $\frac{5}{7}$
4. $2\frac{3}{5}$
5. $5\frac{2}{5}$
6. $3\frac{1}{6}$
7. $\frac{7}{48}$
8. $\frac{5}{54}$
9. $\frac{5}{16}$
10. $\frac{1}{15}$
11. $\frac{3}{17}$
12. $\frac{4}{63}$
13. $\frac{3}{64}$
14. $\frac{5}{56}$
15. $\frac{2}{13}$
16. $\frac{3}{35}$
17. $\frac{3}{56}$
18. $\frac{5}{81}$
19. $\frac{4}{15}$
20. $\frac{2}{45}$
21. $\frac{2}{23}$
22. $\frac{5}{24}$
23. $\frac{2}{15}$
24. $\frac{2}{25}$
25. $\frac{7}{30}$
26. $\frac{4}{19}$
27. $\frac{2}{9}$
28. $\frac{1}{12}$

2 분수의 나눗셈 (2)

01 (진분수)÷(자연수)를 분수의 곱셈으로 나타내기 26~27쪽

1. 1, 24
2. 3, 35
3. $\frac{6}{35}$
4. $\frac{4}{45}$
5. $\frac{3}{28}$
6. $\frac{3}{20}$
7. $\frac{1}{32}$
8. $\frac{3}{34}$
9. $\frac{2}{45}$
10. $\frac{2}{39}$
11. NO에 ○표, $\frac{7}{50}$
12. YES에 ○표
13. NO에 ○표, $\frac{2}{21}$
14. YES에 ○표
15. YES에 ○표
16. YES에 ○표
17. YES에 ○표
18. NO에 ○표, $\frac{3}{50}$

02 (가분수)÷(자연수)를 분수의 곱셈으로 나타내기 28~29쪽

1. 7, 20
2. 9
3. $\frac{11}{24}$
4. $\frac{7}{18}$
5. $\frac{13}{20}$
6. $\frac{7}{18}$
7. $\frac{25}{48}$
8. $\frac{3}{17}$
9. $\frac{4}{15}$
10. $\frac{10}{63}$
11. $\frac{7}{12}$
12. $\frac{9}{20}$
13. $\frac{25}{54}$
14. $\frac{9}{22}$
15. $\frac{4}{15}$
16. $\frac{9}{14}$
17. $\frac{7}{36}$
18. $\frac{3}{8}$

ICE CREAM(아이스크림) ; 김성우

03 (대분수)÷(자연수)(1) 30~31쪽

1. 5, 7
2. $1\frac{5}{8}$
3. $\frac{2}{5}$
4. $\frac{2}{9}$
5. $1\frac{1}{4}$
6. $\frac{5}{6}$
7. $\frac{2}{5}$
8. $1\frac{7}{9}$
9. $\frac{9}{10}$
10. $1\frac{6}{7}$
11. $\frac{4}{7}$, $\frac{4}{7}$
12. $\frac{7}{15}$, $\frac{7}{15}$
13. $1\frac{1}{20}\div 3=\frac{7}{20}$; $\frac{7}{20}$
14. $7\frac{1}{9}\div 16=\frac{4}{9}$; $\frac{4}{9}$
15. $2\frac{4}{5}\div 7=\frac{2}{5}$; $\frac{2}{5}$
16. $4\frac{3}{8}\div 7=\frac{5}{8}$; $\frac{5}{8}$
17. $6\frac{3}{7}\div 9=\frac{5}{7}$; $\frac{5}{7}$
18. $9\frac{9}{10}\div 11=\frac{9}{10}$; $\frac{9}{10}$

04 (대분수)÷(자연수)(2) 32~33쪽

1. $1\frac{9}{10}$
2. $\frac{7}{8}$
3. $\frac{23}{84}$
4. $\frac{9}{16}$
5. $\frac{7}{55}$
6. $\frac{13}{40}$
7. $\frac{3}{52}$
8. $1\frac{3}{11}$
9. $\frac{15}{64}$
10. $\frac{7}{30}$
11. $\frac{15}{52}$
12. $\frac{12}{35}$
13. $\frac{31}{42}$
14. $\frac{43}{150}$
15. $\frac{6}{35}$
16. $\frac{5}{48}$
17. $\frac{31}{126}$
18. $\frac{11}{27}$

05 집중 연산 A 34~35쪽

(위부터)

1. $\frac{5}{21}$, $\frac{3}{5}$
2. $\frac{6}{13}$, $\frac{4}{7}$
3. $\frac{7}{9}$, $\frac{2}{17}$
4. $1\frac{6}{7}$, $\frac{7}{20}$
5. $\frac{9}{10}$, $1\frac{1}{6}$
6. $1\frac{2}{5}$, $\frac{5}{13}$
7. $1\frac{7}{11}$, $\frac{5}{7}$
8. $\frac{7}{27}$
9. $\frac{9}{14}$, $\frac{1}{2}$
10. $\frac{23}{34}$, $\frac{23}{85}$
11. $\frac{13}{28}$, $\frac{13}{42}$
12. $1\frac{2}{5}$, $\frac{3}{5}$
13. $\frac{36}{49}$, $\frac{18}{35}$
14. $3\frac{1}{3}$, $\frac{5}{6}$
15. $1\frac{1}{11}$, $\frac{2}{11}$

06 집중 연산 B 36~37쪽

1. $\frac{17}{24}$
2. $\frac{3}{4}$
3. $\frac{38}{81}$
4. $\frac{13}{20}$
5. $1\frac{4}{5}$
6. $\frac{19}{30}$
7. $\frac{6}{35}$
8. $\frac{9}{40}$
9. $\frac{3}{64}$
10. $\frac{4}{9}$
11. $\frac{3}{68}$
12. $\frac{3}{5}$
13. $\frac{3}{128}$
14. $\frac{5}{84}$
15. $1\frac{1}{3}$
16. $\frac{5}{8}$
17. $\frac{3}{5}$
18. $\frac{9}{20}$
19. $1\frac{3}{8}$
20. $1\frac{5}{6}$
21. $\frac{4}{21}$
22. $2\frac{7}{8}$
23. $\frac{7}{30}$
24. $1\frac{3}{4}$
25. $1\frac{9}{10}$
26. $\frac{8}{45}$
27. $\frac{17}{27}$
28. $2\frac{5}{6}$

3 분수의 곱셈과 나눗셈

01 (진분수)÷(자연수)×(자연수) 40~41쪽

1. 4, $1\frac{1}{3}$
2. 8, $2\frac{2}{3}$
3. $\frac{1}{14}$
4. $\frac{20}{21}$
5. $1\frac{1}{5}$
6. $1\frac{1}{7}$
7. $\frac{5}{9}$
8. $3\frac{1}{2}$
9. $\frac{1}{6}$
10. $\frac{21}{25}$
11. $\frac{4}{7}$
12. $\frac{1}{8}$
13. $\frac{1}{3}$
14. $1\frac{1}{2}$
15. $1\frac{3}{25}$
16. $\frac{4}{9}$
17. $1\frac{1}{14}$
18. $1\frac{1}{4}$

4개

02 (대분수)÷(자연수)×(자연수) 42~43쪽

1. 3, $1\frac{1}{2}$
2. 19, 19
3. $3\frac{1}{9}$
4. $\frac{4}{7}$
5. 3
6. $2\frac{1}{4}$
7. $3\frac{1}{2}$
8. $6\frac{3}{4}$
9. $3\frac{1}{5}$
10. $\frac{3}{5}$
11. $\frac{2}{9}$
12. $1\frac{7}{8}$
13. $2\frac{2}{5}$
14. $1\frac{1}{8}$
15. $\frac{4}{7}$
16. $2\frac{2}{3}$
17. $5\frac{1}{3}$
18. $\frac{2}{3}$
19. $1\frac{1}{2}$

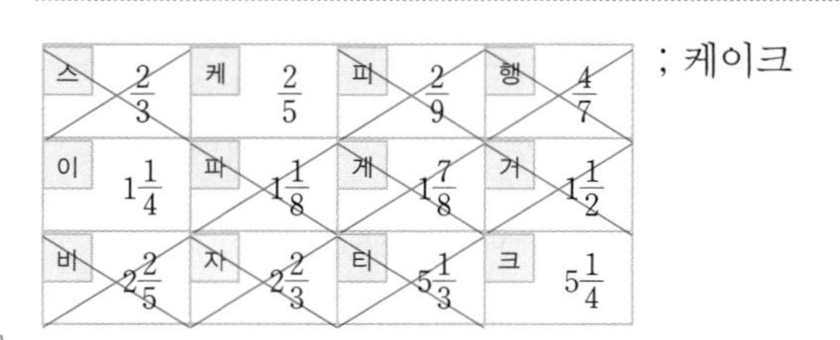

; 케이크

03 (진분수)×(자연수)÷(자연수) 44~45쪽

1. 4, 3, $1\frac{1}{3}$
2. 3, $\frac{8}{9}$
3. $1\frac{1}{3}$
4. $\frac{3}{16}$
5. $\frac{2}{9}$
6. $\frac{1}{5}$
7. $\frac{1}{4}$
8. $1\frac{13}{15}$
9. $3\frac{3}{7}$
10. $\frac{16}{21}$
11. $\frac{2}{3}$
12. $2\frac{4}{5}$
13. $2\frac{1}{2}$
14. $\frac{2}{5}$
15. $\frac{1}{4}$
16. $\frac{1}{5}$
17. $1\frac{3}{5}$
18. $3\frac{1}{3}$
19. $\frac{4}{9}$
20. $1\frac{1}{2}$

수수께끼 누구나 즐겁게 읽는 글은 ; 싱글벙글

04 (대분수)×(자연수)÷(자연수) 46~47쪽

1. 11, 3, 22, $2\frac{4}{9}$
2. $\frac{1}{3}$
3. $\frac{6}{7}$
4. $\frac{4}{5}$
5. $4\frac{1}{2}$
6. $5\frac{1}{3}$
7. $4\frac{1}{2}$
8. $1\frac{1}{3}$
9. $\frac{3}{4}$
10. $1\frac{1}{5}$
11. $\frac{2}{7}$
12. $1\frac{1}{2}$
13. $1\frac{7}{9}$
14. $\frac{3}{4}$
15. $1\frac{1}{3}$
16. $3\frac{2}{3}$
17. $\frac{18}{25}$

연상퀴즈 지폐, 만 원, 한글 ; 세종대왕

05 (진분수)÷(자연수)÷(자연수) 48~49쪽

1. 5, 3, 40
2. 3, 30
3. $\frac{1}{56}$
4. $\frac{7}{144}$
5. $\frac{2}{135}$
6. $\frac{1}{80}$
7. $\frac{3}{64}$
8. $\frac{2}{45}$
9. $\frac{1}{63}$
10. $\frac{1}{150}$
11. $\frac{1}{24}$
12. $\frac{1}{11}$
13. $\frac{1}{54}$
14. $\frac{1}{13}$
15. $\frac{1}{17}$
16. $\frac{1}{45}$
17. $\frac{1}{42}$
18. $\frac{1}{38}$
19. $\frac{1}{88}$
20. $\frac{1}{25}$

수수께끼 깨뜨리고 칭찬 받는 것은 ; 신기록

3. $\frac{5}{7}\div10\div4=\frac{\overset{1}{\cancel{5}}}{7}\times\frac{1}{\underset{2}{\cancel{10}}}\times\frac{1}{4}=\frac{1}{56}$

4. $\frac{7}{8}\div3\div6=\frac{7}{8}\times\frac{1}{3}\times\frac{1}{6}=\frac{7}{144}$

5. $\frac{4}{9}\div6\div5=\frac{\overset{2}{\cancel{4}}}{9}\times\frac{1}{\underset{3}{\cancel{6}}}\times\frac{1}{5}=\frac{2}{135}$

6. $\frac{9}{10}\div4\div18=\frac{\overset{1}{\cancel{9}}}{10}\times\frac{1}{4}\times\frac{1}{\underset{2}{\cancel{18}}}=\frac{1}{80}$

7. $\frac{15}{16}\div5\div4=\frac{\overset{3}{\cancel{15}}}{16}\times\frac{1}{\underset{1}{\cancel{5}}}\times\frac{1}{4}=\frac{3}{64}$

8. $\frac{8}{15}\div4\div3=\frac{\overset{2}{\cancel{8}}}{15}\times\frac{1}{\underset{1}{\cancel{4}}}\times\frac{1}{3}=\frac{2}{45}$

9. $\frac{20}{21}\div12\div5=\frac{\overset{\overset{1}{\cancel{5}}}{\cancel{20}}}{21}\times\frac{1}{\underset{3}{\cancel{12}}}\times\frac{1}{\underset{1}{\cancel{5}}}=\frac{1}{63}$

10. $\frac{18}{25}\div12\div9=\frac{\overset{\overset{1}{\cancel{3}}}{\cancel{18}}}{25}\times\frac{1}{\underset{2}{\cancel{12}}}\times\frac{1}{\underset{3}{\cancel{9}}}=\frac{1}{150}$

06 (대분수)÷(자연수)÷(자연수) 50~51쪽

1. 8, 3, 15
2. 9, 3, 14
3. $\frac{13}{160}$
4. $\frac{2}{27}$
5. $\frac{5}{66}$
6. $\frac{1}{14}$
7. $\frac{1}{48}$
8. $\frac{13}{81}$
9. $\frac{1}{39}$
10. $\frac{1}{50}$
11. 풀이 참조

5개

07 집중 연산 A 52~53쪽

1. $2\frac{1}{4}$
2. 2
3. $\frac{1}{6}$
4. $1\frac{1}{3}$
5. $\frac{1}{32}$
6. $\frac{1}{8}$
7. $\frac{2}{3}$
8. $1\frac{5}{7}$
9. $\frac{1}{9}$
10. $\frac{3}{28}$
11. $\frac{5}{8}$, $1\frac{2}{3}$
12. $2\frac{2}{7}$, $1\frac{1}{3}$
13. $\frac{9}{20}$, $\frac{1}{6}$
14. $2\frac{1}{3}$, 2
15. $\frac{1}{64}$, $\frac{1}{33}$
16. $\frac{1}{56}$, $\frac{7}{100}$
17. $\frac{1}{88}$, $\frac{4}{9}$
18. $\frac{2}{3}$, $1\frac{1}{8}$

08 집중 연산 B 54~55쪽

1. $\frac{7}{8}$
2. $\frac{1}{6}$
3. $\frac{1}{5}$
4. $\frac{1}{2}$
5. $1\frac{7}{9}$
6. $1\frac{1}{2}$
7. $9\frac{1}{7}$
8. $3\frac{1}{4}$
9. $\frac{1}{3}$
10. $\frac{4}{9}$
11. $\frac{3}{5}$
12. $1\frac{5}{7}$
13. $2\frac{2}{3}$
14. $\frac{2}{3}$
15. $4\frac{3}{4}$
16. 3
17. $\frac{1}{28}$
18. $\frac{1}{80}$
19. $\frac{2}{27}$
20. $\frac{1}{42}$
21. $\frac{1}{16}$
22. $\frac{1}{16}$
23. $\frac{3}{16}$
24. $\frac{1}{21}$

4 소수의 나눗셈 (1)

01 몫이 소수 한 자리 수인 (소수)÷(자연수) (1) 58~59쪽

1.

	1.	2
4	)4.	8
	4	
		8
		8
		0

2.

	1.	3
3	)3.	9
	3	
		9
		9
		0

3.

	1.	4
2	)2.	8
	2	
		8
		8
		0

4.

	2.	3
3	)6.	9
	6	
		9
		9
		0

5.

	2.	1
4	)8.	4
	8	
		4
		4
		0

6.

	3.	2
3	)9.	6
	9	
		6
		6
		0

7.

	3.	2
2	)6.	4
	6	
		4
		4
		0

8.

	1.	1
8	)8.	8
	8	
		8
		8
		0

9.

	3.	1
3	)9.	3
	9	
		3
		3
		0

10. 2.3,

	2.	3
2	)4.	6
	4	
		6
		6
		0

11. 2.1,

	2.	1
3	)6.	3
	6	
		3
		3
		0

12. 4.2,

		4.	2
4	)1	6.	8
	1	6	
			8
			8
			0

13. 2.1,

		2.	1
5	)1	0.	5
	1	0	
			5
			5
			0

14. 5.1,

		5.	1
6	)3	0.	6
	3	0	
			6
			6
			0

15. 6.1,

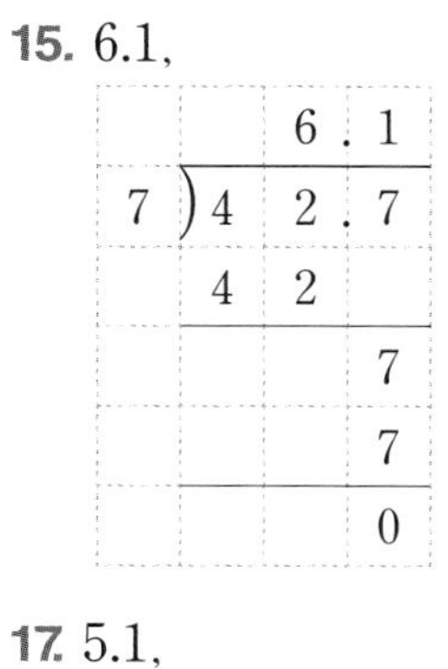

		6.	1
7	)4	2.	7
	4	2	
			7
			7
			0

16. 9.2,

		9.	2
4	)3	6.	8
	3	6	
			8
			8
			0

17. 5.1,

		5.	1
9	)4	5.	9
	4	5	
			9
			9
			0

02 몫이 소수 한 자리 수인 (소수)÷(자연수) (2) 60~61쪽

1. 39, 39, 13, 1.3 **2.** 48, 48, 24, 2.4
3. 63, 63, 21, 2.1 **4.** 84, 84, 21, 2.1
5. 68, 68, 34, 3.4 **6.** 6.3
7. 4.3 **8.** 4.1 **9.** 5.3
10. 11.3 **11.** 7.3 **12.** 8.3
13. 7.2 **14.** 6.2 **15.** 10.2

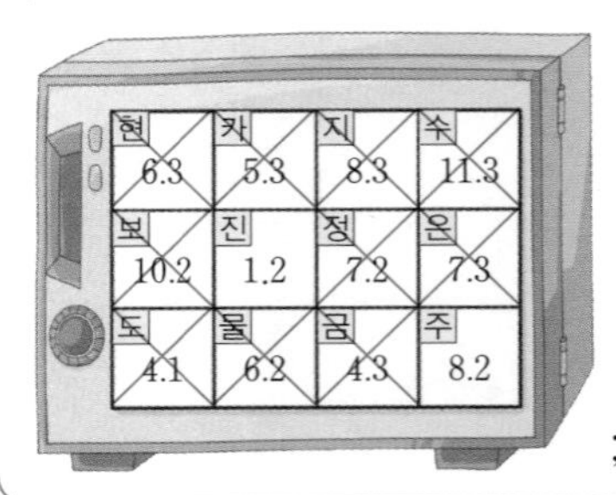

; 진주

03 몫이 소수 한 자리 수인 (소수)÷(자연수) (3) 62~63쪽

1.

		2	.3
8	)1	8	.4
	1	6	
		2	4
		2	4
			0

2.

		2	.8
9	)2	5	.2
	1	8	
		7	2
		7	2
			0

3.

		6	.8
7	)4	7	.6
	4	2	
		5	6
		5	6
			0

4.

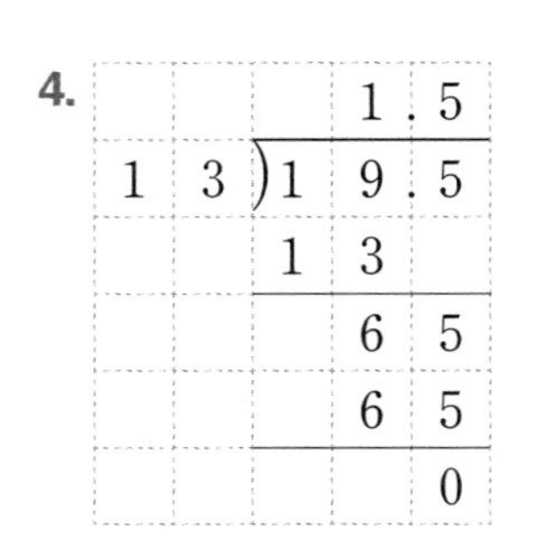

			1	.5
1	3	)1	9	.5
		1	3	
			6	5
			6	5
				0

5.

			2	.1
2	9	)6	0	.9
		5	8	
			2	9
			2	9
				0

6.

			2	.3
1	7	)3	9	.1
		3	4	
			5	1
			5	1
				0

7.

			2	.4
1	2	)2	8	.8
		2	4	
			4	8
			4	8
				0

8.

			1	.2
1	4	)1	6	.8
		1	4	
			2	8
			2	8
				0

9.

			3	.4
1	3	)4	4	.2
		3	9	
			5	2
			5	2
				0

10. 6.9,

		6	.9
5	)3	4	.5
	3	0	
		4	5
		4	5
			0

11. 3.8,

		3	.8
6	)2	2	.8
	1	8	
		4	8
		4	8
			0

12. 7.8,

		7	.8
7	)5	4	.6
	4	9	
		5	6
		5	6
			0

13. 9.6,

		9	.6
4	)3	8	.4
	3	6	
		2	4
		2	4
			0

14. 3.8,

			3	.8
1	1	)4	1	.8
		3	3	
			8	8
			8	8
				0

15. 4.7,

			4.	7
1	3	)6	1.	1
		5	2	
			9	1
			9	1
				0

16. 3.6,

			3.	6
1	7	)6	1.	2
		5	1	
		1	0	2
		1	0	2
				0

17. 4.3,

			4.	3
1	8	)7	7.	4
		7	2	
			5	4
			5	4
				0

04 몫이 소수 한 자리 수인 (소수)÷(자연수) (4)

64~65쪽

1. 4, 39, 3.9　**2.** 6, 32, 3.2　**3.** 4.7
4. 4.2　**5.** 1.3　**6.** 1.7
7. 1.9　**8.** 2.4　**9.** 2.7
10. 2.6　**11.** 3.4　**12.** 1.6
13. 6.2　**14.** 2.5　**15.** 2.9
16. 1.5　**17.** 1.6　**18.** 3.6
19. 2.7　**20.** 2.4

05 몫이 소수 두 자리 수인 (소수)÷(자연수) (1)

66~67쪽

1.

		8.	7	3
5	)4	3.	6	5
	4	0		
		3	6	
		3	5	
			1	5
			1	5
				0

2.

		7.	9	8
9	)7	1.	8	2
	6	3		
		8	8	
		8	1	
			7	2
			7	2
				0

3.

		9.	2	3
6	)5	5.	3	8
	5	4		
		1	3	
		1	2	
			1	8
			1	8
				0

4.

		8.	7	4
8	)6	9.	9	2
	6	4		
		5	9	
		5	6	
			3	2
			3	2
				0

5.

		8.	1	2
7	)5	6.	8	4
	5	6		
			8	
			7	
			1	4
			1	4
				0

6.

		9.	2	6
9	)8	3.	3	4
	8	1		
		2	3	
		1	8	
			5	4
			5	4
				0

7. 4.13,

		4.	1	3
5	)2	0.	6	5
	2	0		
			6	
			5	
			1	5
			1	5
				0

8. 5.27,

		5.	2	7
4	)2	1.	0	8
	2	0		
		1	0	
			8	
			2	8
			2	8
				0

9. 6.23,

		6.	2	3
7)	4	3.	6	1
	4	2		
		1	6	
		1	4	
			2	1
			2	1
				0

10. 3.61,

		3.	6	1
8)	2	8.	8	8
	2	4		
		4	8	
		4	8	
				8
				8
				0

11. 8.92,

		8.	9	2
6)	5	3.	5	2
	4	8		
		5	5	
		5	4	
			1	2
			1	2
				0

12. 7.52,

		7.	5	2
9)	6	7.	6	8
	6	3		
		4	6	
		4	5	
			1	8
			1	8
				0

06 몫이 소수 두 자리 수인 (소수)÷(자연수) (2) — 68~69쪽

1. 5, 731, 7.31
2. 6, 723, 7.23
3. 5.42
4. 6.37
5. 8.72
6. 3.67
7. 3.56
8. 2.91
9. 4.23
10. 3.54
11. 9.14
12. 9.43
13. 3.49
14. 4.67
15. 7.23
16. 6.34
17. 13.21
18. 12.61

07 자연수의 나눗셈을 이용한 (소수)÷(자연수) — 70~71쪽

1. 32.1, 3.21
2. (위부터) 123, 36.9, 12.3, 3.69, 1.23
3. (왼쪽부터) 234, 23.4, 2.34 ; $\frac{1}{10}$, $\frac{1}{100}$
4. 246, 123, 12.3
5. 246, 123, 1.23
6. 366, 366, 122, 12.2
7. 366, 366, 122, 1.22
8. 848, 848, 212, 21.2
9. 848, 848, 212, 2.12

08 집중 연산 A — 72~73쪽

1. 2.1, 1.15
2. 2.1, 1.11
3. 1.1, 1.2
4. 1.4, 3.6
5. 4.3, 8.1
6. 2.33, 3.57
7. 1.3, 2.45
8. 1.7, 2.1
9. 11.5, 8.13
10. 1.23, 1.3
11. 1.2, 2.1
12. 1.7, 4.1
13. (위부터) 3.2, 1.6, 2.56
14. (위부터) 21.6, 16.2, 7.2, 5.4
15. (위부터) 5.4, 3.6, 2.7, 2.4
16. (위부터) 19.2, 4.8, 7.2, 3.6
17. (위부터) 2.88, 4.32, 2.16, 1.44
18. (위부터) 22.8, 15.2, 11.4, 7.6

09 집중 연산 B — 74~75쪽

1. 2.4
2. 3.1
3. 1.32
4. 2.3
5. 3.8
6. 2.91
7. 2.2
8. 3.1
9. 1.32
10. 1.6
11. 1.2
12. 2.33
13. 4.1
14. 2.4
15. 2.33
16. 1.2
17. 1.9
18. 1.3
19. 2.1
20. 3.1
21. 3.18
22. 1.43
23. 6.18
24. 1.67
25. 1.71
26. 1.24
27. 1.76
28. 1.24
29. 1.34

5 소수의 나눗셈 (2)

01 몫이 1보다 작은 (소수)÷(자연수) (1) — 78~79쪽

1. $$\begin{array}{r} 0.6 \\ 4\overline{)2.4} \\ 2\;4 \\ \hline 0 \end{array}$$

2. $$\begin{array}{r} 0.8 \\ 7\overline{)5.6} \\ 5\;6 \\ \hline 0 \end{array}$$

3. $$\begin{array}{r} 0.9 \\ 5\overline{)4.5} \\ 4\;5 \\ \hline 0 \end{array}$$

4. $$\begin{array}{r} 0.9 \\ 6\overline{)5.4} \\ 5\;4 \\ \hline 0 \end{array}$$

5. $$\begin{array}{r} 0.6 \\ 8\overline{)4.8} \\ 4\;8 \\ \hline 0 \end{array}$$

6. $$\begin{array}{r} 0.7 \\ 7\overline{)4.9} \\ 4\;9 \\ \hline 0 \end{array}$$

7. 6, 0.6
8. 7, 0.7
9. 21, 7, 3, 0.3
10. 0.7
11. 0.6
12. 0.4
13. 0.6
14. 0.4
15. 0.9
16. 0.7
17. 0.9
18. 0.7

수수께끼 처음 보는 소의 인사는 ; 반갑소

02 몫이 1보다 작은 (소수)÷(자연수) (2) — 80~81쪽

1.

	0	. 2	6
3	)0	. 7	8
		6	
		1	8
		1	8
			0

2.

	0	. 2	3
4	)0	. 9	2
		8	
		1	2
		1	2
			0

3.

	0	. 2	7
3	)0	. 8	1
		6	
		2	1
		2	1
			0

4. 72, 3, 24, 0.24
5. 52, 4, 13, 0.13
6. 76, 4, 19, 0.19
7. 0.17
8. 0.31
9. 0.13
10. 0.37
11. 0.27
12. 0.23
13. 0.16
14. 0.29

⑤

03 몫이 1보다 작은 (소수)÷(자연수) (3) — 82~83쪽

1.

	0	. 3	6
4	)1	. 4	4
	1	2	
		2	4
		2	4
			0

2.

	0	. 9	1
9	)8	. 1	9
	8	1	
			9
			9
			0

3.

	0	. 4	8
8	)3	. 8	4
	3	2	
		6	4
		6	4
			0

4. 25, 0.25
5. 27, 0.27
6. 365, 365, 73, 0.73
7. 504, 504, 63, 0.63
8. 0.73
9. 0.67
10. 0.41
11. 0.63
12. 0.42
13. 0.92
14. 0.72
15. 0.91
16. 0.71
17. 0.83
18. 0.87

수수께끼 세상에서 가장 추운 바다는 ; 썰렁해

04 소수점 아래 0을 내려 계산하는 (소수)÷(자연수)(1) 84~85쪽

1.
```
    1.88
5)9.4
  5
  44
  40
   40
   40
    0
```

2.
```
    4.25
6)25.5
  24
   15
   12
    30
    30
     0
```

3.
```
      6.55
12)78.6
   72
    66
    60
     60
     60
      0
```

4.
```
    2.45
4)9.8
  8
  18
  16
   20
   20
    0
```

5.
```
    7.35
8)58.8
  56
   28
   24
    40
    40
     0
```

6.
```
      5.42
15)81.3
   75
    63
    60
     30
     30
      0
```

7. 2.45　8. 4.35　9. 7.85
10. 1.95　11. 4.86　12. 9.35
13. 2.78　14. 6.25　15. 3.35

MOTHER(엄마), SON(아들)

7.
```
    2.45
6)14.7
  12
   27
   24
    30
    30
     0
```

8.
```
    4.35
8)34.8
  32
   28
   24
    40
    40
     0
```

9.
```
    7.85
2)15.7
  14
   17
   16
    10
    10
     0
```

10.
```
   1.95
4)7.8
  4
  38
  36
   20
   20
    0
```

11.
```
    4.86
5)24.3
  20
   43
   40
    30
    30
     0
```

12.
```
    9.35
8)74.8
  72
   28
   24
    40
    40
     0
```

13.
```
     2.78
10)27.8
   20
    78
    70
     80
     80
      0
```

14.
```
     6.25
14)87.5
   84
    35
    28
     70
     70
      0
```

15.
```
     3.35
12)40.2
   36
    42
    36
     60
     60
      0
```

05 소수점 아래 0을 내려 계산하는 (소수)÷(자연수)(2) 86~87쪽

1. 4, 37, 185, 1.85
2. 5, 50, 526, 5.26
3. 1.45
4. 2.65
5. 4.65
6. 3.65
7. 5.15
8. 3.55
9. 12.26
10. 3.88
11. 7.35, 7.35
12. 5.16, 5.16
13. $9.4 \div 4 = 2.35$, 2.35
14. $17.3 \div 2 = 8.65$, 8.65
15. $55.5 \div 6 = 9.25$, 9.25
16. $9.2 \div 8 = 1.15$, 1.15
17. $52.6 \div 4 = 13.15$, 13.15
18. $20.7 \div 6 = 3.45$, 3.45

06 소수점 아래 0을 내려 계산하는 (소수)÷(자연수)(3) 88~89쪽

1. 0.25
2. 0.16
3. 0.35
4. 1.14
5. 4.15
6. 1.15
7. 1.65
8. 1.85
9. 1.24
10. 7.65
11. 1.88
12. 4.35
13. 8.15
14. 3.85
15. 3.72
16. 4.85
17. 7.95

07 집중 연산 A 90~91쪽

1. 0.45, 0.65
2. 0.27, 0.58
3. 0.54, 0.47
4. 0.75, 0.84
5. 0.52, 0.89
6. 0.56, 0.78
7. 0.16, 1.14
8. 2.55, 0.95
9. 2.65, 4.55
10. 1.35, 0.875
11. 2.68, 3.52
12. 2.95, 2.35
13. 0.92, 0.46
14. 1.35, 0.9
15. 1.85, 2.22
16. 2.94, 7.35
17. 1.775, 3.55
18. 0.84, 0.42
19. 1.72, 2.15
20. 0.27, 0.216
21. 0.49, 0.588
22. 3.15, 1.575
23. 3.35, 5.36
24. 0.48, 0.672

08 집중 연산 B 92~93쪽

1. 1.85
2. 5.345
3. 1.92
4. 5.935
5. 2.72
6. 9.325
7. 0.35
8. 0.76
9. 0.36
10. 0.47
11. 0.98
12. 0.46
13. 0.87
14. 2.575
15. 12.125
16. 1.44
17. 1.95
18. 5.35
19. 4.165
20. 11.72
21. 3.74
22. 0.57
23. 0.45
24. 0.65
25. 0.62
26. 0.24
27. 0.92
28. 0.24
29. 0.99

6 소수의 나눗셈(3)

01 몫의 소수 첫째 자리에 0이 있는 (소수)÷(자연수)(1) 96~97쪽

1.

	1.	0	5
6)	6.	3	
	6		
		3	0
		3	0
			0

2.

		2.	0	8
5)	1	0.	4	
	1	0		
			4	0
			4	0
				0

3.

			2.	0	5
1	2)	2	4.	6	
		2	4		
				6	0
				6	0
					0

4.

	2.	0	5
4)	8.	2	
	8		
		2	0
		2	0
			0

5.

		4.	0	5
8)	3	2.	4	
	3	2		
			4	0
			4	0
				0

6.

			3.	0	5
1	4)	4	2.	7	
		4	2		
				7	0
				7	0
					0

7.

	3.	0	7
3)	9.	2	1
	9		
		2	1
		2	1
			0

8.

		7.	0	6
6)	4	2.	3	6
	4	2		
			3	6
			3	6
				0

9.

			5.	0	6
1	5)	7	5.	9	
		7	5		
				9	0
				9	0
					0

10. 6.08,

		6.	0	8
4)	2	4.	3	2
	2	4		
			3	2
			3	2
				0

11. 6.02,

		6.	0	2
6)	3	6.	1	2
	3	6		
			1	2
			1	2
				0

12. 4.05,

		4.	0	5
4)	1	6.	2	
	1	6		
			2	0
			2	0
				0

13. 7.05,

		7.	0	5
8)	5	6.	4	
	5	6		
			4	0
			4	0
				0

14. 8.08,

		8	. 0	8
5	)4	0	. 4	
	4	0		
			4	0
			4	0
				0

15. 6.03,

		6	. 0	3
8	)4	8	. 2	4
	4	8		
			2	4
			2	4
				0

3. $18.3\div6=\frac{\overset{61}{\cancel{183}}}{10}\times\frac{1}{\underset{2}{\cancel{6}}}=\frac{61}{20}=\frac{305}{100}=3.05$

4. $6.18\div3=\frac{\overset{206}{\cancel{618}}}{100}\times\frac{1}{\underset{1}{\cancel{3}}}=\frac{206}{100}=2.06$

5. $32.2\div4=\frac{\overset{161}{\cancel{322}}}{10}\times\frac{1}{\underset{2}{\cancel{4}}}=\frac{161}{20}=\frac{805}{100}=8.05$

6. $28.42\div7=\frac{\overset{406}{\cancel{2842}}}{100}\times\frac{1}{\underset{1}{\cancel{7}}}=\frac{406}{100}=4.06$

7. $27.63\div9=\frac{\overset{307}{\cancel{2763}}}{100}\times\frac{1}{\underset{1}{\cancel{9}}}=\frac{307}{100}=3.07$

8. $70.35\div7=\frac{\overset{1005}{\cancel{7035}}}{100}\times\frac{1}{\underset{1}{\cancel{7}}}=\frac{1005}{100}=10.05$

9. $61.08\div12=\frac{\overset{509}{\cancel{6108}}}{100}\times\frac{1}{\underset{1}{\cancel{12}}}=\frac{509}{100}=5.09$

10. $72.9\div18=\frac{\overset{81}{\cancel{729}}}{10}\times\frac{1}{\underset{2}{\cancel{18}}}=\frac{81}{20}=\frac{405}{100}=4.05$

02 몫의 소수 첫째 자리에 0이 있는 (소수)÷(자연수)(2) — 98~99쪽

1. 51, 102, 1.02
2. 141, 705, 7.05
3. 3.05
4. 2.06
5. 8.05
6. 4.06
7. 3.07
8. 10.05
9. 5.09
10. 4.05
11. 2.05
12. 3.09
13. 3.05
14. 2.04
15. 3.04
16. 5.02
17. 2.07
18. 3.08
19. 5.05
20. 5.04

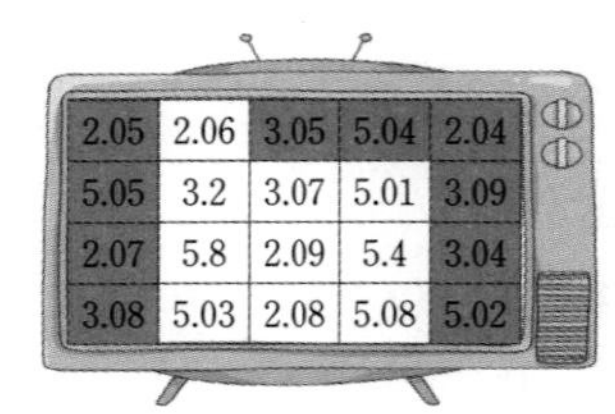

2.05	2.06	3.05	5.04	2.04
5.05	3.2	3.07	5.01	3.09
2.07	5.8	2.09	5.4	3.04
3.08	5.03	2.08	5.08	5.02

; 17번 : 슈퍼빅터B

03 몫의 소수 첫째 자리에 0이 있는 (소수)÷(자연수)(3) — 100~101쪽

1. 2.06
2. 3.08
3. 3.07
4. 2.04
5. 3.05
6. 4.06
7. 3224, 3224, 403, 4.03
8. 3542, 3542, 506, 5.06
9. 3042, 3042, 507, 5.07
10. $5.35\div5=1.07$, 1.07
11. $3.27\div3=1.09$. 1.09
12. $20.3\div5=4.06$, 4.06
13. $28.24\div4=7.06$, 7.06
14. $60.24\div3=20.08$, 20.08
15. $80.24\div8=10.03$, 10.03

04 (자연수)÷(자연수)(1) 102~103쪽

1.

	1.	2
5	)6.	
	5	
	1	0
	1	0
		0

2.

	3.	5
2	)7.	
	6	
	1	0
	1	0
		0

3.

	1.	5
6	)9.	
	6	
	3	0
	3	0
		0

4.

	0.	7	5
4	)3.		
	2	8	
		2	0
		2	0
			0

5.

		0.	3	5
2	0	)7.		
		6	0	
		1	0	0
		1	0	0
				0

6.

		0.	2	4
2	5	)6.		
		5	0	
		1	0	0
		1	0	0
				0

7.

		0.	4	5
2	0	)9.		
		8	0	
		1	0	0
		1	0	0
				0

8.

			0.	2	5
4	8	)1	2.		
			9	6	
			2	4	0
			2	4	0
					0

9.

			0.	7	5
2	4	)1	8.		
		1	6	8	
			1	2	0
			1	2	0
					0

10.

	2	8.	5
2	)5	7.	
	4		
	1	7	
	1	6	
		1	0
		1	0
			0

, 28.5

11.

	1	1.	4
5	)5	7.	
	5		
		7	
		5	
		2	0
		2	0
			0

, 11.4

12.

			4.	7	5
1	2	)5	7.		
		4	8		
			9	0	
			8	4	
				6	0
				6	0
					0

, 4.75

13.

	1	4.	2	5
4	)5	7.		
	4			
	1	7		
	1	6		
		1	0	
			8	
			2	0
			2	0
				0

, 14.25

14.

		7.	1	2	5
8	)5	7.			
	5	6			
		1	0		
			8		
			2	0	
			1	6	
				4	0
				4	0
					0

, 7.125

15.

			2.	3	7	5
2	4	)5	7.			
		4	8			
			9	0		
			7	2		
			1	8	0	
			1	6	8	
				1	2	0
				1	2	0
						0

, 2.375

05 (자연수)÷(자연수)(2) 104~105쪽

1. 5, 18, 1.8 **2.** 3, 75, 0.75
3. 6.5 **4.** 1.75 **5.** 3.5
6. 0.32 **7.** 0.7 **8.** 1.25
9. 0.6 **10.** 1.625 **11.** 3.5
12. 2.5 **13.** 0.36 **14.** 4.5
15. 0.55 **16.** 7.8 **17.** 2.8
18. 1.08 **19.** 6.5 **20.** 0.66

수수께끼 병아리가 제일 잘 먹는 약 ; 삐약

06 집중 연산 A 106~107쪽

1. 6.08, 3.02 **2.** 2.05, 7.04
3. 7.05, 7.125 **4.** 9.05, 3.625
5. 1.08, 6.05 **6.** 5.75, 7.6
7. 8.07, 6.04 **8.** 7.08, 1.09
9. 6.25, 5.125 **10.** 12.06, 5.625
11. 3.05, 1.03 **12.** 4.05, 8.5
13. 9.04, 3.08 **14.** 1.05, 1.75
15. 4.07, 2.25 **16.** 1.75, 2.05
17. 3.625, 7.05 **18.** 3.75, 4.05

07 집중 연산 B 108~109쪽

1. 1.08 **2.** 3.07
3. 9.02 **4.** 5.035
5. 7.02 **6.** 3.09
7. 4.05 **8.** 5.07
9. 2.72 **10.** 5.03
11. 0.52 **12.** 6.25
13. 0.95 **14.** 2.125
15. 9.025 **16.** 5.05
17. 4.06 **18.** 1.04
19. 8.09 **20.** 8.06
21. 3.05 **22.** 9.05
23. 11.07 **24.** 4.4
25. 3.5 **26.** 7.8
27. 6.5 **28.** 1.92
29. 1.125

7 비와 비율

01 비 알아보기 112~113쪽

1. 3, 8 **2.** 9, 3 **3.** 12, 9
4. 11, 8 **5.** 16, 12 **6.** 14, 10
7. ㉤ **8.** ㉢ **9.** ㉡
10. ㉣ **11.** ㉠ **12.** ㉥

02 비율을 분수로 나타내기 114~115쪽

1. 9, $\frac{9}{12}$, 3 **2.** 16, $\frac{16}{20}$, 4
3. $\frac{3}{8}$ **4.** $\frac{7}{36}$
5. $\frac{4}{5}$ **6.** $\frac{1}{4}$
7. $\frac{6}{14}\left(=\frac{3}{7}\right)$ **8.** $\frac{12}{26}\left(=\frac{6}{13}\right)$
9. ❶ $\frac{5}{24}$ ❷ $\frac{19}{48}$
❸ $\frac{8}{16}\left(=\frac{1}{2}\right)$ ❹ $\frac{6}{9}\left(=\frac{2}{3}\right)$
❺ $\frac{10}{15}\left(=\frac{2}{3}\right)$ ❻ $\frac{18}{12}\left(=\frac{3}{2}\right)$
❼ $\frac{8}{12}\left(=\frac{2}{3}\right)$ ❽ $\frac{36}{50}\left(=\frac{18}{25}\right)$

9. ❶ 5 : 24 ➡ $\frac{5}{24}$
❷ 19 : 48 ➡ $\frac{19}{48}$
❸ 8 : 16 ➡ $\frac{8}{16}=\frac{1}{2}$
❹ 6 : 9 ➡ $\frac{6}{9}=\frac{2}{3}$
❺ 10 : 15 ➡ $\frac{10}{15}=\frac{2}{3}$
❻ 18 : 12 ➡ $\frac{18}{12}=\frac{3}{2}$
❼ 8 : 12 ➡ $\frac{8}{12}=\frac{2}{3}$
❽ 36 : 50 ➡ $\frac{36}{50}=\frac{18}{25}$

03 비율을 소수로 나타내기 116~117쪽

1. 12, 8, 0.8 **2.** 9, 9, 3, 75, 0.75
3. 0.2 **4.** 0.12 **5.** 0.625
6. 0.5 **7.** 1.5 **8.** 0.45
9. 0.7 **10.** 0.8 **11.** 0.6
12. 0.8 **13.** 0.7 **14.** 0.75
15. 0.85 **16.** 0.35 **17.** 0.8
18. 0.44

04 비교하는 양, 기준량 구하기 118~119쪽

1. 4 **2.** 36 **3.** 9
4. 7 **5.** 3 **6.** 3
7. 10 **8.** 32 **9.** 16
10. 5 **11.** 10 **12.** 20
13. 150 **14.** 96
15. $6500 \times 0.02 = 130$
16. $3600 \times 0.02 = 72$
17. $3200 \times 0.02 = 64$
18. $1500 \times 0.02 = 30$

128

05 걸린 시간에 대한 간 거리의 비율 120~121쪽

1. $\frac{540}{2}(=270)$
2. $\frac{440}{2}(=220)$
3. $\frac{260}{4}(=65)$
4. $\frac{960}{16}(=60)$
5. $\frac{480}{12}(=40)$
6. $\frac{573}{3}(=191)$
7. $\frac{360}{15}(=24)$
8. $\frac{1200}{15}(=80)$
9. 92
10. 15
11. 80
12. 30
13. 76
14. 84
15. 12
16. 5

수수께끼 차가 깜짝 놀란다면 ; 카놀라유

06 넓이에 대한 인구의 비율 122~123쪽

1. 28
2. 520
3. 168
4. 80
5. 125
6. 90
7. 130
8. 150
9. 17500
10. 6870
11. 5100
12. 20200
13. 380
14. 14455

07 비율을 백분율로 나타내기 124~125쪽

1. 75 %
2. 30 %
3. 70 %
4. 42 %
5. 44 %
6. 15 %
7. 65 %
8. 9 %
9. 78 %
10. 12.5 %
11. 40
12. 25
13. $\frac{7000}{20000}\times100=35$
14. $\frac{8000}{25000}\times100=32$
15. $\frac{3000}{12000}\times100=25$
16. $\frac{3600}{18000}\times100=20$

08 백분율을 분수로 나타내기 126~127쪽

1. $\frac{1}{50}$
2. $\frac{9}{100}$
3. $\frac{4}{25}$
4. $\frac{11}{50}$
5. $\frac{9}{25}$
6. $\frac{16}{25}$
7. $\frac{12}{25}$
8. $\frac{57}{100}$
9. $\frac{63}{100}$
10. $\frac{87}{100}$

11. 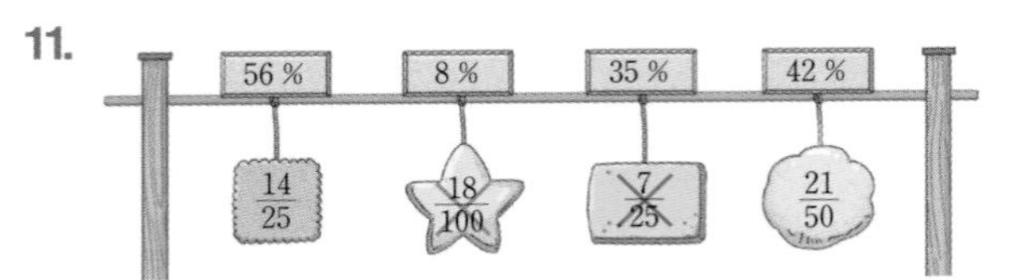

12. 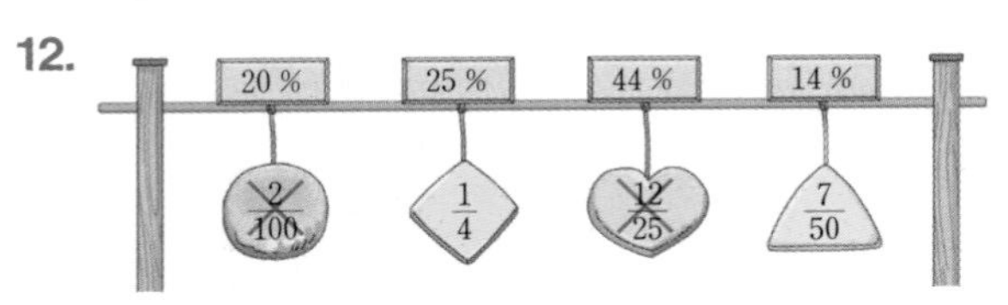

13. 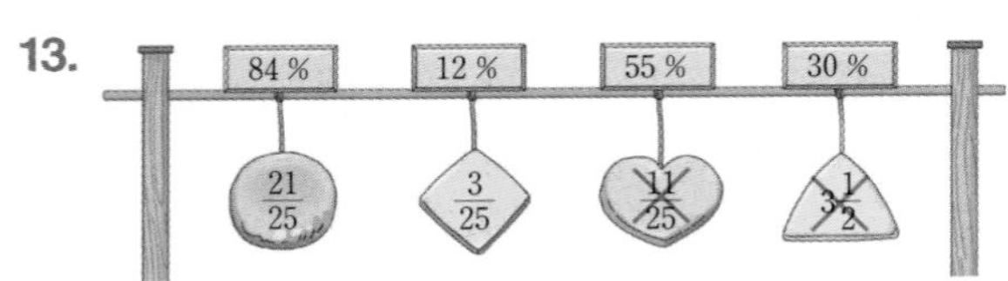

14. 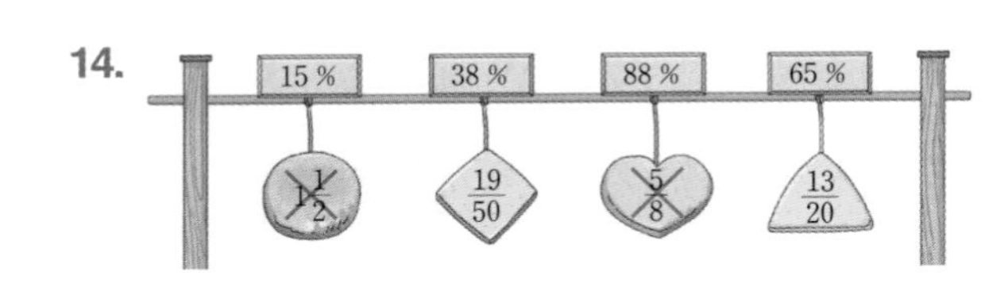

09 백분율을 소수로 나타내기 128~129쪽

1. 0.14 2. 0.29 3. 0.08
4. 0.56 5. 0.217 6. 0.425
7. 0.34 8. 0.673 9. 0.76
10. 0.831 11. 0.61 12. 0.66
13. 0.84 14. 0.89 15. 0.48
16. 0.78 17. 0.75 18. 0.57
19. 0.93 20. 0.32

WATERMELON

1. 14 % ➡ $\frac{14}{100}=0.14$
2. 29 % ➡ $\frac{29}{100}=0.29$
3. 8 % ➡ $\frac{8}{100}=0.08$
4. 56 % ➡ $\frac{56}{100}=0.56$

10 생활 속에서 백분율이 사용되는 경우 130~131쪽

1. 5 2. 6 3. 10
4. 12 5. 15 6. 12
7. 40 8. 25 9. 30
10. 35 11. 20 12. 14
13. 45 14. 25

레몬차

1. $7\div140=0.05$ ➡ 5 %
2. $9\div150=0.06$ ➡ 6 %
3. $12\div120=0.1$ ➡ 10 %
4. $24\div200=0.12$ ➡ 12 %
5. $45\div300=0.15$ ➡ 15 %
6. $60\div500=0.12$ ➡ 12 %

11 생활 속에서 비율이 사용되는 여러 가지 경우 132~133쪽

1. 0.325 2. 0.3
3. 0.375 4. 0.26
5. $\frac{5}{80000}\left(=\frac{1}{16000}\right)$
6. $\frac{3}{90000}\left(=\frac{1}{30000}\right)$
7. $\frac{3}{1500000}\left(=\frac{1}{500000}\right)$
8. $\frac{2}{1200000}\left(=\frac{1}{600000}\right)$
9. 0.375 10. 0.325
11. 0.25 12. 0.26
13. 0.325 14. 0.29
15. 0.31 16. 0.28

찬호

12 집중 연산 Ⓐ 134~135쪽

1. (위부터) $\frac{1}{2}$, $\frac{3}{10}$, 0.5, 0.3
2. (위부터) $\frac{1}{5}$, $\frac{1}{8}$, 0.2, 0.125
3. (위부터) $\frac{1}{4}$, $\frac{1}{4}$, $\frac{1}{2}$, 0.25, 0.25, 0.5
4. (위부터) $\frac{1}{5}$, $\frac{9}{20}$, $\frac{3}{25}$, 0.2, 0.45, 0.12
5. (위부터) $\frac{18}{25}$, $\frac{1}{8}$, $\frac{1}{4}$, 0.72, 0.125, 0.25
6. (위부터) $\frac{4}{5}$, $\frac{3}{4}$, $\frac{9}{20}$, 0.8, 0.75, 0.45
7. 30 % 8. 45 %, 85 %
9. 25 %, 16 % 10. 62.5 %, 140 %
11. 17.5 %, 8 % 12. 64 %, 11.2 %
13. 0.15, $\frac{3}{20}$ 14. 0.75, $\frac{3}{4}$
15. 0.08, $\frac{2}{25}$ 16. 0.32, $\frac{8}{25}$
17. 0.375, $\frac{3}{8}$ 18. 0.175, $\frac{7}{40}$

13 집중 연산 B 136~137쪽

1. $\frac{7}{8}$
2. $\frac{11}{14}$
3. $\frac{8}{15}$
4. $\frac{11}{18}$
5. $\frac{16}{23}$
6. $\frac{13}{14}$
7. 0.5
8. 1.75
9. 1.5
10. 2.5
11. 0.72
12. 0.5
13. 65 %
14. 9 %
15. 28 %
16. 47 %
17. 22.5 %
18. 28.4 %
19. $\frac{3}{50}$, 0.06
20. $\frac{7}{50}$, 0.14
21. $\frac{23}{100}$, 0.23
22. $\frac{29}{100}$, 0.29
23. $\frac{47}{100}$, 0.47
24. $\frac{49}{200}$, 0.245

8 직육면체의 부피와 겉넓이

01 직육면체의 부피 (1) 140~141쪽

1. 3, 84
2. 5, 5, 150
3. 180
4. 160
5. 144
6. 260
7. 160
8. 576
9. 100
10. 120
11. 132
12. 288
13. 125
14. 144
15. 135

수수께끼 더울 때 먹는 탕은 ; 추어탕

02 직육면체의 부피 (2) 142~143쪽

1. 7.56
2. 8.5
3. 7.02
4. 2.88
5. 19
6. 5.04
7. 33.6
8. 25.76
9. 420
10. 180
11. 156
12. 135
13. 100
14. 512

ORANGE

03 정육면체의 부피 (1) 144~145쪽

1. 4, 64
2. 5, 5, 5, 125
3. 1000
4. 216
5. 343
6. 1728
7. 2744
8. 5832
9. 512
10. 1331
11. 2197
12. 3375
13. 4096
14. 4913

04 정육면체의 부피 (2) 146~147쪽

1. 64	2. 125
3. 216	4. 343
5. 15.625	6. 32.768
7. 21.952	8. 46.656
9. 729	10. 2197
11. 512	12. 1331
13. 4096	14. 3375
15. 4913	16. 8000

무른 땅에 말뚝 박기

05 여러 가지 입체도형의 부피 148~149쪽

1. 480	2. 720
3. 228	4. 2560
5. 1566	6. 2120
7. 1128	8. 1440
9. 3096	10. 4590

수수께끼 손에 쥐고 다니는 금은 ; 손금

06 직육면체의 겉넓이 (1) 150~151쪽

1. 4, 5, 76	2. 7, 162
3. 184	4. 150
5. 202	6. 272
7. 3700	8. 4250
9. 1900	10. 3150
11. 4600	12. 2350
13. 10300	14. 1300

HOSPITAL ; 병원

4. (직육면체의 겉넓이)
$=(9\times3+3\times4+9\times4)\times2$
$=(27+12+36)\times2$
$=150\ (cm^2)$

5. (직육면체의 겉넓이)
$=8\times3+3\times7+8\times7+3\times7+8\times7+8\times3$
$=24+21+56+21+56+24$
$=202\ (cm^2)$

6. (직육면체의 겉넓이)
$=(12\times2+2\times8+12\times8)\times2$
$=(24+16+96)\times2$
$=272\ (cm^2)$

07 직육면체의 겉넓이 (2) 152~153쪽

1. 56, 390, 502	2. 66, 340, 472
3. 208	4. 318
5. 518	6. 400
7. 528	8. 586

마부작침

08 정육면체의 겉넓이 154~155쪽

1. 6, 150	2. 6, 216
3. 294	4. 384
5. 600	6. 486
7. 864	8. 1176
9. 2400	10. 1944
11. 1536	12. 1014
13. 726	14. 1350

동가식서가숙

09 집중 연산 A 156~157쪽

1. 70	**2.** 48
3. 672	**4.** 936
5. 720	**6.** 1080
7. 512	**8.** 729
9. 1728	**10.** 1000
11. 122	**12.** 166
13. 88	**14.** 136
15. 258	**16.** 472
17. 1944	**18.** 1734
19. 2166	**20.** 2400

10 집중 연산 B 158~159쪽

1. (위부터) 484, 720, 494, 660
2. (위부터) 628, 1040, 408, 540
3. (위부터) 348, 432, 460, 600
4. (위부터) 288, 320, 560, 900
5. (위부터) 504, 720, 538, 660
6. (위부터) 472, 672, 684, 1080
7. (위부터) 832, 1536, 1300, 3000
8. (위부터) 864, 1620, 900, 1800
9. (위부터) 600, 1000, 96, 64
10. (위부터) 150, 125, 486, 729
11. (위부터) 294, 343, 1014, 2197
12. (위부터) 1350, 3375, 1734, 4913
13. (위부터) 2400, 8000, 1536, 4096
14. (위부터) 5400, 27000, 2904, 10648
15. (위부터) 1176, 2744, 3750, 15625
16. (위부터) 864, 1728, 9600, 64000

빅터의 플러스 알파 160쪽

1. $6 \div 9 = 0.66666\cdots\cdots$
$7 \div 9 = 0.77777\cdots\cdots$
$8 \div 9 = 0.88888\cdots\cdots$

2. $6 \div 11 = 0.545454\cdots\cdots$
$7 \div 11 = 0.636363\cdots\cdots$
$8 \div 11 = 0.727272\cdots\cdots$

날짜 : 월 일

부모님 확인

✲ 정육면체의 겉넓이와 부피를 구하시오.

9

한 모서리의 길이(cm)	겉넓이(cm^2)	부피(cm^3)
10		
4		

10

한 모서리의 길이(cm)	겉넓이(cm^2)	부피(cm^3)
5		
9		

11

한 모서리의 길이(cm)	겉넓이(cm^2)	부피(cm^3)
7		
13		

12

한 모서리의 길이(cm)	겉넓이(cm^2)	부피(cm^3)
15		
17		

13

한 모서리의 길이(cm)	겉넓이(cm^2)	부피(cm^3)
20		
16		

14

한 모서리의 길이(cm)	겉넓이(cm^2)	부피(cm^3)
30		
22		

15

한 모서리의 길이(cm)	겉넓이(cm^2)	부피(cm^3)
14		
25		

16

한 모서리의 길이(cm)	겉넓이(cm^2)	부피(cm^3)
12		
40		

빅터의
플러스 알파

신기한 규칙이 생기는 (자연수)÷(자연수)

1부터 8까지의 자연수를 9와 11로 나누면 신기한 규칙이 생겨요.
우선 1부터 5까지의 수로 규칙을 찾아봐요.

◎ (자연수)÷9

$1 \div 9 = 0.11111\cdots\cdots$

소수점 아래 1이 반복돼요.

$2 \div 9 = 0.22222\cdots\cdots$

$3 \div 9 = 0.33333\cdots\cdots$

$4 \div 9 = 0.44444\cdots\cdots$

$5 \div 9 = 0.55555\cdots\cdots$

신기한 규칙이 보이나요?
몫의 소수점 아래에는
나누어지는 수가 반복되고 있어요!

◎ (자연수)÷11

$1 \div 11 = 0.090909\cdots\cdots$

$1 \times 9 = 9$

$2 \div 11 = 0.181818\cdots\cdots$

$2 \times 9 = 18$

$3 \div 11 = 0.272727\cdots\cdots$

$3 \times 9 = 27$

$4 \div 11 = 0.363636\cdots\cdots$

$4 \times 9 = 36$

$5 \div 11 = 0.454545\cdots\cdots$

$5 \times 9 = 45$

몫의 소수점 아래에는
(나누어지는 수)×9가
반복되고 있어요.

몫의 규칙을 알아보았으니 각자 위의 규칙에 따라 6~8까지의 수를 9와 11로 나누었을 때의 몫을 구해 볼까요?

1 $6 \div 9 =$

$7 \div 9 =$

$8 \div 9 =$

2 $6 \div 11 =$

$7 \div 11 =$

$8 \div 11 =$